高等工科院校系列教材

机械设计基础

主　编　徐艳敏
副主编　郑国芬　李　炳
参　编　曹雪玲　蔡晓娜　何新英
　　　　欧阳秀兰
主　审　刘志军

U0387179

机 械 工 业 出 版 社

本书是根据普通高等教育"机械设计基础"课程的教学基本要求编写的,基于传动装置的设计过程来安排章节,从机械的总体认识,机器的组成,常用机构的组成与原理,通用零部件的功能、结构,传动装置介绍,到通用件和常用件的设计,有利于提高学生综合分析问题与机械设计的能力。

本书融合了机械原理与机械设计的内容,共15章。内容包括绪论、平面机构分析、平面连杆机构、凸轮机构、间歇运动机构、齿轮机构、连接、带传动、链传动、齿轮传动、蜗杆传动、轮系与减速器、轴、轴承、联轴器与离合器。

本书可作为普通高等工科院校机械类、机电类或近机械类专业"机械设计基础"课程的教材,也可供高职高专院校相关专业学生作为教材或参考用书。

本书采用双色印刷,配有电子课件和习题库,凡使用本书作为教材的教师可登录机械工业出版社教育服务网 www.cmpedu.com 注册后下载。本书配有二维码资源链接,读者可通过手机下载"立体书城"app,注册后进入本书页面扫码查看资源。咨询电话:010-88379375。

图书在版编目(CIP)数据

机械设计基础/徐艳敏主编. —北京:机械工业出版社,2018.8
(2021.2重印)

高等工科院校系列教材

ISBN 978-7-111-60243-9

Ⅰ.①机… Ⅱ.①徐… Ⅲ.①机械设计-高等学校-教材 Ⅳ.①TH122

中国版本图书馆 CIP 数据核字(2018)第 133277 号

机械工业出版社(北京市百万庄大街 22 号 邮政编码 100037)
策划编辑:刘良超 责任编辑:刘良超 责任校对:刘雅娜
封面设计:鞠 杨 责任印制:常天培
北京虎彩文化传播有限公司印刷
2021 年 2 月第 1 版第 3 次印刷
184mm×260mm · 15.75 印张 · 385 千字
2701—3700 册
标准书号:ISBN 978-7-111-60243-9
定价:42.00 元

电话服务　　　　　　　　　　网络服务
客服电话:010-88361066　　机 工 官 网:www.cmpbook.com
　　　　　010-88379833　　机 工 官 博:weibo.com/cmp1952
　　　　　010-68326294　　金 书 网:www.golden-book.com
封底无防伪标均为盗版　机工教育服务网:www.cmpedu.com

前　言

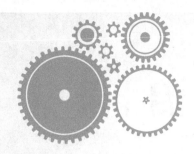

　　本书是根据普通高等教育"机械设计基础"课程的教学基本要求,采用现行的有关国家标准,并结合编者多年的教学实践与课程建设经验编写而成的,可作为机械类、机电类或近机械类相关专业的教学用书,也可供有关工程技术人员和大、中专学生参考使用。

　　本书的内容和特色主要有:

　　1. 从教学目的出发,在内容的选取上突出工程性、创新性、实用性和实践性,理论以够用为度,淡化了复杂烦琐的理论推导。

　　2. 在内容的安排上,体现教法和学法,首先明确学习的主要内容,并按照知识的内在联系、认知规律和机械传动的一般顺序安排章节。

　　3. 采用了现行的国家标准、规范的图表和数据,还适量选用了实例和图片,并采用双色印刷,增加了本书的可读性。

　　4. 注重立体化的教材建设,本书配有丰富的辅助教学资源,包括电子课件、习题库、二维码资源链接等。读者可通过手机下载"立体书城"app,注册后进入本书页面即可扫描本书中的二维码。

　　5. 本书融合了机械原理与机械设计的内容,全书共15章,内容包括绪论、平面机构分析、平面连杆机构、凸轮机构、间歇运动机构、齿轮机构、连接、带传动、链传动、齿轮传动、蜗杆传动、轮系与减速器、轴、轴承、联轴器与离合器。

　　本书编写分工为:第一、二、六、十、十一章由广州航海学院徐艳敏编写,第三、十三章由何新英编写,第四章由曹雪玲编写,第七、八章由郑国芬编写,第九章由徐艳敏、郑国芬编写,第十二章由欧阳秀兰编写,第五、十四章由广东科技学院李炳、蔡晓娜编写,第十五章由蔡晓娜编写。徐艳敏任本书主编并负责统稿,郑国芬、李炳任本书副主编。

　　广州航海学院刘志军审阅了本书并提出了许多宝贵意见,在此表示衷心感谢。

　　由于编者水平有限,经验不足,书中难免有错漏或不当之处,欢迎广大读者和同仁批评指正。

编　者

目　录

第一章

绪　　论

第一节　本课程研究的对象与内容

利用机器进行生产，可以代替人的体力劳动，大幅提高生产率和产品质量。随着现代科学技术的发展，机器化、自动化和智能化生产已经成为现代化大生产的重要标志。

如图 1-1 所示，内燃机的机械运动部分由活塞、连杆、曲轴、正时带、凸轮、进气阀、排气阀和机座等部分构成。工作时首先是点火线圈点火，使得气缸中的气体膨胀，推动活塞运动，活塞带动连杆运动，连杆带动曲轴转动，从而带动正时带机构运动，驱动凸轮轴转动，凸轮推动气阀推杆上下移动。内燃机是一台机器，它由多个平面机构组成，机构又由构件组成，零件组成了构件。机器与机构统称为机械，本课程研究的对象就是机械。

一、零件与构件

零件是制造的最基本的单元，是不可拆卸的单元体。构件是运动的最基本单元，它可以是一个或多个零件构成的，组成单一构件的零件之间没有相对运动，而是一个运动的整体。

在图 1-1 所示的内燃机中，连杆是一个运动的整体，是一个构件。而连杆这个构件又是由连杆体 1，轴瓦 2、3 和 8，连杆盖 4，螺母 5，开口销 6，螺栓 7 等零件构成的，如图 1-2 所示。

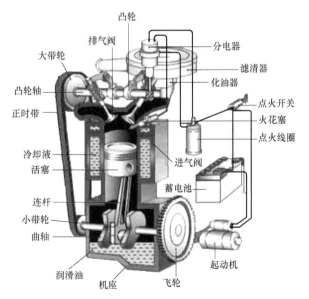

图 1-1　内燃机的结构

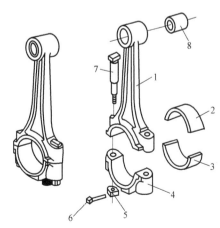

图 1-2　连杆

1—连杆体　2、3、8—轴瓦　4—连杆盖
5—螺母　6—开口销　7—螺栓

零件可以分为通用零件与专用零件。在各种机械中普遍使用的零件称为通用零件，如螺栓、螺母、键、弹簧、齿轮、阶梯状直轴等。只在某类型机械中使用的零件称为专用零件，如内燃机活塞、曲轴、汽轮机叶片等。

二、机构、机器与机械

机构是具有确定相对运动的构件组合。

按照在机构中所起的作用不同，构件可以分为原动件、从动件和机架。原动件是已知运动规律的构件，机构中的原动件可以是一个或几个活动构件；从动件是由原动件带动而运动的构件，可以是一个或几个活动构件；机架又称为固定件，是用来支承活动构件的，机架只有一个。

机器除了由多个构件组成，且构件间具有确定的相对运动外，还能够完成有效的机械功或进行能量转换。

机器的种类繁多，其结构形状和用途各不相同。从机器的基本组成来看，一般都由三个部分组成。

（1）原动机部分　它是驱动整个机器完成预定功能的动力源。如电动机、内燃机等。

（2）执行部分　它是直接完成工作任务的组成部分，如车床的刀架、起重机的吊钩等。

（3）传动部分　它是机器中介于原动机与执行部分之间，用来完成运动形式、动力参数转换的组成部分。

机构与机器在组成、运动、受力等方面并无本质区别，为使问题简化，将机构与机器统称为机械。

内燃机是由气缸体、活塞、连杆、曲轴、正时带、凸轮、进气阀、排气阀和机座等多个构件构成的，且构件间具有确定的相对运动，所以它是机构。内燃机能够将热能转化成机械能，所以它又是机器。由于机构与机器统称为机械，所以内燃机的机械运动部分也是机械。

三、本课程研究的内容

由以上分析可知机器的组成，机器的主体一般是传动部分。常见的传动方式有机械传动、液压传动和电气传动，其中机械传动应用最为广泛。机械传动系统是由各种传动机构和传动零部件组成的，常见的传动机构有连杆机构、凸轮机构、齿轮机构、带传动机构、链传动机构等，常见的传动零部件有凸轮、带轮、齿轮、链轮、轴、轴承、联轴器、减速器等。

本课程研究的内容主要是机械中的常用机构和常用零部件的组成或结构、工作原理、应用、基本设计理论与计算方法，并简要地介绍标准零部件的国家标准和有关规范，以及简单机械传动装置的设计方法。

第二节　本课程的性质与任务

一、本课程的性质

本课程是培养学生基本机械设计能力的一门专业基础课。学习本课程需要综合运用机械制图、工程力学、金属工艺学、工程材料与热处理等知识以及对于机械生产的认识经验或实践经验，解决常用机构和通用零部件的设计或选用问题。

二、本课程的任务

1）使学生了解机械设计的基本要求、基本内容、一般步骤，掌握机械设计的常用准则。

2）使学生具有对常用机构的组成与工作原理的认识能力，运动特性的分析能力，机构的设计、改造、使用和维护能力。

3）使学生具有对通用零部件的结构与工作原理的认识能力，分析能力，计算能力，改造、使用和维护能力。

4）使学生具有对简单的机械传动机构创新与设计的能力。

第三节 机械设计的基本要求与一般步骤

一、机械设计的基本要求

机械设计既可以是新原理、新思想、新方法开发出来的新机械，也可以是对已有的机械设备的局部改造，或在已有机械设备基础上的重新设计，以改进已有机械设备的使用性能。

机械设计质量决定了机械产品的质量。不同的产品有不同的设计要求，但机械设计的基本要求是相同的。机械设计的基本要求主要有以下几点。

（1）使用性能优良 在实现预期的运动和动力的前提下，在规定的使用期限内正常运行。

（2）结构工艺性合理 构型简单，制造工艺性好，即零件由毛坯制造到机械加工整个过程都遵循方便、经济的原则，避免出现难加工或无法加工的结构。装配和维修工艺性好，装拆和维修方便。机械零件结构工艺性举例见表1-1。良好的结构工艺性可以使零件受力合理，充分利用材料的性能，降低产品的制造成本，有利于提高产品质量。

表1-1 机械零件结构工艺性举例

	不合理的结构	合理的机构
加工的结构工艺性		
拆卸的结构工艺性		

（续）

	不合理的结构	合理的机构
安装的结构工艺性		

（3）可靠性要求　在预定的使用期限内不发生或极少发生故障，尽量将机器中的各个零件设计为"等寿命"工作，不强调个别零件的"长寿耐用"。大修或更换易损件的周期不宜太短，避免因停机影响生产。

（4）安全性要求　机械设计以人为本，应避免因设计不良而导致的人身安全或重大设备事故，零部件必须进行严格的设计计算和校核计算，不能用简单类比或经验计算代替。设计说明书应妥善保存，以备核查。

（5）标准化、系列化与通用化　在不同类型和规格的机器中，有许多相同的零件，将相同的零件加以标准化，按尺寸的不同加以系列化，设计者可以直接从有关手册和标准中选取（如螺母、螺栓、键、滚动轴承等），无须重复设计。为减少企业内部零件的种类，简化管理，提高经济效益，在系列产品之内或跨系列产品之间采用同一结构和尺寸的零部件（如减速器），这就是通用化。

标准化、系列化与通用化简称"三化"。"三化"是长期生产实践和科研成果的总结，采用"三化"可减轻设计工作量，实现生产厂家专业化，降低生产成本，增大互换性，便于维修，有利于产品设计改进。

（6）绿色环保　机械设计还应考虑到产品生产与使用过程中对环境与人的影响，设计中尽量采用可循环回收的绿色环保材料，不使用对环境有害的材料，注意设备使用中废气、废水、粉尘、烟雾的净化排放。

除上述技术性问题之外，机械设计时还要考虑产品的市场需求、功能与造型特色、同类产品中的竞争力、社会效益与经济效益等。

二、机械设计的一般步骤

机械设计从生产或生活等方面的某种需求开始，萌生设计想法，经过反复的调研、论证、设计、校核、制造、鉴定一直到产品定型，这是一个复杂、细致、反复论证的过程。图

1-3 所示为机械设计制造的一般步骤，图中虚线框列举了现代企业的主要技术设计方法，实线框描述了机械设计制造的一般步骤流程。从流程可以看出，在机械设计制造过程中需要根据专业评估和市场客户使用过程中反馈的信息不断地修正设计。

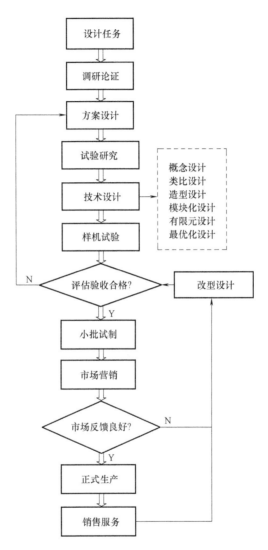

图 1-3　机械设计制造的一般步骤

第二章

平面机构分析

重点学习内容
1）平面机构运动简图的画法。
2）平面机构的运动副与自由度计算。
3）平面机构有确定的相对运动的条件。

第一节　平面机构运动简图

所有构件都在同一平面或相互平行的平面内运动的机构，称为平面机构。平面机构具有确定相对运动的条件是什么呢？它与机构的原动件和自由度数目有关。

一、自由度

如图 2-1 所示，在 xOy 坐标系中，构件既可能沿 x、y 轴的方向移动 $\vec{x}$、$\vec{y}$，也可能会绕着平面 xOy 的垂直方向转动 $\curvearrowright z$，因此在平面内的自由构件具有三个可能的独立运动，称为三个自由度，即自由度是运动构件相对于参考系所具有的独立运动的数目。

二、运动副

构成机构的构件并不是独立存在的，而是与其他构件之间有一定的连接关系。平面机构中构件连接的形式有哪些呢？

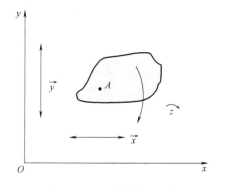

图 2-1　自由构件的自由度

两构件直接接触，并产生一定相对运动的连接称为运动副。两构件只能在同一平面相对运动的运动副称为平面运动副。在平面运动副中，两构件的接触特性有点、线、面三种，由此平面运动副可以分为低副与高副两类。

两构件之间通过面接触的运动副称为低副。根据两构件相对运动形式的不同，低副又分为转动副和移动副。转动副是两构件间相对某一轴线转动的运动副，如图 2-2 所示，其图形符号如图 2-3 所示，其中有剖面线的构件为机架。移动副是两构件间相对某一直线方向移动的运动副，如图 2-4 所示，其图形符号如图 2-5 所示。

两构件之间通过点或线接触的运动副称为高副，如凸轮副（图 2-6）、齿轮副（图 2-7），齿轮副的图形符号分别如图 2-8 和图 2-9 所示。常见机构运动简图的图形符号见表 2-1。

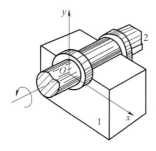

图 2-2 转动副

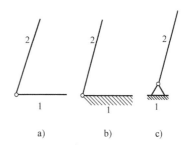

a) b) c)

图 2-3 转动副图形符号

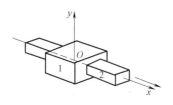

图 2-4 移动副

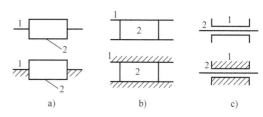

a) b) c)

图 2-5 移动副图形符号

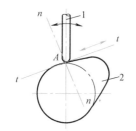

图 2-6 凸轮副

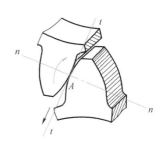

图 2-7 齿轮副

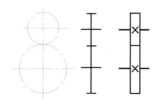

图 2-8 外啮合齿轮副图形符号

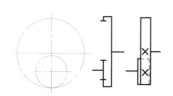

图 2-9 内啮合齿轮副图形符号

表 2-1 常见机构运动简图的图形符号

名称	图形符号			名称	图形符号		
机架 （固定件）				同一构件			
两副构件				三副构件			

（续）

名称	图形符号	名称	图形符号
移动副		零件与轴的固定	
转动副		平面高副	
直动从动件盘形凸轮机构	尖顶从动杆　　　滚子从动杆	向心滑动轴承/向心滚动轴承	
外啮合棘轮机构		单向推力轴承推力滚动轴承	
外啮合槽轮机构		向心推力滚动轴承	
联轴器弹性联轴器		V带传动	

（续）

名称	图形符号	名称	图形符号
单向啮合离合器单向摩擦离合器	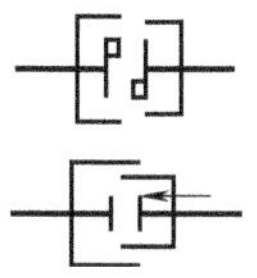	滚子链传动	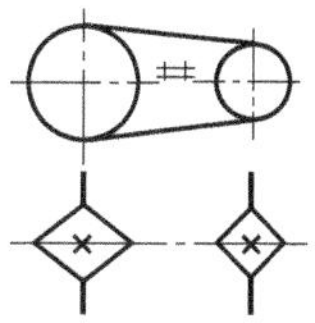
螺杆传动（整体螺母）	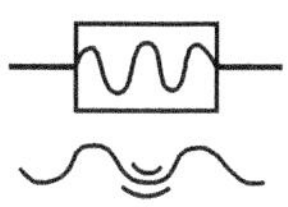	外啮合圆柱齿轮传动	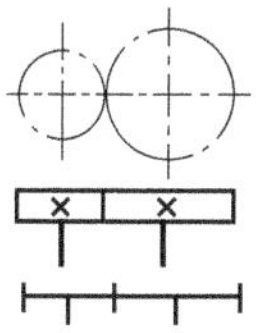
内啮合圆柱齿轮传动	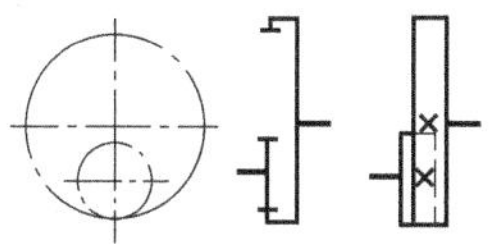	圆柱蜗杆传动	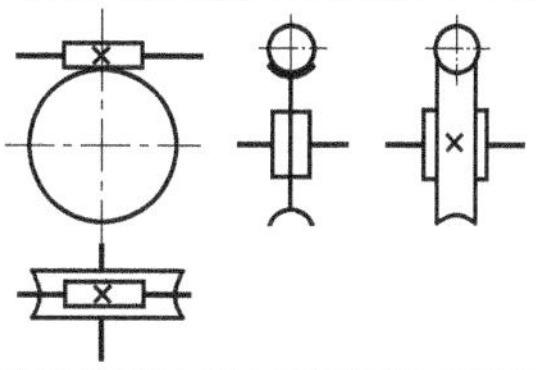
齿轮齿条传动	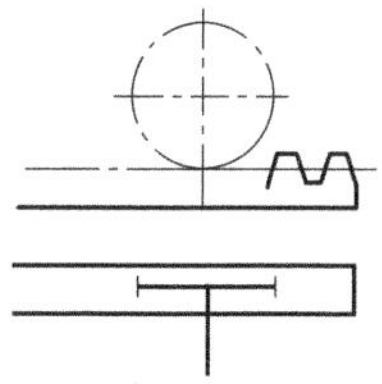	压缩弹簧拉伸弹簧	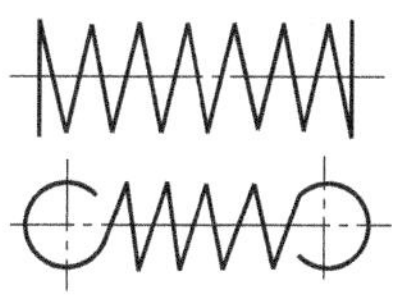
锥齿轮传动	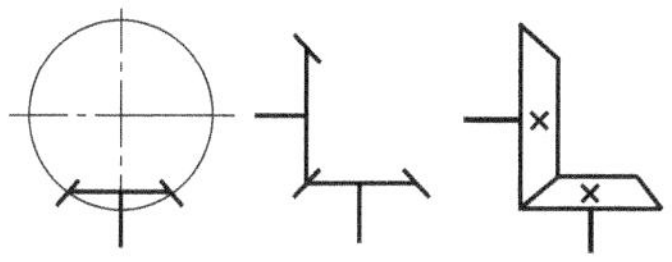	装在支架上的电动机	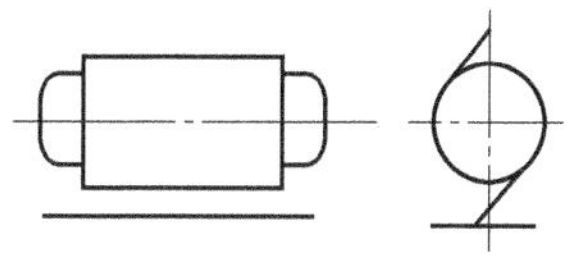

三、平面机构运动简图的画法

在研究机构的运动时，为了简化问题，除去那些与运动无关的构件的外形和运动副的具体结构，仅用一些简单的线条或符号来表达构件和运动副，并按一定比例表达出运动副之间的相对位置，这就是平面机构运动简图。平面机构运动简图要表达出与原机构相同的构件数、运动副和运动特性。

如果按照平面机构运动简图的画法，只是没有按一定比例表达出运动副之间的相对位置，这样得到的图称为平面机构运动示意图。

下面以内燃机曲柄滑块机构（图 2-10）为例，来说明绘制平面机构运动简图的方法与步骤。

1）明确机构中构件与运动副的类型与数量。通过分析机构的运动情况，从主动件入手，依次按运动传递的顺序，用数字标出构件，用大写字母标出运动副。图 2-10a 中主动件为活塞 1，从动件为连杆 2 和曲轴 3，机架为构件 4。活塞 1 与机架 4 之间形成一个移动副

A，构件 1 与 2、2 与 3、3 与 4 之间分别形成了 B、C、D 三个转动副。

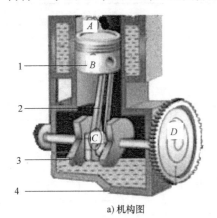

a) 机构图　　　　　　b) 机构运动简图

图 2-10　内燃机曲柄滑块机构

1—活塞　2—连杆　3—曲轴　4—机架

曲柄滑块机构
应用——内燃机

2）选择合适的视图平面。一般选择绘制机构简图的视图平面与各个构件运动平面相互平行。以图形表达清楚为原则，以原动件在某一瞬时的位置为机构的起始位置来绘制机构的运动简图。

3）选择合适作图比例 μ_1，绘制机构运动简图。

$$\mu_1 = \frac{实际长度}{图示长度}$$

如图 2-10b 所示，转动副之间的距离长度用表 2-2 确定。

表 2-2　转动副之间的距离长度

转动副距离	实际长度	图示长度
转动副 B、D 之间的距离	l_{BD}	$BD = \dfrac{l_{BD}}{\mu_1}$
转动副 B、C 之间的距离	l_{BC}	$BC = \dfrac{l_{BC}}{\mu_1}$
转动副 C、D 之间的距离	l_{CD}	$CD = \dfrac{l_{CD}}{\mu_1}$

4）绘制机构运动简图也是从原动件开始依次绘图，如图 2-10b 所示。

任意取机构在某一瞬时时刻位置，先画出机架 4，再画滑块（即活塞 1）；根据滑块移动方向线与曲轴回转中心 D 之间的距离 e，以及 BD 的长度，确定出 D 点的位置；然后以 B 点为圆心，BC 为半径画圆弧，以 D 点为圆心，CD 为半径画圆弧，两圆弧交点即为 C 点。用圆圈表示转动副 B、C、D，并用合适的线条和符号连接运动副，即得到所求的机构运动简图，如图 2-10b 所示。

第二节　平面机构具有确定相对运动的条件

一、平面机构自由度的计算

自由构件通过运动副连接起来之后，独立的运动就会受到限制，即构件被约束了。

在图 2-3b 中，构件 2 与机架 1 通过转动副连接之后，$\vec{x}$、$\vec{y}$ 方向两个移动自由度被限制，只剩下一个转动自由度 $\vec{z}$，因此一个转动副约束了两个自由度；在图 2-5b 中，构件 2 与机架 1 通过移动副连接之后，$\vec{y}$ 方向移动自由度和转动自由度 $\vec{z}$ 被限制，只剩下一个 $\vec{x}$ 方向移动自由度，因此一个移动副约束了两个自由度，故一个低副约束两个自由度。在图 2-7 中，两个齿轮通过高副连接之后，法线 n-n 方向移动自由度被限制，剩下一个转动自由度和一个沿切线 t-t 方向的移动自由度，因此一个高副约束一个自由度。

在平面机构中，如果有 N 个构件，除了机架之外，其余的都是活动构件，活动构件数 $n = N-1$，在没有受到任何约束的时候，理论上应有 $3n$ 个自由度。若机构中有 P_1 个低副，那么就约束了 $2P_1$ 个自由度，而引进 P_h 个高副，就约束了 P_h 个自由度，则机构的自由度 F 为

$$F = 3n - 2P_1 - P_h \qquad (2-1)$$

如果将机构的每一个自由度都给定一个运动规律，则机构的运动就会确定。因此，平面机构具有确定相对运动的条件是：机构的自由度大于或等于 1，且自由度等于原动件的个数，即

$$F = 原动件数 \geq 1 \qquad (2-2)$$

二、计算平面机构自由度时应注意的问题

1. 复合铰链

两个以上的构件在同一轴线上用转动副连接起来就形成复合铰链。图 2-11 所示为三个构件组成的复合铰链。如果复合铰链连接了 K 个构件，则存在 $K-1$ 个转动副。

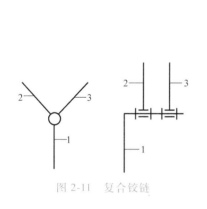

图 2-11 复合铰链

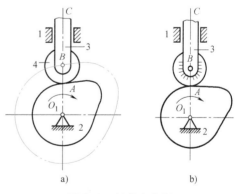

图 2-12 局部自由度
1—机架 2—凸轮 3—杆 4—滚子

2. 局部自由度

与机构整体运动无关的自由度称为局部自由度，计算机构自由度时应除去不计。

如图 2-12 所示，机构在 B 处有一个局部自由度，此处的转动副对于机构的自由度并无约束与限制作用，与将滚子 4 焊死在杆 3 上对机构运动的影响是一样的，在计算自由度时滚子就可以不计入活动构件数内。只不过焊死的时候，滚子与凸轮形成的高副间是滑动摩擦，构件易磨损一些，而没有焊死的时候，滚子与凸轮形成的高副间是滚动摩擦，可减轻构件的磨损。

3. 虚约束

若运动副的约束对机构运动的限制是重复的，那么这些重复的约束就称为虚约束，计算

机构自由度时应除去不计。虚约束常常在一些对称或平行机构中存在。如图 2-13 中的构件 4，及图 2-14 中的构件 2′和 2″都引入了虚约束。在计算自由度的过程中要将引入虚约束的构件及运动副去掉不算。

平行双曲柄机构应用——机车车轮联动机构

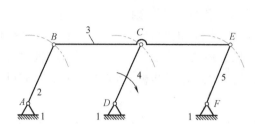

图 2-13　机车车轮联动机构

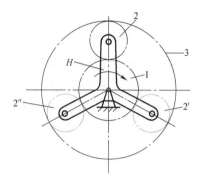

图 2-14　行星轮机构

例 2-1　分析图 2-15 所示的惯性筛机构，计算其自由度，并判别该机构是否有确定的相对运动。

解：在图 2-15 中，1 和 5 都是原动件，取其中任一个开始，依次用数字标明构件，用大写字母标出运动副。

其中总构件数 $N = 9$，去掉固定件，再去掉连接局部自由度的滚子，则活动构件数 $n = 9 - 1 - 1 = 7$。

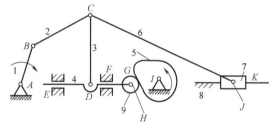

图 2-15　惯性筛机构

机构在 C 处有一个复合铰链，连接了三个构件，存在两个转动副。机构在 H 处有一个局部自由度，此处的转动副对于机构的自由度并无约束与限制作用，与将滚子 9 焊死在构件 4 上对运动的影响是一样的，在计算自由度时滚子就不计入活动构件数内。E 和 F 处对机构的约束是重复的，只能算一个转动副，F 处不应重复计入低副。所以在 A、B、C（两个）、D、E、I、J、K 处存在低副，即 $P_1 = 9$。

G 处有一个高副，$P_h = 1$，则机构的自由度 F 为

$$F = 3n - 2P_1 - P_h = 3 \times 7 - 2 \times 9 - 1 = 2$$

机构的自由度 $F > 1$，且自由度等于原动件的个数，故该平面机构具有确定的相对运动。

例 2-2　画出图 2-16 所示简易压力机机构运动示意图，然后计算机构的自由度，并判别机构是否有确定的相对运动。

解：1）在图 2-16 中用数字标明构件，其中构件 1 是原动件，构件 4 是机架，共有 $N = 4$ 个构件，活动构件数 $n = N - 1 = 3$。用大写字母标出运动副，有 $P_1 = 4$ 个低副（即 A、C、D 和 E 处），有 $P_h = 1$ 个高副（即 B 处）。

2）为了清楚表达机构，选择平行于凸轮端面的平面为视图平面，选择机构运动到

图 2-17 所示位置时刻为作图位置，画出机构的运动示意图，如图 2-17 所示。

3）计算机构的自由度：

$$F = 3n - 2P_1 - P_h = 3 \times 3 - 2 \times 4 - 1 = 0$$

4）结论：由于机构的自由度小于 1，且自由度数不等于原动件的个数，故机构没有确定的相对运动，说明此机构设计不合理。

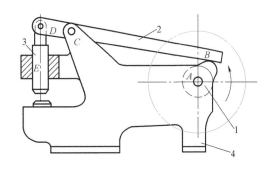

图 2-16　简易压力机

5）机构改造。在原机构中增加一个构件 CD，如图 2-18 所示，从而有 N = 5 个构件，活动构件数 n = N−1 = 4。有 $P_1 = 5$ 个低副（即 A、C、D、E 和 F 处），有 $P_h = 1$ 个高副（即 B 处）。改造后机构的自由度为

$$F = 3n - 2P_1 - P_h = 3 \times 4 - 2 \times 5 - 1 = 1$$

机构的自由度等于 1，且自由度数等于原动件的个数，故机构有确定的相对运动，改造后机构设计合理。

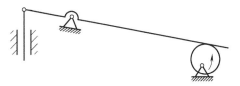

图 2-17　简易压力机机构的运动示意图

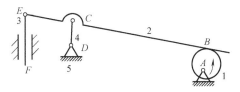

图 2-18　简易压力机改造后机构的运动示意图

思　考　题

2-1　填空题

（1）机构中的运动副若为低副，指的是_____和_____。一个低副约束_____个自由度。齿轮副和凸轮副都是_____。一个高副约束_____个自由度。一台机器要有确定的相对运动，则动力源的个数必须与_____的数量相同。

（2）通用零件列举三例，如_____、_____和_____。专用零件列举三例，如_____、_____和_____。滚动轴承是一个_____（零件/构件/部件）。

2-2　零件、构件和部件有何区别？

2-3　机构有何特征？为何要研究机构的自由度？

2-4　图 2-19 所示各个机构中绘有箭头的构件为主动件，计算机构的自由度，若机构中

存在局部自由度、复合铰链和虚约束，请在图中指出。

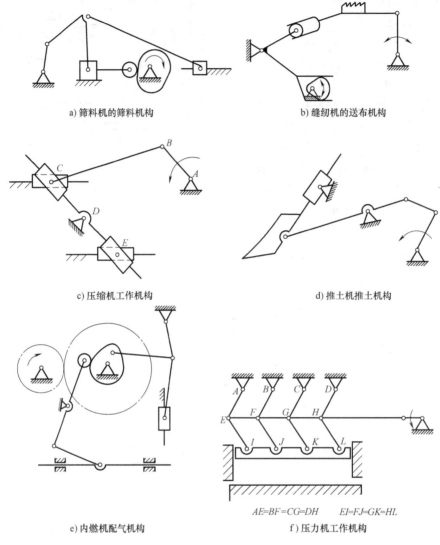

a) 筛料机的筛料机构　　　　　b) 缝纫机的送布机构

c) 压缩机工作机构　　　　　d) 推土机推土机构

AE=BF=CG=DH　　　EI=FJ=GK=HL

e) 内燃机配气机构　　　　　f) 压力机工作机构

图 2-19　题 2-4 图

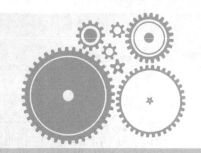

第三章

平面连杆机构

重点学习内容

1) 平面连杆机构的类型及应用。
2) 存在一个曲柄的条件及曲柄摇杆机构的运动特性。
3) 平面连杆机构的演化。
4) 用图解法设计平面四杆机构。
① 按给定行程速比系数 K 设计四杆机构。
② 按给定连杆预定位置设计四杆机构。

第一节　平面连杆机构的应用与特点

由若干构件用低副连接起来的平面机构，称为平面连杆机构。如图 3-1 所示的脚踏砂轮机构、图 3-2 所示的港口起重机起吊机构和图 3-3 所示的火车车轮联动机构，它们都是平面连杆机构。

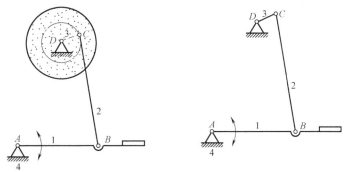

图 3-1　脚踏砂轮机构及机构运动简图

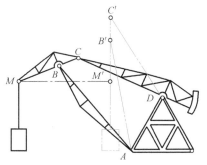

图 3-2　港门起重机起吊机构及机构运动简图

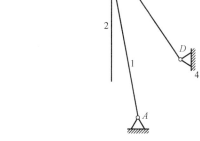

双摇杆机构应用——港口起重机

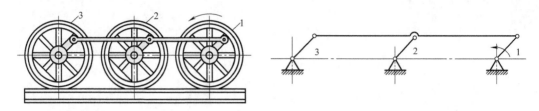

图 3-3　火车车轮联动机构及机构运动简图

平面连杆机构具有以下特点：①构件间的低副连接是面接触，接触面上压强小，易润滑，因此磨损较小，可以承受较大载荷。②转动副和移动副的接触面是圆柱面或平面，便于制造。③低副中存在间隙，低副数目较多时会使从动件的运动累积误差较大。④平面连杆机构的设计比较复杂，不易精确地实现复杂的运动规律。⑤不适用于动载荷较大的高速运转的场合。

平面连杆机构广泛地应用于各类机械和仪表中。四杆机构是平面连杆机构最简单的形式，它是组成多杆机构的基础。

第二节　铰链四杆机构的类型与基本特性

一、铰链四杆机构的类型

由四个构件用转动副连接而成的平面连杆机构，称为铰链四杆机构。铰链四杆机构是平面连杆机构最基本、最简单的形式，其他平面连杆机构均可看成由铰链四杆机构演化或组合而来。

图 3-4 所示铰链四杆机构中固定件 4 称为机架，与机架相连的杆 1 和 3 称为连架杆，机架对面的构件 2 称为连杆。连架杆如果能够绕机架上的转动副做整周转动，则称为曲柄；如果只能在小于 360° 的某一角度内摆动，则称为摇杆。

根据连架杆运动形式的不同，铰链四杆机构又分为三种形式：曲柄摇杆机构、双摇杆机构和双曲柄机构。

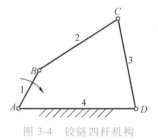

图 3-4　铰链四杆机构

1. 曲柄摇杆机构

在铰链四杆机构中，若两个连架杆中一个为曲柄，另一个为摇杆，则此铰链四杆机构称为曲柄摇杆机构。这类机构有脚踏砂轮机构（图 3-1）、雷达天线俯仰角的调整机构（图 3-5）、缝纫机脚踏板机构（图 3-6）等。

在图 3-5 所示的雷达天线俯仰角调整机构中，曲柄 1 为原动件，缓慢地匀速转动，带动连杆 2，使摇杆 3 在一定角度范围内摆动，以调整天线俯仰角的大小。在图 3-6 所示的缝纫机脚踏板机构中，摇杆（脚踏板）CD 为原动件，通过连杆 CB，使曲柄（带轮）AB 做圆周运动。

2. 双曲柄机构

在铰链四杆机构中，若两连架杆均为曲柄，则称为双曲柄机构。这类机构有机车车轮联动机构（图 3-3）、惯性筛机构（图 3-7）等。

曲柄摇杆机构应用——雷达调整机构

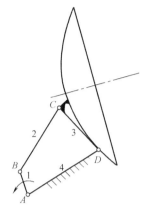

图 3-5 雷达天线俯仰角调整机构

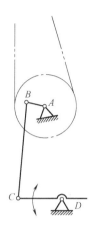

图 3-6 缝纫机脚踏板机构

一般双曲柄机构应用——惯性筛

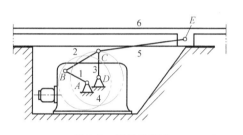

图 3-7 惯性筛机构

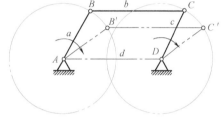

图 3-8 平行四边形机构

在图 3-7 所示的惯性筛机构中,曲柄 AB 等角速度回转一周,曲柄 CD 变角速度回转一周,进而带动筛子往复运动筛选物料。

在双曲柄机构中,用得较多的是平行双曲柄机构,又称为平行四边形机构(图 3-8)。这种机构的对边杆长度(即转动副之间距离)相等,组成平行四边形。当杆 AB 等角速度转动时,杆 CD 也以相同角速度同向转动,连杆 BC 则做平移运动。这类平行四边形机构可以保持等传动比,所以在机械上有广泛应用,如机车车轮联动机构。

必须指出,平行四边形机构中,当四个铰链中心处于同一直线上时,将出现运动不确定状态,此时机构有可能正常运动下去,有可能反转,还有可能卡死不动。为了消除这种运动不确定状态,可以在主、从动曲柄上错开一定角度再安装一组平行四边形机构,如图 3-9 所示。当上面一组平行四边形机构转到 AB′C′D 共线位置时,下面一组平行四边形机构 AB₁′C₁′D 却处于正常位置,故机构仍然保持确定运动。

3. 双摇杆机构

两连架杆均为摇杆的铰链四杆机构称为双摇杆机构。

图 3-2 所示为用于港口起重机变幅的双摇杆机构。当摇杆 AB 摆动时,另一摇杆 CD 随之摆

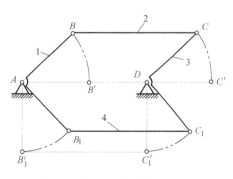

图 3-9 消除运动不确定的方法

动，选用合适的杆长参数，可使悬挂点 M 的轨迹近似为水平直线，避免被吊重物做不必要的上下运动而造成功耗。

图 3-10 所示为车辆的前轮转向机构，该机构为双摇杆机构，两摇杆长度相等，称为等腰梯形机构。车辆转弯时，与前轮轴固连的两个摇杆的摆角分别为 δ 和 β （$\beta<\delta$），如果在任意位置都能使两前轮轴线的交点 P 落在后轴线的延长线上，则当整个车身绕 P 点转动时，四个车轮都能在地面上纯滚动，避免轮胎因滑动而磨损。合理设计的等腰梯形机构就能近似地满足这一要求。

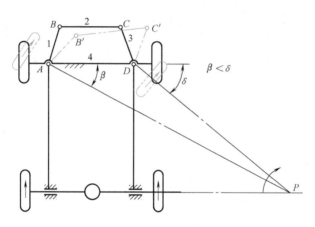

图 3-10　车辆的前轮转向机构

二、铰链四杆机构基本形式的判别

铰链四杆机构都是四个构件用转动副连接起来的，但不同的形式可用来实现不同的功能。它们的形式与构件尺寸有何关系呢？下面分析曲柄存在的条件。

1. 铰链四杆机构只存在一个曲柄的条件

利用三角形两边之和大于或等于第三边，可以证明铰链四杆机构只存在一个曲柄的条件为：

1）其中一个连架杆最短。

2）最短杆和最长杆之和小于或等于另两杆之和。

证明：曲柄摇杆机构的两个连架杆中，一个是曲柄，另一个是摇杆。也就是说曲柄摇杆机构中只有一个曲柄。如果能够证明铰链四杆机构中只有一个曲柄，那么该机构就是曲柄摇杆机构。曲柄摇杆机构（图 3-11）中，设 $AD=l_1$，$AB=l_2$，$BC=l_3$，$CD=l_4$，若连架杆 l_2 为曲柄，且做整圆周运动，则它应顺利通过与机架 AD 共线的两个位置 AB_1 和 AB_2，机构在这两个位置分别构成 $\triangle B_1C_1D$ 和 $\triangle B_2C_2D$。利用三角形任意两边之和大于（极限情况等于）第三边的性质有以下证明。

在 $\triangle B_1C_1D$ 中：

$$l_3 \leqslant (l_1-l_2)+l_4$$
$$l_4 \leqslant (l_1-l_2)+l_3$$

即

$$l_2+l_3 \leqslant l_1+l_4 \qquad ①$$
$$l_2+l_4 \leqslant l_1+l_3 \qquad ②$$

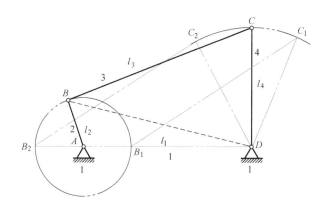

图 3-11　曲柄摇杆机构

在 $\triangle B_2 C_2 D$ 中有　　　　　　　　　　$l_1 + l_2 \leqslant l_3 + l_4$　　　　　　　　　　③

①+②得　　　　　　　　　　$l_2 \leqslant l_1$

①+③得　　　　　　　　　　$l_2 \leqslant l_4$

②+③得　　　　　　　　　　$l_2 \leqslant l_3$

所以在 l_1、l_2、l_3 和 l_4 四个构件中，曲柄 l_2 最短。

由式①~式③可知：最短杆+任一杆长≤其余两杆之和，所以最短杆+最长杆≤另两杆之和。

铰链四杆机构中，存在一个曲柄的条件为：

1）曲柄最短。

2）最短杆与最长杆之和小于或等于其余两杆之和。

2. 铰链四杆机构的三种基本形式的判别

将铰链四杆机构中存在一个曲柄的条件和相对运动的方法相结合，可判别铰链四杆机构的三种基本形式。

曲柄摇杆机构（图 3-12）中，曲柄 2 与相邻的构件 1、3 之间是做整圆周转动，摇杆 4 与相邻的构件 1、3 之间是做小于 360°的摆动，而且构件间的这种相对运动关系是不变的。

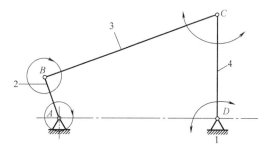

图 3-12　曲柄摇杆机构中构件的相对运动

若铰链四杆机构满足最短杆与最长杆之和小于或等于其余两杆之和，取不同构件为机架时，可得到不同类型的铰链四杆机构。

1）最短杆是连架杆时，可获得曲柄摇杆机构。

2）最短杆是机架时，可获得双曲柄机构。

3）最短杆是连杆时，可获得双摇杆机构。

若铰链四杆机构中最短杆与最长杆的长度和大于其余两杆长度之和，则该机构中不存在曲柄，无论怎样变化，都只能得到双摇杆机构。

三、曲柄摇杆机构的运动特性分析

平面连杆机构具有传递、变换运动与力的功能，其运动特性包括以下几点。

1. 急回特性

在曲柄摇杆机构（图3-13）中，当曲柄为原动件时，曲柄 AB 以角速度 ω 匀速转过一周的过程中，有两次与连杆 BC 共线。在这两个位置，铰链中心 A 与 C 之间的距离 AC_1 和 AC_2 分别为最短和最长，因而摇杆 CD 的位置 C_1D 和 C_2D 分别为其左右极限位置。摇杆在两极限位置间的夹角 ψ 称为摇杆的摆角。曲柄与连杆共线的两个位置所夹的锐角 θ 称为极位夹角。

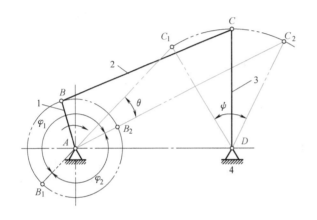

图 3-13　曲柄摇杆机构的急回特性

曲柄摇杆机构
的急回特性

曲柄 AB 以角速度 ω 匀速转动，当曲柄由位置 AB_1 顺时针方向转到 AB_2 位置时，曲柄转过的角度为 $\varphi_1 = 180° + \theta$，所用时间为 $t_1 = \varphi_1/\omega$，这时摇杆由左极限位置 C_1D 摆到右极限位置 C_2D，摇杆摆角为 ψ；而当曲柄顺时针方向再由 AB_2 转到 AB_1，转过角度 $\varphi_2 = 180° - \theta$ 时，所用时间为 $t_2 = \varphi_2/\omega$，摇杆由位置 C_2D 摆回到位置 C_1D，其摆角仍然是 ψ。虽然摇杆来回摆动的摆角相同，但对应的曲柄转角不等（$\varphi_1 > \varphi_2$）。当曲柄匀速转动时，对应的时间也不等（$t_1 > t_2$），从而反映了摇杆往复摆动的快慢不同。令摇杆自 C_1D 摆至 C_2D 为工作行程，这时铰链 C 的平均速度是 $v_1 = \widehat{C_1C_2}/t_1$，摇杆自 C_2D 摆回至 C_1D 是其空回行程，这时 C 点的平均速度是 $v_2 = \widehat{C_1C_2}/t_2$，显然 $v_1 < v_2$，它表明摇杆具有急回运动的特性。

急回运动特性可用行程速度变化系数（又称为行程速比系数）K 表示，即

$$K = \frac{v_2}{v_1} = \frac{\widehat{C_1C_2}/t_2}{\widehat{C_1C_2}/t_1} = \frac{t_1}{t_2} = \frac{\varphi_1}{\varphi_2} = \frac{180° + \theta}{180° - \theta} \tag{3-1}$$

式（3-1）表明：极位夹角 θ 越大，K 值越大，急回运动的性质也越显著。

将式（3-1）整理后，可得极位夹角的计算公式为

$$\theta = 180° \frac{K-1}{K+1} \tag{3-2}$$

牛头刨床、往复式输送机等机械就是利用急回特性来缩短非生产空行程时间，提高生产

率的。机构设计过程中，常常根据机械的急回要求先给出 K 值，然后由式（3-2）算出极位夹角 θ，再确定各构件的尺寸。

2. 压力角和传动角

在图 3-14 所示的曲柄摇杆机构中，若曲柄为原动件，如果忽略各杆质量和运动副中的摩擦，则连杆 BC 为二力杆，它作用于从动摇杆 3 上的力 F 是沿 BC 方向的。作用在从动件上的驱动力 F 与该力作用点绝对速度 v_C 之间所夹的锐角 α 称为压力角。由图 3-14 可见，力 F 在 v_C 方向的有效分力为 $F' = F\cos\alpha$，即压力角越小，有效分力就越大，因此压力角可作为判断机构传动性能的指标，压力角越小，机构传力性能就越好。在连杆设计中，为了度量方便，习惯用压力角 α 的余角 γ 来判断传力性能，γ 称为传动角。因为 $\gamma = 90° - \alpha$，所以 α 越小，γ 越大，机构传力性能越好；反之，α 越大，γ 越小，机构传力越困难，传力性能就越差。

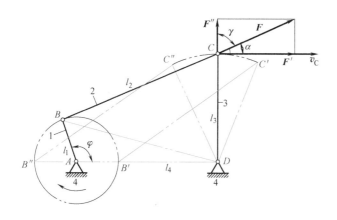

图 3-14 曲柄摇杆机构的压力角和传动角

压力角和
传动角

机构运转时，传动角是变化的，为了保证机构正常工作，必须规定最小传动角 γ_{min} 的下限值。对于一般机械，通常取 $\gamma_{min} > 40°$；对于高速和大功率传动机械，最小传动角应当取大一些，可取 $\gamma_{min} > 50°$；对于小功率的控制机构和仪表，γ_{min} 可略小于 $40°$。

3. 死点位置

在曲柄摇杆机构（图 3-15）中，若以摇杆 CD 为主动件、曲柄 AB 为从动件，则当连杆 BC 与曲柄 AB 处于共线位置时，连杆 BC 与曲柄 AB 之间的夹角为 $0°$，即机构此时传动角 $\gamma = 0°$，压力角 $\alpha = 90°$，这时无论连杆 BC 给从动件曲柄 AB 的力多大，曲柄 AB 都不动，机构所处的这种位置称为死点位置。

图 3-15 曲柄摇杆机构的死点位置

死点位置会使机构的从动件出现卡死或运动不确定现象。为了消除死点位置的不良影响，可以对从动曲柄施加外力，或利用飞轮及构件自身的惯性作用，使机构通过死点位置。

机构中的死点位置并不总是有害的，在某些夹紧装置中可用于防止松动。

第三节　平面连杆机构的演化

铰链四杆机构是最简单的平面连杆机构。铰链四杆机构可通过扩大转动副、变更构件长度和变更机架等途径演化成其他平面连杆机构，也可通过组合或扩展形成多杆机构。

一、改变构件的形状和运动尺寸

曲柄摇杆机构中，当一个连架杆杆长变为无穷大时，就演化为曲柄滑块机构，其演变过程如图 3-16 所示。若滑块移动方向导路通过曲柄回转中心，为对心曲柄滑块机构；若不通过曲柄回转中心，则为偏置曲柄滑块机构。对心曲柄滑块机构没有急回特性，偏置曲柄滑块机构有急回特性。

曲柄滑块机构广泛应用于活塞式内燃机、空气压缩机、压力机等机械中。

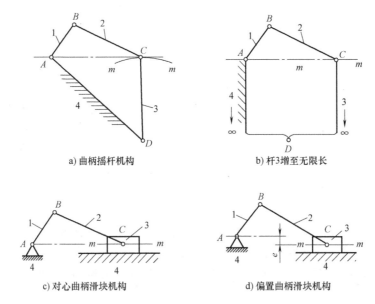

a) 曲柄摇杆机构　　　　　　　　　b) 杆3增至无限长

c) 对心曲柄滑块机构　　　　　　　d) 偏置曲柄滑块机构

图 3-16　曲柄摇杆机构演变成曲柄滑块机构

二、取不同构件为机架

取不同的构件为机架时，曲柄滑块机构可演化成以下几种形式的机构，如图 3-17 所示。

1. 导杆机构

在图 3-17b 中，取杆 1 为固定构件，可得到导杆机构。杆 4 在机构中与机架以转动副连接，与滑块以移动副相连接，该构件称为导杆。导杆机构中通常取杆 2 为原动件，当 $l_1 < l_2$ 时，杆 2 和杆 4 均可整周回转，此时机构称为曲柄转动导杆机构或转动导杆机构。当 $l_1 > l_2$ 时，杆 4 相对机架只能往复摆动，此时机构称为曲柄摆动导杆机构或摆动导杆机构。由图 3-17b 可见，导杆机构中，无论机构运动到哪个位置，导杆所受的力 F 与受力点处的速度 v 的方向始终一致，机构的压力角始终等于 0°，传动角始终等于 90°，机构具有很好的传力性能，故常用于牛头刨床、插床和回转式液压泵之中。

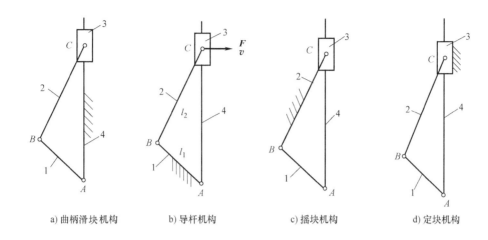

a) 曲柄滑块机构　　b) 导杆机构　　c) 摇块机构　　d) 定块机构

图 3-17　曲柄滑块机构的演化

2. 摇块机构

在图 3-17c 中，取杆 2 为固定构件，可得摇块机构。摇块机构广泛应用于汽车自动卸料机构（图 3-18）、摆缸式内燃机和液压驱动装置中。

3. 定块机构

图 3-17d 中，若取构件 3 为固定件，则得到定块机构（又称为固定滑块机构）。这种机构常用于手压抽水机（图 3-19）和抽油泵中。

曲柄滑块机构的演化——定块机构

曲柄滑块机构的演化——摇块机构

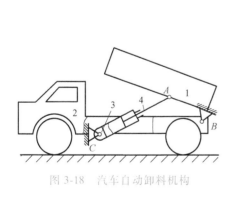

图 3-18　汽车自动卸料机构

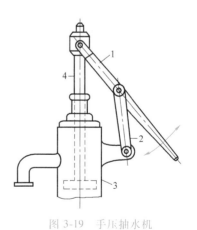

图 3-19　手压抽水机

三、扩大转动副

图 3-20a 所示为偏心轮机构。杆 1 为圆盘，其几何中心为 B。因运动时该圆盘绕偏心轴 A 转动，故称为偏心轮。A、B 之间的距离 e 称为偏心距。按照相对运动关系，可画出该机构的运动简图，如图 3-20b 所示。由图可知，偏心轮是转动副 B 扩大到包括转动副 A 而形成

的，偏心距 e 即是曲柄的长度。

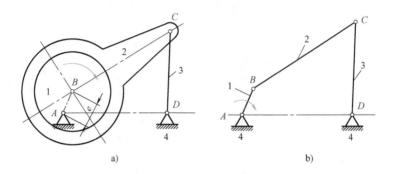

图 3-20 偏心轮机构

当曲柄长度很小时，通常把曲柄用偏心轮代替，这样不仅可增大轴颈的尺寸，提高偏心轴的强度和刚度，而且当轴颈位于中部时，还可安装整体式连杆，使结构简化。因此，偏心轮广泛应用于传力较大的剪板机、压力机、颚式破碎机、内燃机等机械中。

四、其他的平面连杆机构

平面连杆机构中除了四杆机构外，生产中常见的还有由低副构成的多杆机构。多杆机构可以看成是由若干个四杆机构组合或扩展而形成的。

图 3-7 所示的惯性筛机构是一个六杆机构，这个六杆机构是由两个四杆机构组合而成的，其中构件 1、2、3 和 4 组成了一个双曲柄机构，构件 3、5、6 和 4 组成了一个曲柄滑块机构，如图 3-21 所示。

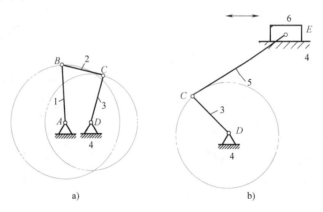

图 3-21 惯性筛六杆机构的分解

四杆机构扩展形成新的平面连杆机构，若铰链四杆机构中两个连架杆长度趋于无穷大时，两个转动副就会演变为移动副，铰链四杆机构扩展为双滑块机构或双转块机构，如图 3-22 所示的椭圆仪机构就是双滑块机构，图 3-23 所示的十字滑块联轴器机构就是双转块机构。

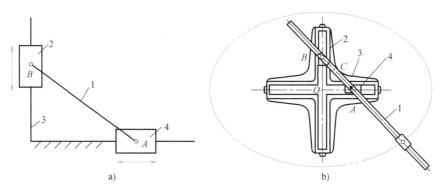

图 3-22　椭圆仪机构

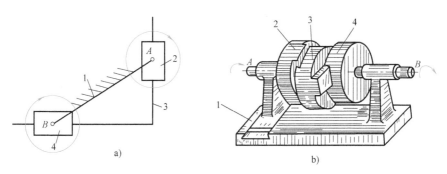

图 3-23　十字滑块联轴器机构

第四节　平面连杆机构的设计

设计机构的方法有解析法、图解法和实验法。解析法计算量大、精度高，适合于计算机设计；图解法直观性强，简单易行，但设计精度低，可以满足一般机械的设计要求；实验法一般用于运动要求比较复杂的四杆机构。这里主要介绍图解法。

生产实践中四杆机构的设计可以归纳为两类问题：

1）位置设计问题，即按照给定从动件的位置来设计四杆机构。

2）轨迹设计问题，即按照从动件的运动轨迹来设计四杆机构。

四杆机构设计的内容一般包括两个方面：

1）按照从动件的运动形式选择合理的机构类型。

2）根据给定的运动参数或其他条件（如最小传动角、几何条件等）确定机构运动简图的尺寸参数。

一、按给定行程速比系数 K 设计四杆机构

按给定行程速比系数 K 设计四杆机构适用于具有急回特性的四杆机构的设计，在设计时，通常按实际需要先给定行程速比系数 K 的数值，然后根据机构在极限位置的几何关系，结合有关辅助条件来确定机构运动简图的尺寸参数。

具有急回特性的四杆机构有曲柄摇杆机构、偏置式曲柄滑块机构和摆动导杆机构。下面

分别进行阐述。

1. 曲柄摇杆机构的设计

已知条件：摇杆长度 l_3，摆角 ψ 和行程速比系数 K。

设计曲柄摇杆机构的实质是确定铰链中心 A 点的位置，定出曲柄 l_1、连杆 l_2 和机架 l_4 的尺寸。其设计步骤如下：

1）选作图比例为 μ_1。

2）由给定的行程速比系数 K，求出极位夹角 $\theta = 180° \dfrac{K-1}{K+1}$。

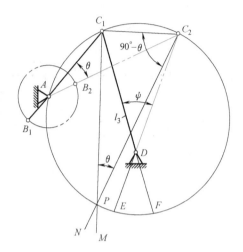

3）如图 3-24 所示，任选固定铰链中心 D 的位置，由摇杆长度 l_3 和摆角 ψ，作出摇杆两个极限位置 C_1D 和 C_2D，$\overline{C_1D} = \overline{C_2D} = \dfrac{l_3}{\mu_1}$。

4）连接 C_1C_2，并作 $C_1M \perp C_1C_2$。

5）作 $\angle C_1C_2N = 90° - \theta$，$C_2N$ 与 C_1M 相交于 P 点，由图 3-24 可见，$\angle C_1PC_2 = \theta$。

图 3-24　曲柄摇杆机构的设计

6）作 $\triangle PC_1C_2$ 的外接圆，在此圆周（C_1C_2 和 EF 除外）上任取一点 A 作为曲柄的固定铰链中心。连接 AC_1 和 AC_2，因同一圆弧的圆周角相等，故 $\angle C_1AC_2 = \angle C_1PC_2 = \theta$。

7）因极限位置处曲柄与连杆共线，故 $\overline{AC_1} = \overline{B_1C_1} - \overline{AB_1}$，$\overline{AC_2} = \overline{AB_2} + \overline{B_2C_2}$，从而得图中曲柄长度 $\overline{AB} = \dfrac{\overline{AC_2} - \overline{AC_1}}{2}$，则曲柄实际长度 $l_1 = \overline{AB}\mu_1$。再以 A 点为圆心，AB 为半径作圆，分别交 C_1A 的延长线于 B_1，交 C_2A 于 B_2，即得连杆实际长度 $l_2 = \overline{B_1C_1}\mu_1 = \overline{B_2C_2}\mu_1$；机架实际长度 $l_4 = \overline{AD}\mu_1$。

由于 A 点是 $\triangle PC_1C_2$ 外接圆上任选的点，所以若仅按行程速比系数 K 设计，可得无穷多的解。A 点位置不同，机构传动角的大小也不同。要想获得良好的传动质量，可按照最小传动角最优或其他辅助条件来确定 A 点的位置。

2. 偏置式曲柄滑块机构

已知条件：行程速比系数 K、滑块的行程 H 和偏距 e。

设计分析：把偏置曲柄滑块机构的行程 H 视为曲柄摇杆机构在摇杆无限长时 C 点摆过的弦长，应用上述方法可求得满足要求的四杆机构。

其设计步骤是：

1）选作图比例为 μ_1。

2）计算极位夹角 $\theta = 180° \dfrac{K-1}{K+1}$。

3）如图 3-25 所示，作 $\overline{C_1C_2} = \dfrac{H}{\mu_1}$。注意：无论画图比例是多少，图中尺寸均按实际尺寸标注。

作射线 C_1O 使 $\angle C_2 C_1 O = \phi = 90° - \theta$，作射线 $C_2 O$ 使 $\angle C_1 C_2 O = \phi = 90° - \theta$。

4）以 O 点为圆心，$C_1 O$ 为半径作圆。

5）按比例作一条与 $C_2 C_1$ 距离为 e 的直线，该直线交圆弧于 A 点，A 点即为所求曲柄的固定铰链中心。

6）以 A 点为圆心，AC_1 为半径作弧，交 AC_2 于 E 点，得曲柄在图中长度 $AB = EC_2/2 = (AC_2 - AC_1)/2$，曲柄实际长度为 $\overline{AB}\mu_1$。

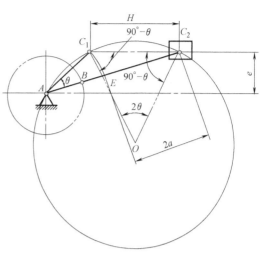

图 3-25　偏置式曲柄滑块机构的设计

3. 摆动导杆机构

已知条件：机架长度 l_4、行程速比系数 K。

由图 3-26 可知，导杆机构的极位夹角 θ 等于导杆的摆角 ψ，所需确定的尺寸是曲柄长度 l_1。其设计步骤如下：

1）求得极位夹角 θ。

$$\theta = 180° \frac{K-1}{K+1} = \psi$$

2）取作图比例为 μ_1。

3）任选一点为固定铰链中心 C，以夹角 ψ 作出导杆两极限位置 CM 和 CN。

4）作摆角的角平分线 AC，并在线上取 $\overline{AC} = l_4/\mu_1$，得固定铰链中心 A 的位置。

5）过 A 点作导杆极限位置的垂线 AB_1（或 AB_2），即得曲柄图中长度 $\overline{AB_1}$，曲柄实际长度 $l_1 = \mu_1 \overline{AB_1}$。

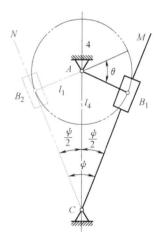

图 3-26　导杆机构的设计

二、按给定连杆预定位置设计四杆机构

1. 按给定连杆的两个位置设计四杆机构

给定连杆的两个位置 $B_1 C_1$ 和 $B_2 C_2$ 设计四杆机构图解过程如下（图 3-27）。

1）选定长度比例尺。绘出连杆的两个位置 $B_1 C_1$、$B_2 C_2$。

2）连接 $B_1 B_2$、$C_1 C_2$，分别作线段 $B_1 B_2$ 和 $C_1 C_2$ 的垂直平分线 b_{12} 和 c_{12}，分别在 b_{12} 和 c_{12} 上任意取 A、D 两点，A、D 两点即是两个连架杆的固定铰链中心。连接 AB_1、$C_1 D$ 即为所求的四杆机构。

由于 A、D 点可任意选取，所以有无穷解。在实际设计中可根据其他辅助条件，如限制最小传动角或

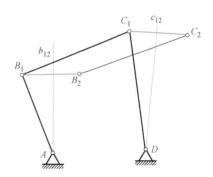

图 3-27　按给定连杆的两个位置设计四杆机构

者根据 A、D 的安装要求来确定铰链 A、D 的安装位置。

2. 按给定连杆的三个位置设计四杆机构

按给定连杆的三个位置设计四杆机构，其设计过程与上述基本相同。如图 3-28a 所示，由于 B_1、B_2、B_3 三点位于以 A 点为圆心的同一圆弧上，故运用已知三点求圆心的方法（图 3-28b），作 B_1B_2 和 B_2B_3 的垂直平分线，其交点就是固定铰链中心 A。用同样方法，作 C_1C_2 和 C_2C_3 的垂直平分线，其交点便是另一固定铰链中心 D。AB_1C_1D 即为所求四杆机构。

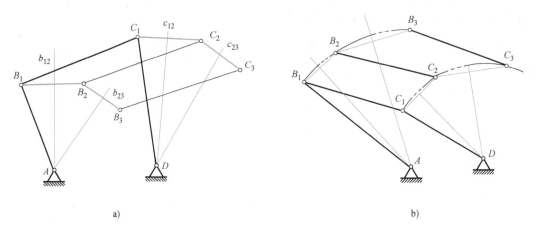

a)   b)

图 3-28 按给定连杆的三个位置设计四杆机构

思 考 题

3-1 在图 3-29 所示的铰链四杆机构中，已知：$l_{BC} = 50\text{mm}$，$l_{CD} = 35\text{mm}$，$l_{AD} = 30\text{mm}$，AD 为固定件。

（1）要使机构为曲柄摇杆机构，且 AB 是曲柄，求 l_{AB} 的极限值。

（2）要使机构为双曲柄机构，求 l_{AB} 的取值范围。

（3）要使机构为双摇杆机构，求 l_{AB} 的取值范围。

3-2 试设计一铰链四杆机构，已知行程速比系数 $K = 1.5$，摇杆的长度 $l_{CD} = 75\text{mm}$，机架的长度 $l_{AD} = 100\text{mm}$，机架处于水平位置，摇杆的一个极限位置与机架之间的夹角 $\phi_1 = 45°$，如图 3-30 所示。

（1）用图解法求该机构的曲柄长度 l_{AB} 和连杆的长度 l_{BC}（只求一解即可）。

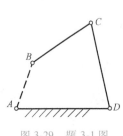

图 3-29 题 3-1 图

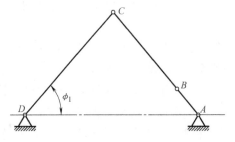

图 3-30 题 3-2 图

（2）设计出该四杆机构，画出机构运动简图。

（3）用图解法求最小传动角。

（4）根据设计获得各杆的长度，判别该机构是否符合存在一个曲柄的条件。

3-3　某一曲柄摇杆机构，已知曲柄、连杆、摇杆和机架的长度分别为 $l_{AB}=50\text{mm}$，$l_{BC}=80\text{mm}$，$l_{CD}=80\text{mm}$，$l_{AD}=90\text{mm}$，试用图解法求其行程速比系数 K 和最小传动角 $\gamma_{\min}$。

3-4　曲柄摇杆机构如图 3-31 所示，其中箭头所标为原动件，试标出机构在图示位置时的压力角，并画出机构的死点位置。

3-5　在图 3-31 中，若 $CD=240\text{mm}$，$BC=600\text{mm}$，$AB=400\text{mm}$，$AD=450\text{mm}$。

（1）当 AD 为机架时，机构是否存在曲柄？

（2）若各杆长度不变，如何改变机架，才能分别获得双曲柄机构和双摇杆机构？

3-6　在图 3-31 中，若 $CD=240\text{mm}$，$BC=600\text{mm}$，$AB=400\text{mm}$，当机架 AD 的长度在什么范围时，可以分别获得曲柄摇杆机构、双曲柄机构和双摇杆机构？

3-7　脚踏砂轮机构（图 3-32）是一个曲柄摇杆机构，摇杆可上下摆动 $10°$，$l_{CD}=500\text{mm}$，$l_{AD}=1000\text{mm}$。试用图解法求曲柄 AB 和连杆 BC 的长度。

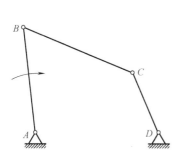

图 3-31　题 3-4、3-5、3-6 图

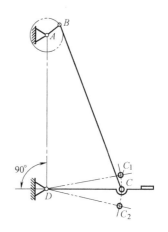

图 3-32　题 3-7 图

第四章

凸 轮 机 构

重点学习内容

1）凸轮机构的分类、从动件运动规律及其特性。

2）用图解法设计平面凸轮轮廓曲线。

3）凸轮机构中滚子半径、压力角和基圆半径的选择。

第一节 凸轮机构的组成、应用与类型

一、凸轮机构的组成和应用

凸轮机构广泛应用于自动机械和自动控制装置中，它是一种常见的高副机构。凸轮机构由凸轮1、从动件2、机架3以及辅助装置组成，如图4-1所示。其中，凸轮是具有变化向径的盘形构件，凸轮工作轮廓线与从动件之间为点接触或线接触。当图示凸轮以角速度 ω 逆时针方向转动，使凸轮从图示实线处转动到细双点画线位置时，从动件将沿机架导路从 A 处上升到 B 处。可见，凸轮机构是一类利用具有特定轮廓曲线的凸轮连续转动，使从动件获得预期的运动规律的机构。

凸轮机构是机械设备中常用的机构，其设计和制造技术比较成熟。随着现代科学技术的发展，有些过去由凸轮机构承担的工作逐渐被数控技术所取代，但由于凸轮机构具有工作可靠的特点，在一些场合仍然扮演着不可替代的角色。

图4-2所示为四冲程内燃机的配气机构。当凸轮2轮廓与气门1的平底接触时，气门产生向下开启或向上关闭的往复运动（向上运动是借助弹簧的弹力作用）；当以凸轮回转中心为圆心的圆弧段轮廓与气门接触时，气门将静止不动。因此，当具有某种轮廓曲线的凸轮连续转动时，气门可获得间歇的、按预期规律的开闭运动，从而使内燃机正常工作。

在凸轮机构设计过程中，从动件的位移、速度和加速度必须严格地按照预期规律变化，尤其是当原动件做连续运动而从动件必须做间歇运动时，采用凸轮机构最为简便，下面举例进行说明。

图4-3所示为自动机床的进刀机构。当圆柱凸轮1回转时，其凹槽的侧面迫使从动件2做往复摆动，通过从动件2上的扇形齿轮与固定在刀架上的齿条啮合，控制刀架做进刀和退刀运动。刀架进、退刀的运动规律取决于圆柱凸轮的凹槽曲线的形状。

凸轮机构的主要优点是：只要适当地设计凸轮的轮廓曲线，就可以使从动件获得各种预期的运动规律，而且结构简单紧凑、设计方便。凸轮机构的缺点是：凸轮与从动件之间为

凸轮副

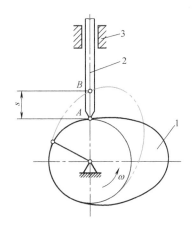

图 4-1 凸轮机构的组成

1—凸轮 2—从动件 3—机架

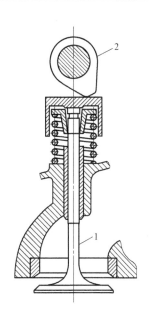

图 4-2 内燃机配气机构

1—气门 2—凸轮

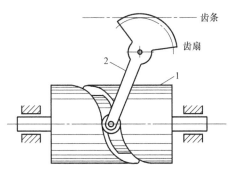

图 4-3 自动机床进刀机构

1—圆柱凸轮 2—从动件

凸轮机构应
用——自动
车床走刀机构

点、线高副接触，易磨损，故该机构多用在要求准确实现预期运动规律且传递动力不大的场合；凸轮机构从动件的行程不能太大，否则会使凸轮变得笨重；另外，凸轮轮廓精度要求较高，故常需用数控机床进行加工，制造成本高。

由于以上特点，凸轮机构在自动送料机构、仿形机床进刀机构、内燃机配气机构、汽车的凸轮式制动器以及印刷机、纺织机、插秧机、闹钟和各种电气开关等传力不大的控制装置中得到广泛应用。

二、凸轮机构的类型

凸轮机构可以按不同的属性进行分类，通常可以按凸轮的形状、从动件的结构形状、从动件的运动形式和从动件与凸轮保持接触的方式等分类。

1. 按凸轮的形状分类

（1）盘形凸轮　　如图 4-4a 所示，这种凸轮是绕固定轴线转动并具有变化向径的盘形零件，它是凸轮的最常见形式。

（2）移动凸轮　　如图 4-4b 所示，当盘形凸轮的回转中心趋于无穷远时，凸轮相对机架做直线运动，这种凸轮称为移动凸轮。

（3）圆柱凸轮　　如图 4-4c 所示，这种凸轮可以认为是将移动凸轮首尾相接卷成圆柱体而形成的。盘形凸轮和移动凸轮与从动件之间的相对运动为平面运动，属于平面凸轮机构；而圆柱凸轮与从动件之间的相对运动为空间运动，属于空间凸轮机构。

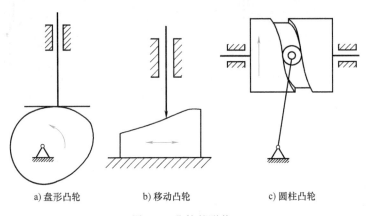

a) 盘形凸轮　　　　　b) 移动凸轮　　　　　c) 圆柱凸轮

图 4-4　凸轮的形状

2. 按从动件的结构形状分类

（1）尖底从动件　　图 4-4b 所示的从动件为尖底从动件，其端部能与任意复杂的凸轮轮廓保持接触，从而使从动件实现任意运动。但因端部与凸轮之间是滑动摩擦，易于磨损，故适用于传力不大的低速凸轮机构中，如仪器或仪表中的凸轮机构。

（2）滚子从动件　　图 4-4c 所示的从动件为滚子从动件，这种从动件的端部装有可以自由转动的滚子。由于滚子与凸轮之间的摩擦为滚动摩擦，因而磨损较小，可用于传递稍大的动力，所以应用较广泛。但因零件较多，并且滚子轴磨损后会产生噪声，所以仅适用于重载和中、低速的凸轮机构中。

（3）平底从动件　　图 4-2、图 4-4a 所示的从动件为平底从动件，这种从动件与凸轮轮廓表面的接触面为一平面。平面与凸轮接触处易形成油膜，故润滑状况良好，能大大减少磨损。当不考虑摩擦时，凸轮对从动件的作用力始终垂直于平底，从动件受力比较平稳，传动效果较好，故常用于高速凸轮机构中。其缺点是不适用于轮廓有内凹的凸轮。

3. 按从动件的运动形式分类

（1）直动从动件　　图 4-4a、b 所示的从动件为直动从动件，从动件相对于机架做往复直线运动。

（2）摆动从动件　　图 4-4c 所示的从动件为摆动从动件，从动件按照一定的运动规律绕自身轴线做往复摆动。

在直动从动件凸轮机构中，如果从动件导路的中心线通过凸轮的回转轴线，则称为对心直动从动件凸轮机构（图 4-1）；否则，称为偏置直动从动件凸轮机构（图 4-4a）。

凸轮机构除了以上几种分类方法外，还可按锁合方式，即按凸轮与从动件维持接触的方式分类。

（1）力锁合 利用从动件的重力（图 4-4b）、弹簧力（图 4-2）或其他外力使从动件与凸轮保持接触。

（2）几何锁合 依靠凸轮和从动件的特殊几何形状而始终维持接触（图 4-3）。

第二节 从动件的常用运动规律

一、从动件与凸轮的运动关系

图 4-5a 所示为偏置直动从动件盘形凸轮机构，凸轮的轮廓由非圆曲线 AB、CD 和圆弧曲线 BC、DA 组成。在图示位置，从动件的尖顶与凸轮轮廓上的 A 点相接触，从动件处于最低位置。

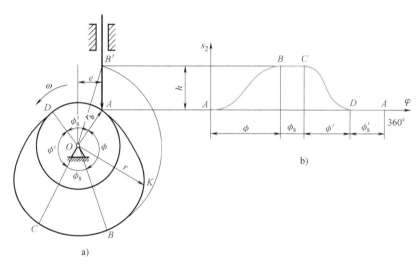

图 4-5 凸轮机构的工作过程说明图

（1）基圆和基圆半径 r_b 以凸轮轮廓最小向径 r_b 为半径所作的圆称为基圆，r_b 称为基圆半径。

（2）推程和推程运动角 ϕ 当凸轮以等角速度 ω 逆时针方向转动时，从动件由最低位置 A 开始首先与凸轮廓线 AB 段接触，由于凸轮轮廓曲线由点 A 至 B，向径逐渐增大，从动件由位置 A 被推至最高位置 B′，该过程称为推程运动，它所上升的距离称为行程，以 h 表示。凸轮对应的转角 ϕ 称为推程运动角，简称推程角。

（3）远休止角 ϕ_s 当凸轮以 BC 圆弧段与尖顶接触时，从动件处于最高位置而静止不动，该过程称为远程休止，相应的凸轮转角 ϕ_s 称为远休止角。

（4）回程和回程运动角 ϕ' 当凸轮继续转动，从动件与凸轮上的曲线 CD 段接触，由于曲线由点 C 至 D，向径逐渐减小，从动件由最高位置回到最低位置，该过程称为回程运动，凸轮相应的转角 ϕ' 称为回程运动角。

（5）近休止角 ϕ'_s 从动件与凸轮在圆弧段 DA 段接触时，从动件在最低位置静止不动，该过程称为近程休止，凸轮相应的转角 ϕ'_s 称为近休止角。当凸轮不断转动时，从动件就重复上述升-停-回-停的循环过程。

(6) 偏距 e　从动件的中心线偏离凸轮转动中心 O 的距离 e 称为偏距。

在直角坐标系中，用纵坐标代表从动件的位移 s_2，横坐标代表凸轮转角 φ（$\varphi = \omega t$），则可以画出从动件位移 s_2 与凸轮转角 φ 之间的关系曲线（图 4-5b），称为从动件的位移线图。对从动件位移线图进行一次求导可作出从动件的速度线图，进行二次求导可得加速度线图。

由上述可知，凸轮的轮廓形状决定了从动件的运动规律。反之，从动件不同的运动规律要求凸轮具有不同的轮廓曲线形状，因此在设计凸轮轮廓之前应首先确定从动件的运动规律。

图 4-6 所示为对心直动从动件凸轮机构的从动件位移线图演示过程。图中纵坐标 $s(\varphi)$ 为从动件位移，横坐标 φ 为凸轮转动角度，设置凸轮某位置为 $\varphi = 0$，对应的从动件处于基圆位置，即 $s(\varphi) = 0$，随着凸轮转动角度 φ 的变化从动件的位移等于凸轮外轮廓与从动件接触处到基圆的径向距离，以此类推画出位移线。从动件运动的位移线图取决于凸轮轮廓形状。

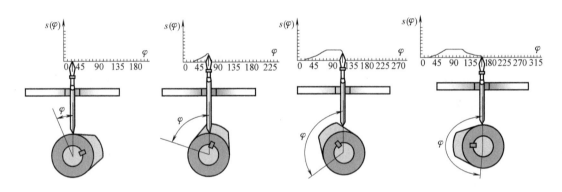

图 4-6　从动件的位移线图演示过程

二、从动件常用的运动规律

下面介绍几种常见的从动件运动规律。

1. 等速运动规律

当凸轮以角速度 ω 匀速运动时，从动件以一个恒定的速度运动，这种运动规律称为等速运动规律。

当凸轮以角速度 ω 匀速运动时，从动件等速运动过程中，若凸轮转至 t_0 时刻，从动件位移为 h，同时凸轮转角为 ϕ_0，则从动件的速度为 $v_0 = \dfrac{h}{t_0} = \dfrac{h}{\phi_0/\omega} = \dfrac{h\omega}{\phi_0}$。在 t 时刻，凸轮的转角为 $\varphi = \omega t$。从动件的位移为

$$s = v_0 t = \frac{v_0}{\omega}\varphi = \frac{h}{\phi_0}\varphi$$

从动件的运动规律可以有下列方程确定：

位移方程：$$s = \frac{h}{\phi_0}\varphi$$

速度方程：$$v = v_0$$

加速度方程：$$a = 0$$

图 4-7 所示为等速运动规律在推程过程中的位移线图、速度线图和加速度线图。

在推程过程中，从动件在推程开始位置和终止位置处，由于速度突然改变，瞬时加速度在理论上趋于无穷大，因而会产生无穷大的惯性力，机构由此产生的冲击称为刚性冲击。实际上，由于构件弹性变形的缓冲作用，使得惯性力不会达到无穷大，但仍将引起极大的惯性力，造成机械振动，加速凸轮磨损，甚至损坏构件。因此等速运动规律一般只用于低速和从动件质量较小的凸轮机构中。

2. 等加速等减速运动规律

当凸轮以角速度 ω 匀速运动时，从动件在行程 h 中，先做等加速运动，后做等减速运动，且通常两部分的加速度绝对值相等，这种运动规律称为等加速等减速运动规律。

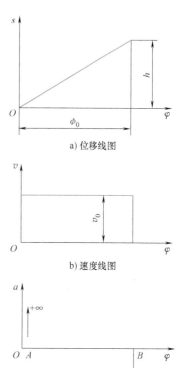

图 4-7 等速运动规律

图 4-8 所示为等加速等减速运动规律在推程过程中的运动线图。

当凸轮以角速度 ω 匀速运动时，从动件等加速等减速运动，若凸轮转至 t_0 时刻，从动件位移为 h，同时凸轮转角为 ϕ_0，则 $\phi_0 = \omega t_0$，从动件加速度线图为平行于横轴的两段直线，其绝对值都等于 $a_0 = \frac{4h}{\phi_0^2}\omega^2$。在 t 时刻，凸轮的转角为 $\varphi = \omega t$。将加速度在推程前半段一次积分得到速度方程 $v = a_0 t = \frac{4h}{\phi_0^2}\omega\varphi$，由此可以得到从动件的最大速度，从而可以画出由两段斜直线组成的速度线图。将加速度两次积分可以得到从动件的位移方程：在推程的前半段，位移方程为 $s_2 = \frac{a_0 t^2}{2} = \frac{2h}{\phi_0^2}\varphi^2$。当时间 t 达到凸轮转角为 $\frac{\phi_0}{2}$ 时，$s_2 = \frac{h}{2}$；在一个推程中，其位移线图由弯曲方向相反的两段抛物线组成。

由加速度线图可知，这种运动规律在 A、B、C 点处加速度发生有限值的突然变化，从而产生有限的惯性力，机构由此产生的冲击称为柔性冲击。所以等加速等减速运动规律适用于中速、轻载的场合。

3. 简谐运动规律

当动点在一圆周上做匀速转动时，由该动点在此圆直径上的投影所构成的运动规律，称为从动件的简谐运动规律。此时，从动件的速度按正弦规律变化，加速度按余弦规律变化，如图 4-9 所示。

因为从动件在升程的始、末两处有加速度突变，产生柔性冲击，所以简谐运动规律只适用于中速场合。

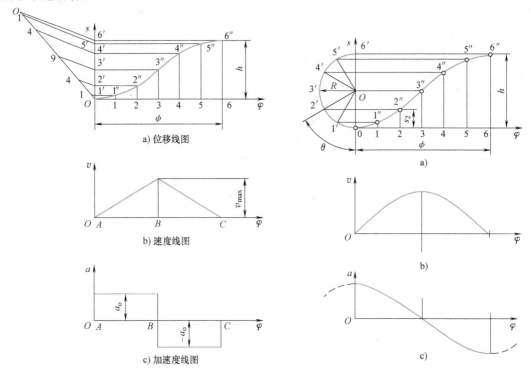

图 4-8　等加速等减速运动规律　　　　图 4-9　简谐运动规律

第三节　图解法设计凸轮轮廓

根据机器的工作要求选定从动件的运动规律后，还要根据凸轮的传力性能，凸轮轮廓加工工艺性、结构紧凑性、运动可靠性等因素，来进行凸轮轮廓曲线的设计。凸轮轮廓曲线设计的方法分为图解法和解析法。图解法简单易行，可以满足一般精度要求的机械。解析法一般用于精度要求较高的高速凸轮、靠模凸轮等，计算量大，常常要利用计算机辅助设计与制造技术。

一、尖顶直动从动件凸轮轮廓曲线的图解法设计

在确定了从动件的运动规律及凸轮的转速和基圆半径之后，为了方便地在图纸上画出凸轮轮廓，应当使凸轮与图纸平面相对静止，机架和从动件绕凸轮中心相对转动，即采用反转法绘制盘形凸轮工作轮廓。

1. 反转法作图的原理

用图解法绘制凸轮轮廓曲线所依据的方法是"反转法"。

根据相对运动不变性原理，使整个机构（凸轮、从动件和机架）以角速度$-\omega$绕凸轮中心 O 转动，其结果是从动件与凸轮的相对运动不改变，但凸轮固定不动，机架和从动件一

方面以角速度$-\omega$绕凸轮回转中心O转动，同时从动件又以原有的运动规律相对机架往复运动，如图 4-10 所示。由于尖顶始终与凸轮轮廓接触，所以反转后尖顶的运动轨迹就是凸轮轮廓曲线。

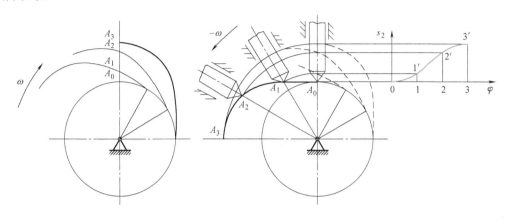

a) 在凸轮轮廓作用下从动件向上移动　　　　　b) 机架和从动件绕凸轮中心相对转动

图 4-10　反转法原理

2. 盘形凸轮轮廓的绘制

假设某凸轮以等角速度ω顺时针方向转动，基圆半径为r_b，从动件行程为h，从动件运动规律见表 4-1，试设计尖顶对心直动从动件盘形凸轮的轮廓曲线。

运用反转法绘制尖顶对心直动从动件盘形凸轮轮廓的方法和步骤如下（图 4-11）：

1）选取适当的长度比例尺μ_l和角度比例尺μ_φ，在纵轴上量取代表最大位移h的图示长度$\mu_l h$，在横轴上自原点依次量取推程角、远休止角、回程角、近休止角，并等分推程运动角和回程运动角，作位移线图，如图 4-11a 所示。

表 4-1　从动件运动规律

凸轮转角	$0° \sim 90°$	$90° \sim 150°$	$150° \sim 330°$	$330° \sim 360°$
从动件运动规律	等速上升至最远位置	静止	等加速等减速下降至最近位置	静止

2）以r_b为半径作基圆，从动件导路（经过圆心O）与基圆的交点A_0便是从动件尖顶的初始位置。

3）自A_0开始，沿$-\omega$的方向取推程运动角（90°）、远休止角（60°）、回程运动角（180°）、近休止角（30°），在基圆上得到A_3、A_4、A_{10}点；将推程运动角和回程运动角分成与位移线图对应的等分，得A_1、A_2和A_5、A_6、A_7、A_8、A_9点，自圆心作径向线，如图 4-11b 所示。

4）沿各径向线自基圆量取从动件对应位移线图上的位移量，即取线段$A_1B_1 = 11'$、$A_2B_2 = 22'$、$A_3B_3 = 33'$、$\cdots$、$A_9B_9 = 99'$，得反转过程中尖顶的一系列位置B_1、B_2、$\cdots$、B_9。

5）将B_0、B_1、$\cdots$、B_{10}连成光滑曲线（B_3和B_4之间以及B_{10}和B_0之间均为以O为圆心的圆弧），便得到所求的凸轮轮廓曲线，如图 4-11c 所示。

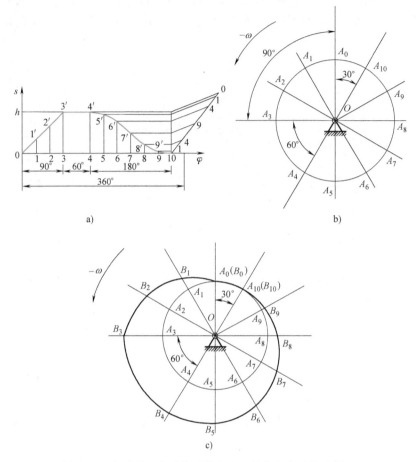

图 4-11 尖顶对心直动从动件盘形凸轮轮廓曲线的绘制过程

二、滚子从动件盘形凸轮轮廓曲线的图解法设计

滚子从动件盘形凸轮轮廓曲线的绘制与尖顶直动从动件盘形凸轮轮廓曲线的绘制方法类似，其凸轮轮廓曲线的绘制方法和步骤如下：

1）将滚子回转中心视为从动件的尖顶，作出尖顶从动件的凸轮轮廓曲线，即理论轮廓线。

2）以理论轮廓曲线上的各点为圆心，以滚子半径为半径，画一系列圆，再作这些圆的内包络线，便得到所求的凸轮轮廓曲线，即工作轮廓线，如图 4-12 所示。由作图过程可知，滚子从动件凸轮机构中，凸轮的基圆半径是指理论轮廓线的最小向径。

三、平底从动件盘形凸轮轮廓曲线的图解法设计

平底从动件盘形凸轮轮廓曲线的绘制与尖顶对心直动从动件盘形凸轮轮廓曲线的绘制方法类似，其凸轮轮廓曲线的绘制方法和步骤如下：

1）将平底与导路的交点 A_0 视为从动件的尖顶，求出从动件尖顶在反转过程中的位置，过这些点画出平底。

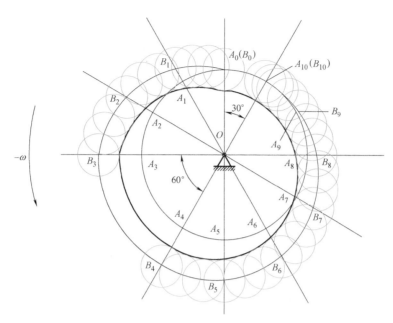

图 4-12 滚子从动件盘形凸轮轮廓曲线的绘制过程

2）再作这些直线的包络线，便得到所求的凸轮轮廓曲线，如图 4-13 所示。

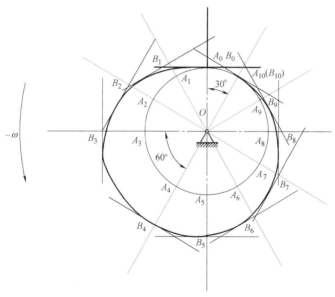

图 4-13 平底从动件盘形凸轮轮廓曲线的绘制过程

例 4-1 用反转法设计一个凸轮机构，已知：从动件运动规律曲线如图 4-14 所示，推程运动角 $\varphi_1 = 90°$，远休止角 $\varphi_2 = 60°$，回程运动角 $\varphi_3 = 180°$，近休止角 $\varphi_4 = 30°$，凸轮以等角速度 ω 顺时针方向转动，偏距为 e，基圆半径为 r_b。

解：1）取与图 4-14 所示的位移曲线纵轴坐标相同的比例画图，以 r_b 为半径作基圆，e 为半径作偏距圆，如图 4-15 所示。

2）作从动件移动方向与偏距圆的切点 K。

3）以 K 点为反转（$-\omega$ 方向）的起点，在偏距圆中标出推程运动角 $\varphi_1 = 90°$，远休止角 $\varphi_2 = 60°$，回程运动角 $\varphi_3 = 180°$，近休止角 $\varphi_4 = 30°$。

4）在偏距圆中，将 φ_1 等分为 3 等份，φ_3 等分为 6 等份，得到 10 个分点。过这些分点作偏距圆的切线，交于基圆，得 B、B_1、B_2、…、B_{10} 各点。

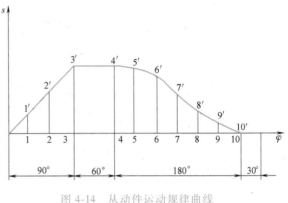

图 4-14　从动件运动规律曲线

5）作位移线图，按转角对应得到 10 个分点。

6）应用反转法，量取从动件在各切线对应位置上的位移，由 s-φ 图中量取从动件位移，得 A_1，A_2，…，A_{10}，即 $A_1B_1 = 11'$，$A_2B_2 = 22'$，…，$A_{10}B_{10} = 0$，将 B、A_1、A_2、…A_{10} 连成光滑曲线，即为所求凸轮轮廓曲线。

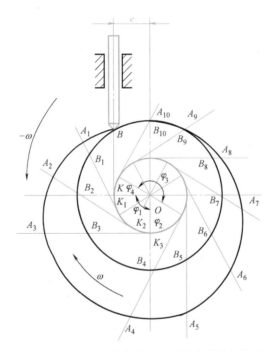

图 4-15　偏置尖顶直动从动件盘形凸轮设计

第四节　盘形凸轮机构设计的几个基本参数确定

上节图解法设计凸轮轮廓时，凸轮的基圆半径、滚子半径、偏距等均已知。实际上，这些尺寸对凸轮机构的结构、传力性能都有很大影响。因此在实际设计时，不仅要保证从动件能实现预期的运动规律，还需要根据机构的传力性能，并考虑结构的紧凑性、运行的可靠性等因素，合理确定这些尺寸。在设计凸轮机构时要注意以下几个问题。

一、压力角

尖顶对心直动从动件盘形凸轮机构，在推程运动中，如果不考虑摩擦力，从动件的运动方向和凸轮作用于它的驱动力方向之间所夹的锐角 α 称为压力角。图 4-16 所示为用量角器测量凸轮机构压力角。

如图 4-17 所示，凸轮作用于从动件的法向力 F_n 可分解为两个分力，即

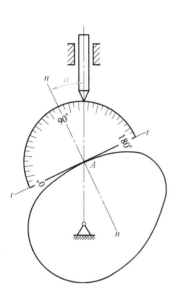

图 4-16 用量角器测量凸轮机构压力角

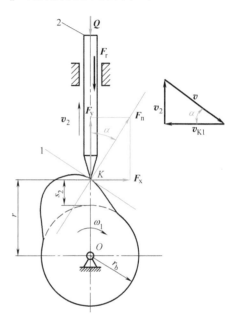

图 4-17 凸轮机构的压力角

$$F_x = F_n \sin\alpha$$
$$F_y = F_n \cos\alpha$$

沿导路方向推动从动件做有用功的有效分力 F_y，除了克服工作阻力之外，还要克服导路的摩擦阻力；与导路垂直的分力 F_x 将使从动件压紧导路，产生摩擦力，是有害分力。

在 F_n 一定的条件下，压力角 α 越大，有效分力越小，有害分力越大。当 α 角增大到某一数值时，必将出现有效分力小于摩擦力的情况，即 $F_n \cos\alpha - \mu F_n \sin\alpha < 0$，这时，无论施加多大的力，都不能使从动件运动，这种现象称为自锁。由于凸轮上不同位置的 α 值不同，在设计中应使 $\alpha_{max} \leq [\alpha]$，对于直动从动件，$[\alpha] = 30° \sim 40°$；对于摆动从动件，$[\alpha] = 40° \sim 50°$。

回程运动中从动件通常是靠外力或自重作用返回的，一般不会出现自锁现象，但为了避免回程过程中不至于产生较大的加速度，减少回程中的惯性冲击与振动，压力角可以取大一些，一般取 $[\alpha] = 70° \sim 80°$。

当 $\alpha_{max} > [\alpha]$ 时，可将对心式从动件改为偏置式从动件，以减小推程运动中的压力角。

当采用偏置式从动件时，如图 4-18 所示，对于凸轮的同一位置，若凸轮顺时针方向转动，从动件偏置在凸轮转动中心左侧时压力角较小；若凸轮逆时针方向转动，从动件偏置在凸轮转动中心右侧时压力角较小。

二、基圆半径的选取

由图 4-17 可以看出，从动件的位移为 s_2，r 为 K 点处凸轮的半径，v_{K1} 为凸轮轮廓上 K 点的圆周速度，r_b 为凸轮的基圆半径，则有 $s_2 = r - r_b$。由图中的速度多边形可知

$$v_2 = v_{K1}\tan\alpha = \omega_1 r\tan\alpha$$

即

$$r = \frac{v_2}{\omega_1\tan\alpha}$$

所以

$$r_b = r - s_2 = \frac{v_2}{\omega_1\tan\alpha} - s_2 \tag{4-1}$$

由式（4-1）可知，当 ω_1、v_2 和 s_2 一定时，如果要减小压力角 α，就必须增大凸轮的基圆半径 r_b。

如图 4-19 所示，若从动件运动规律相同，当凸轮转过相同的转角时，从动件将上升相同的位移，基圆半径较小者凸轮轮廓较陡，压力角较大；而基圆较大者凸轮轮廓较平缓，压力角较小。

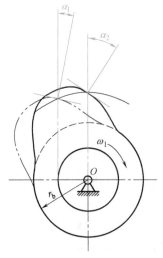

图 4-18　从动件偏置对压力角的影响

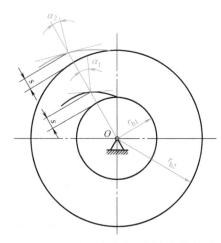

图 4-19　凸轮压力角与基圆半径的关系

为了减小压力角，宜取较大的基圆半径；为了使结构紧凑，则应尽可能减小基圆半径。因此设计时应在满足 $\alpha_{max} \leqslant [\alpha]$ 的条件下，选取尽可能小的基圆半径。

在设计凸轮机构时，凸轮的基圆半径可根据凸轮的结构选取，对于凸轮轴，基圆半径应大于轴的半径和滚子半径之和，即 $r_b > r_z + r_r$；当凸轮与轴单独制造时，取 $r_b \geqslant 1.8r_z + (10 \sim 20)\,mm$，其中 r_z 为凸轮轴半径。

三、滚子半径的选择

在滚子从动件凸轮机构中，滚子半径的选择，要综合考虑滚子的结构、强度、凸轮轮廓曲线形状等因素，特别是不能因滚子半径选得过大造成从动件运动规律失真等情况。

凸轮工作轮廓曲率半径 ρ' 和凸轮理论轮廓曲率半径 ρ 之间的关系如下（图 4-20 所示的中心线是凸轮理论轮廓最小曲率半径的轨迹）：

1）当凸轮工作轮廓曲线 β' 内凹时，$\rho'=\rho+r_r$，$\rho'>\rho$，无论滚子半径取多大，凸轮工作轮廓总是光滑曲线，如图 4-20a 所示，所以此时滚子半径的大小不受限制。

2）当凸轮工作轮廓曲线 β' 外凸时，$\rho'=\rho-r_r$，$\rho'>0$ 时，凸轮工作轮廓光滑，如图 4-20b 所示；$\rho'=0$ 时，凸轮工作轮廓曲线 β' 出现尖点，工作时极易磨损，如图 4-20c 所示；$\rho'<0$ 时，凸轮工作轮廓曲线 β' 出现交叉，加工时将被切去，不能实现预期运动规律，这就是运动失真现象，如图 4-20d 所示。

所以当凸轮轮廓外凸时，为了避免失真现象，滚子半径必须满足 $r_r<\rho_{min}$，ρ_{min} 为凸轮理论轮廓的最小曲率半径。一般取 $r_r \leqslant 0.8\rho_{min}$，$\rho_{min} \geqslant 3 \sim 5mm$。如果设计过程满足不了滚子半径的要求，可以适当增大基圆半径，来改进设计。

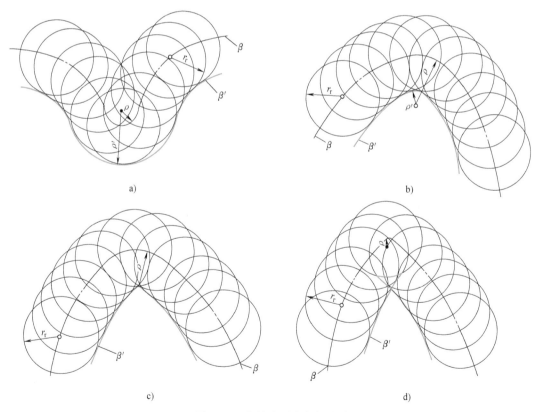

a)

b)

c)

d)

图 4-20 凸轮滚子半径的选取

四、平底长度的确定

在绘制平底从动件盘形凸轮轮廓时，从动件平底与凸轮工作轮廓线的切点随着导路在反转过程中的位置而改变，如图 4-21 所示。找到平底左右侧距导路最远的切点，切点到导路的最远距离为 l_{max}，则一般取平底的长度 $L = 2l_{max} + (5 \sim 7)$ mm。

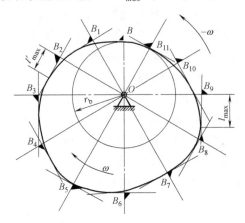

图 4-21　平底从动件与凸轮工作
轮廓线的切点位置的变化

思 考 题

4-1　什么是凸轮机构？其优点和应用如何？

4-2　什么是凸轮的理论轮廓线和工作轮廓线？

4-3　从动件常用的运动规律有哪几种？各有何特点？各适用于何种场合？

4-4　图 4-22 所示为偏置式滚子推杆盘形凸轮机构，试用图解法求出推杆的运动规律 s-φ 曲线。

4-5　图 4-23 所示的凸轮机构，其凸轮轮廓线的 AB 段是以 C 为圆心的一段圆弧。

1）写出基圆半径 r_b 的表达式。

2）在图中标出图示位置时凸轮的转角 φ、推杆位移 s。

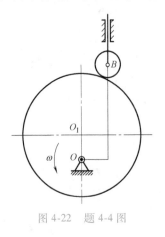

图 4-22　题 4-4 图

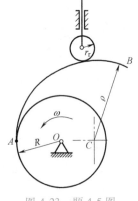

图 4-23　题 4-5 图

4-6　设计一个滚子对心直动从动件盘形凸轮机构，已知凸轮基圆半径为 40mm，滚子半径为 10mm，凸轮逆时针方向等速回转，从动件运动规律见表 4-2。

表 4-2 从动件运动规律

凸轮转角	推程运动角 150°	远休止角 30°	回程运动角 120°	近休止角 60°
从动件运动规律	等速运动	远程休止	等加速等减速运动	近程休止

4-7 设计偏置尖顶直动从动件凸轮机构，已知：从动件运动规律是推程过程中做匀速运动，回程过程中做等减速运动，推程为 30mm，推程运动角 $\phi_1 = 90°$，远程休止角 $\phi_2 = 60°$，回程运动角 $\phi_3 = 150°$，近程休止角 $\phi_4 = 60°$，凸轮以等角速度 ω 顺时针方向转动，偏距 $e = 10$mm，基圆半径 $r_b = 30$mm。

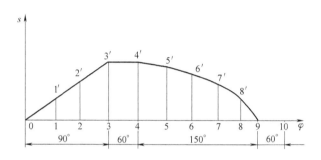

图 4-24 题 4-7 图

4-8 设计凸轮机构时，对压力角有什么要求？

第五章

间歇运动机构

重点学习内容

1） 棘轮机构的工作原理、类型、特点和应用。

2） 棘轮机构的主要参数。

3） 槽轮机构工作原理及槽数、圆柱销数的确定。

4） 不完全齿轮机构工作原理。

在机械和仪表中，特别是在各种自动化和半自动化机械中，常常需要原动件做连续运动，而从动件做周期性时动时停的间歇运动，实现这种间歇运动的机构称为间歇运动机构。间歇运动机构的种类很多，本章仅介绍常用的棘轮机构、槽轮机构和不完全齿轮机构。

完成本章的学习后，学生应了解常用间歇运动机构的类型；掌握棘轮机构、槽轮机构、不完全齿轮机构的工作原理、运动特点和应用情况。

第一节 棘 轮 机 构

一、棘轮机构的组成和工作原理

如图 5-1 所示，棘轮机构是由棘轮、棘爪及机架组成的。如图 5-1a 所示，摇杆 1 空套在与棘轮 3 固连的从动轴上。驱动棘爪 4 与摇杆 1 用转动副 A 相连。当摇杆 1 逆时针方向转动时，驱动棘爪 4 插入棘轮 3 的齿槽，使棘轮 3 跟着转过某一角度。这时止回棘爪 5 在棘轮 3 的齿背上滑过。当摇杆 1 顺时针方向转动时，止回棘爪 5 阻止棘轮 3 发生顺时针方向转动，同时驱动棘爪 4 在棘轮 3 的齿背上滑过，所以此时棘轮 3 静止不动。这样，当摇杆 1 做连续的往复摆动时，棘轮 3 和从动轴便做单向的间歇转动。摇杆 1 的摆动可由凸轮机构、连杆机构或电磁装置等驱动。

二、棘轮机构的类型和特点

按照棘轮结构形式不同，棘轮机构分为齿式和摩擦式两类。

1. 齿式棘轮机构

齿式棘轮机构有外啮合（图 5-1a）、内啮合（图 5-1b）两种形式。当棘轮的直径为无穷大时，就变为棘条（图 5-1c），此时棘轮的单向转动变为棘条的单向移动。其中，外啮合棘轮机构应用较广。根据间歇运动的方式不同，可分为单向式棘轮机构和双向式棘轮机构。

齿式棘轮机构的优点是结构简单，运动可靠，转角大小可在一定范围内调节；缺点是棘轮的转角必须以相邻两齿所夹中心角为单位有级地变化，而且棘爪在棘轮齿背上滑行时会产生噪声，棘爪和棘轮齿面接触时会产生冲击。因此，齿式棘轮机构不适用于高速机械。

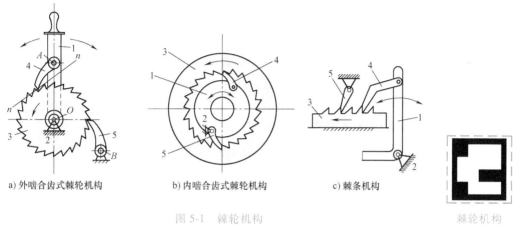

a) 外啮合齿式棘轮机构　　b) 内啮合齿式棘轮机构　　c) 棘条机构

图 5-1　棘轮机构

1—摇杆　2—机架　3—棘轮　4—驱动棘爪　5—止回棘爪

常用的棘轮轮齿的形状如图 5-2 所示，有锯齿形齿（图 5-2a）、直线形三角齿（图 5-2b）、圆弧形三角齿（图 5-2c）和矩形齿（图 5-2d）等。

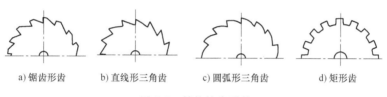

a) 锯齿形齿　　b) 直线形三角齿　　c) 圆弧形三角齿　　d) 矩形齿

图 5-2　棘轮轮齿形状

（1）单向式棘轮机构　单向式棘轮机构可分为单动式和双动式两种，图 5-1 所示为单动式棘轮机构，它的特点是摇杆向一个方向摆动时，棘轮沿同方向转过某一角度；而摇杆反向摆动时，棘轮静止不动。图 5-3 所示为双动式棘轮机构，当摇杆往复摆动时，都能使棘轮沿单一方向转动。

（2）双向式棘轮机构　图 5-4 所示为双向式棘轮机构，它的特点是当棘爪 1 在图示位置时，棘轮 2 沿逆时针方向间歇运动；若将棘爪提起（销子拔出），并绕本身轴线转 180°后放下（销子插入），则可实现棘轮沿顺时针方向间歇运动。双向式的棘轮一般采用图 5-2d 所示的矩形齿。

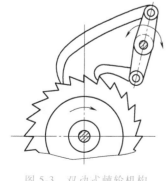

图 5-3　双动式棘轮机构

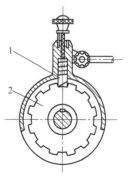

图 5-4　双向式棘轮机构

1—棘爪　2—棘轮

2. 摩擦式棘轮机构

图 5-5 所示为摩擦式棘轮机构，它的工作原理与齿式棘轮机构相同，只不过用偏心扇形块代替棘爪，用摩擦轮代替棘轮。当杆 1 逆时针方向摆动时，扇形块 2 楔紧摩擦轮 3 成为一体，使摩擦轮 3 也一同逆时针方向转动，这时止回扇形块 4 打滑；当杆 1 顺时针方向转动时，扇形块 2 在摩擦轮 3 上打滑，这时止回扇形块 4 楔紧，以防止摩擦轮 3 倒转。这样当杆 1 做连续反复摆动时，摩擦轮 3 便得到单向的间歇运动。摩擦式棘轮机构的优点是传动平稳、噪声小，棘轮的转角能够实现无级调节；其缺点是接触面间易产生滑动，运动精度不高，可靠性低。所以这种棘轮机构适用于低速、轻载的场合。

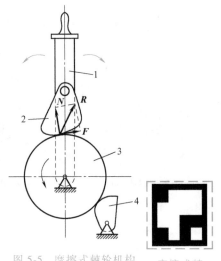

图 5-5　摩擦式棘轮机构

1—杆　2—扇形块　3—摩擦轮　4—止回扇形块

摩擦式棘轮机构

三、棘轮机构的应用

棘轮机构可用于送进和输送、制动、超越和转位分度等机构中。

图 5-6 所示为铸件浇注自动线的输送装置，棘轮与带轮固定在同一根轴上，棘轮、带轮与轴构成一个构件。当气缸中的活塞向上移动时，驱动摇杆 1 向右摆动，主动棘爪卡在棘轮齿槽中推动棘轮顺时针方向转动，从而带轮也顺时针方向转动，传动带带动砂型移动一段距离，制动棘爪 3 则顺着齿背滑动；当气缸中的活塞向下移动时，带动摇杆 1 向左摆动，主动棘爪顺着棘轮齿背滑过，制动棘爪 3 卡在棘轮齿槽中阻止棘轮逆时针方向转动，带轮静止，浇包对准砂型浇注。活塞不停上下移动，完成砂型的输送与浇注工作。

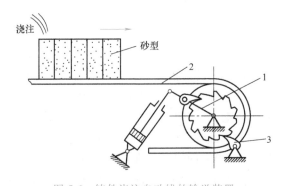

图 5-6　铸件浇注自动线的输送装置

1—摇杆　2—传动带　3—制动棘爪

在图 5-7 所示的牛头刨床工作台进给机构中，运动由一对齿轮传到曲柄 1，再经连杆 2 带动摇杆 3 做往复摆动；摇杆 3 上装有棘爪，从而推动棘轮 4 做单向间歇转动；由于棘轮与螺杆固连，从而又使具有内螺纹的工作台 5 做进给运动。若改变曲柄的长度，就可以改变棘爪的摆角，以调节进给量。

图 5-8 所示为提升机中使用的棘轮制动器，这种制动器广泛用于卷扬机、提升机及运输机等设备中。

图 5-9 所示为自行车后轮轴上的棘轮机构。链轮 1 是内圈具有内棘齿的棘轮。当脚蹬踏板时，经链条带动链轮 1 顺时针方向转动，棘爪 5 和 2 卡在棘轮内齿槽内，带动后轮轴 3 顺时针方向转动，从而驱使自行车前进。当自行车快速前进时，如果脚踏板不动，链轮 1 也不

转，在惯性作用下棘爪 2 与 5 在棘轮齿背上划过，后轮轴 3 和后轴 4 相对链轮转动，同时速度比链轮 1 快，即超越了链轮速度，从而实现不蹬踏板而自由滑行。

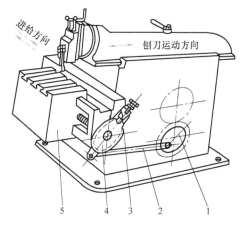

图 5-7 牛头刨床工作台进给机构

1—曲柄 2—连杆 3—摇杆 4—棘轮 5—工作台

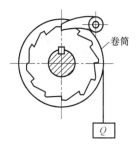

图 5-8 棘轮制动器

四、棘轮转角的调节方法

1. 通过改变摇杆摆角的大小来调节棘轮的转角

图 5-10a 所示为用曲柄摇杆机构来带动棘爪往复摆动，转动调节丝杠即可改变曲柄的长度，曲柄长度改变时，摇杆的摆角也随之改变。

2. 利用遮板调节棘轮的转角

如图 5-10b 所示，在棘轮机构上安装遮板，可将摇杆摆角范围内棘轮的部分轮齿遮盖，使棘爪在运动中从遮板上滑过这部分轮齿。改变遮板的位置，摇杆摆角范围内被遮盖的轮齿数目就会增加或减少，从而改变棘轮转角的大小。

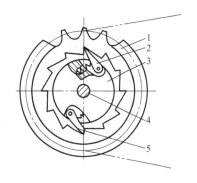

图 5-9 自行车后轮轴的棘轮超越机构

1—链轮 2—主动棘爪 3—后轮轴
4—后轴 5—止动棘爪

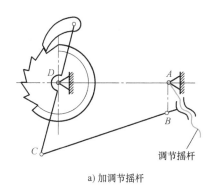

a) 加调节摇杆

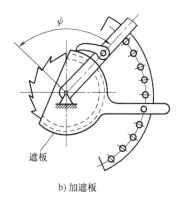

b) 加遮板

图 5-10 棘轮转角的调节

五、棘轮机构的主要参数及几何尺寸

1. 主要参数

（1）棘轮齿数 z　一般由整个机器工作的
需要确定，通常取 $z=6\sim60$ 不等。

（2）齿距 p 与模数 m　参照齿轮标准确
定，与齿轮不同之处是齿距 p 与模数 m 从棘
轮齿顶圆测量求得。令棘轮齿顶圆直径为 d_a

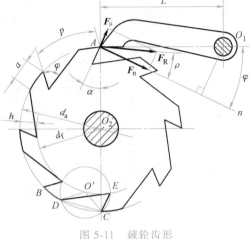

图 5-11　棘轮齿形

$$d_a = mz \qquad (5\text{-}1)$$

齿距 p $$p = \pi m \qquad (5\text{-}2)$$

模数 m $$m = \frac{p}{\pi} \qquad (5\text{-}3)$$

模数单位为 mm，已系列化，见表 5-1。

（3）棘轮齿高 $$h = 0.75m \qquad (5\text{-}4)$$

（4）棘爪轴心位置角 φ 与棘齿偏斜角 α　如图 5-11 所示，棘轮机构工作时，当棘爪与
棘齿在 A 点接触时，为使棘爪受载最小而推动棘轮的有效力最大，棘爪回转中心 O_1 应位于
棘轮齿顶圆的切线上，即 $O_1A \perp O_2A$。O_1A 与过 A 点棘轮齿面法线 An 的夹角 φ，称为棘爪轴
心位置角。

轮齿工作面相对棘轮半径应有一个夹角 α，称为棘齿偏斜角。

f 为摩擦系数，$\rho = \arctan f$，ρ 为摩擦角。当棘爪与棘齿在 A 点接触时，棘齿对棘爪的作
用有正压力 $\boldsymbol{F}_n$ 和阻止棘爪下滑的摩擦力 $\boldsymbol{F}_\mu (F_\mu = F_n \tan\rho)$，为保证棘爪在此二力作用下仍能
向棘齿根部滑动而不从齿槽滑脱，其合力 $\boldsymbol{F}_R$ 应使棘爪有逆时针方向回转的力矩。

可以证明，φ、α 与摩擦角 ρ 之间应有如下关系：

$$\left.\begin{array}{l} \varphi = \alpha \\ \varphi > \rho \end{array}\right\} \qquad (5\text{-}5)$$

取 $f = 0.2 \sim 0.25$，$\rho = 11.3° \sim 14°$ 时，为了保证运转安全可靠，一般可取 $\varphi = 20°$。棘轮齿
槽夹角 θ 由铣刀刃面夹角决定，一般取 $\theta = 60°$ 或 $55°$，因此，在绘制棘轮齿形时，需对齿顶
弧厚 a 或棘齿偏斜角 α 进行修正。

2. 棘轮机构几何尺寸

棘轮机构几何尺寸按表 5-1 计算。

表 5-1　棘轮机构几何尺寸

尺寸名称	符　号	计算公式与参数
模数/mm	m	常用 1,2,3,4,5,6,8,10,12,14,16 等
齿距	p	$p = \pi m$
齿顶圆直径	d_a	$d_a = mz$
齿高	h	$h = 0.75m$
齿顶弧厚	a	$a = m$
齿槽夹角	θ	$\theta = 60°$ 或 $55°$
齿根圆角半径	r	$\geqslant 1.5\text{mm}$
棘爪长度	L	当 $m \geqslant 3\text{mm}$ 时，$L = 2\pi m$ 当 $m < 3\text{mm}$ 时，L 由结构设计确定

第二节　槽　轮　机　构

一、槽轮机构的工作原理、特点和应用

槽轮机构又称为马氏机构。如图 5-12 所示，它由具有径向圆柱销的主动拨盘 1、具有径向槽的槽轮 2 和机架组成。

当主动拨盘 1 做均匀连续转动时，槽轮时而转动，时而静止。在主动拨盘上的圆柱销 A 尚未进入槽轮的径向槽时，槽轮内凹锁住弧 β 被主动拨盘的外凸圆弧 α 卡住，因而槽轮静止不动。图中所示是主动拨盘上的圆柱销开始进入槽轮径向槽的位置，这时锁住弧被松开，因此圆柱销便驱使槽轮转动。当圆柱销开始脱出径向槽时，槽轮的另一内凹锁住弧又被构件 1 的外凸锁住弧卡住，致使槽轮静止不动，直到圆柱销在进入另一径向槽时，两者又重复上述的运动循环。图 5-12 所示的具有四个槽的槽轮机构，当原动件回转一周时，从动件槽轮只转 1/4 周。同理，具有 n 个槽的槽轮机构，当原动件回转一周时，槽轮转过 $1/n$ 周。如此重复循环，使槽轮实现单向间歇转动。

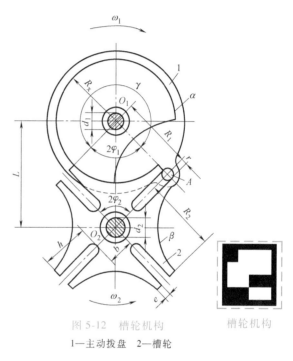

图 5-12　槽轮机构
1—主动拨盘　2—槽轮

槽轮机构

槽轮机构的特点是结构简单，工作可靠，机械效率高，在进入和脱离接触时运动较平稳，能准确控制转动的角度，但槽轮的转角不可调节，故只能用于定转角的间歇运动机构中，如自动机床、电影机械、包装机械等。

图 5-13 所示为转塔车床的刀架转位机构。刀架上装有六种刀具，与刀架固连的槽轮 2 上开有六个径向槽，拨盘 1 上装有一圆柱销 A，每当拨盘转动一周，圆柱销 A 就进入槽轮一次，驱使槽轮转过 60°，刀架也随之转动 60°，从而将下一工序的刀具换到工作位置上。图 5-14 所示为电影放映机的卷片机构。它为了适应人眼的视觉暂留现象，采用了槽轮机构，使影片做间歇运动。

二、槽轮机构的主要参数及几何尺寸

1. 槽轮机构的主要参数

（1）槽轮的槽数 z　如图 5-12 所示，为了避免圆柱销与槽轮发生冲击，应使槽轮开始和终止转动的瞬时角速度为零，即圆柱销进入或退出径向槽时，径向槽的中心线应切于圆柱销中心的轨迹。设径向槽的数目为 z，当槽轮 2 转过 $2\varphi_2$ 时，主动拨盘 1 的转角 $2\varphi_1$ 为

$$2\varphi_1 = \pi - 2\varphi_2 = \pi - \frac{2\pi}{z}$$

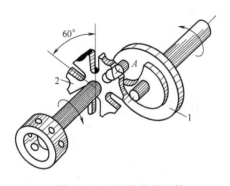

图 5-13 刀架的转位机构

1—拨盘 2—槽轮

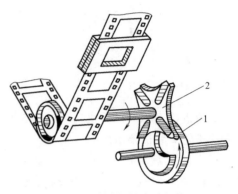

图 5-14 放映机的卷片机构

1—拨盘 2—槽轮

（2）运动系数 τ 和圆柱销数 k　在一个运动周期内，槽轮每次运动的时间 t_m 对主动拨盘回转一周的时间 t 之比称为运动系数，以 τ 表示。对于只有一个圆柱销的槽轮机构，当主动拨盘等速回转时，τ 可用主动拨盘与槽轮间的对应的转角之比来表示，即

$$\tau = \frac{t_m}{t} = \frac{2\varphi_1}{2\pi}$$

$$\tau = \frac{\pi - 2\varphi_2}{2\pi} = \frac{z-2}{2z} \tag{5-6}$$

由式（5-6）可知，因为运动系数 τ 必须大于零，所以径向槽的数目是应大于 2 的整数。在单圆柱销槽轮机构中，槽轮的运动系数 τ 总小于 0.5，也就是说，槽轮的运动时间总小于静止时间。如需得到 $\tau > 0.5$ 的槽轮机构，则须在主动拨盘 1 上安装多个圆柱销。设 k 为均匀分布的圆柱销数，则一个循环中槽轮的运动时间比只有一个圆柱销时增加 k 倍，故有

$$\tau = \frac{k(z-2)}{2z} < 1 \tag{5-7}$$

$\tau = 1$ 表示槽轮做连续转动，故 τ 应小于 1，即有

$$k < \frac{2z}{z-2} \tag{5-8}$$

由式（5-8）可知：当 $z=3$ 时，k 可取 $1 \sim 5$；当 $z=4$ 或 5 时，k 可取 $1 \sim 3$；当 $z \geqslant 6$，则 k 可取 $1 \sim 2$。

由于 $z=3$ 时，工作过程中槽轮的角速度变化大，而 $z \geqslant 9$ 时，槽轮的尺寸将变得较大，转动时的惯性力矩也较大，但对 τ 的变化却影响不大，因此槽数 z 常取为 $4 \sim 8$。

2. 槽轮的几何尺寸

槽轮的几何尺寸如图 5-12 所示，可以按下列公式计算：

槽底高 $\qquad\qquad\qquad\qquad b \leqslant L - (R_1 + r)$

圆柱销回转半径 $\qquad\qquad R_1 = L\sin\varphi_2$

槽顶高 $\qquad\qquad\qquad\qquad R_2 = L\cos\varphi_2$

式中　r——圆柱销的半径。

第三节 不完全齿轮机构

一、不完全齿轮机构的工作原理和类型

不完全齿轮机构是由普通渐开线齿轮机构演化而成的一种间歇运动机构。它与普通渐开线齿轮机构的不同之处是轮齿没有布满整个圆周，如图 5-15 所示。图示当主动轮 1 转一周时，从动轮 2 转 1/6 周，从动轮每转停歇六次。当从动轮停歇时，主动轮 1 上的锁住弧 S_1 与从动轮 2 上的锁住弧 S_2 互相配合锁住，以保证从动轮停歇在预定的位置。

不完全齿轮机构的类型有：外啮合（图 5-15）、内啮合（图 5-16）。与普通渐开线齿轮一样，外啮合的不完全齿轮机构两轮转向相反；内啮合的不完全齿轮机构两轮转向相同。图 5-17 所示为不完全齿轮齿条机构，当齿条 3 分别与不完全齿轮 1 或 2 啮合时，可以使得齿条做不同方向的移动，从而驱动车轮 4 做转向运动。

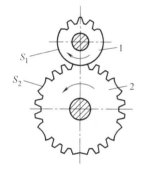

不完全齿轮机构

图 5-15 外啮合不完全齿轮机构

1—主动轮 2—从动轮

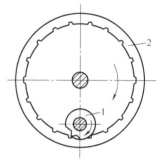

图 5-16 内啮合不完全齿轮机构

1—主动轮 2—从动轮

二、不完全齿轮机构的优、缺点和应用

不完全齿轮机构与槽轮机构相比，其从动轮每转一周的停歇时间、运动时间及每次转动的角度变化范围都较大，设计较灵活。但其加工工艺较复杂，而且从动轮在运动的开始与终止时冲击较大，故一般用于低速、轻载的场合，如在自动机和半自动机中用于工作台的间歇转位，以及要求具有间歇运动的进给机构、计数机构等。

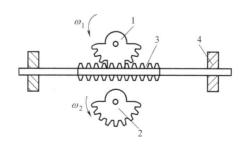

图 5-17 不完全齿轮齿条机构

1、2—不完全齿轮 3—齿条 4—车轮

思　考　题

5-1　常用的间歇运动机构有几种？其主动件与从动件的运动各有什么特点？

5-2　调节棘轮转角大小的方法有哪些？

5-3　什么是槽轮机构的运动系数？为什么运动系数必须大于零而小于1？槽轮的槽数常取多少？

5-4　有一外啮合槽轮机构，已知槽轮槽数 $z=6$，槽轮的停歇时间为 1s，槽轮的运动时间为 2s。求槽轮机构的运动系数及所需的圆柱销数目。

5-5　在转动轴线互相平行的两构件中，主动件做往复摆动，从动件做单向间歇转动，若要求主动件每往复一次，从动件转 12°。

1）可采用什么机构？

2）试画出其机构示意图。

3）简单说明设计该机构时应注意哪些问题。

第六章

齿轮机构

重点学习内容

1）齿轮传动的特点与分类。

2）渐开线齿轮传动的原理、特点。

3）齿轮的切削加工方法，根切现象与最少齿数。

4）渐开线直齿圆柱齿轮正确啮合与连续传动的条件。

5）直齿圆柱齿轮的基本尺寸计算。

6）斜齿圆柱齿轮传动。

7）锥齿轮传动。

第一节　齿轮机构的特点与分类

齿轮机构是机械传动中最重要，也是应用最广泛的传动机构之一，它主要用于传递运动和动力。

一、齿轮传动的特点

齿轮传动的主要优点是：①传动比恒定。②传动效率高，$\eta = 0.94 \sim 0.99$。③适用的功率和速度范围广，传递的功率可达到 10^5kW，圆周速度可达 300m/s。④工作可靠、寿命较长。⑤可实现平行轴、任意角相交轴、任意角交错轴之间的传动。

齿轮传动的缺点是：①制造成本较高，齿轮加工需要专用的设备和刀具。②结构紧凑，但不适宜于远距离两轴之间的传动。③加工和安装精度要求较高，当精度低时，传动的噪声和振动较大。

二、齿轮传动的分类

齿轮传动的类型很多，按照一对齿轮轴线的相互位置和齿向的不同，齿轮传动的分类如图 6-1 所示。

在上述齿轮传动中，直齿圆柱齿轮机构应用最为广泛，也是结构最简单、最基本的一种齿轮类型。本章将重点阐述直齿圆柱齿轮机构的啮合原理、几何尺寸计算，并简要地介绍其他的齿轮机构。

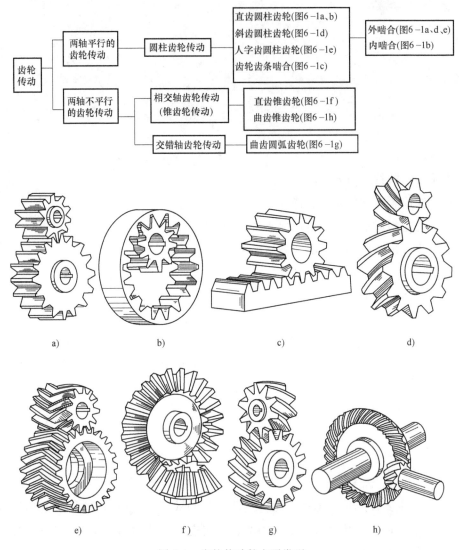

图 6-1　齿轮传动的主要类型

第二节　渐开线与渐开线性质

一、渐开线的形成

如图 6-2 所示，一直线 L 与半径为 r_b 的圆相切，当直线沿该圆做纯滚动时，直线上任一点 K 的轨迹 AK 即为该圆的渐开线。以 O 为圆心、r_b 为半径的这个圆称为渐开线的基圆，而做纯滚动的直线 L 称为渐开线的发生线。

二、渐开线的性质

由渐开线的形成可知，它有以下性质：

1）发生线在基圆上滚过的一段长度等于基圆上相应被滚过的一段弧长，即$\overline{KN}=\overset{\frown}{AN}$。

2）因 N 点是发生线沿基圆滚动时的速度瞬时回转中心，故发生线 KN 是渐开线 K 点的法线。又因发生线始终与基圆相切，所以渐开线上任一点的法线必与基圆相切。

3）渐开线齿廓上任一点的法线方向 $\boldsymbol{F}_n$ 与该点的速度方向线所夹的锐角 α_K，称为压力角。如图 6-3 所示，齿廓上 K 点的法向压力与该点的速度之间的夹角 α_K 称为齿廓上 K 点的压力角。

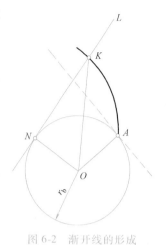

图 6-2　渐开线的形成

$$\cos\alpha_K = \frac{\overline{ON}}{\overline{OK}} = \frac{r_b}{r_K} \qquad (6-1)$$

式（6-1）说明渐开线齿廓上各点压力角不相等，向径 r_K 越大，其压力角越大。在基圆上压力角等于零。

4）发生线与基圆的切点 N 即为渐开线上 K 点的曲率中心，线段 $\overline{KN}$ 为 K 点的曲率半径。K 点离基圆越远，相应的曲率半径越大；而 K 点离基圆越近，相应的曲率半径越小。

5）渐开线的形状取决于基圆的大小。如图 6-4 所示，基圆半径越小，渐开线越弯曲；基圆半径越大，渐开线越趋平直。当基圆半径趋于无穷大时，渐开线便成为直线。所以渐开线齿条是基圆直径为无穷大的具有直线齿廓的渐开线齿轮。

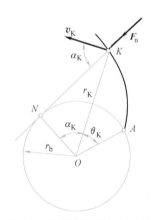

图 6-3　渐开线齿廓的压力角

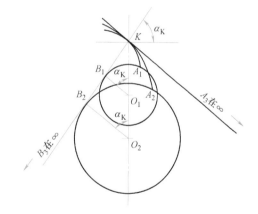

图 6-4　基圆大小与渐开线形状的关系

6）渐开线是从基圆开始向外逐渐展开的，故基圆以内无渐开线。

第三节　齿廓啮合基本定律与渐开线齿廓的啮合特点

一、齿廓啮合基本定律

齿轮传动是依靠主动轮的轮齿依次推动从动轮的轮齿来进行工作的。对齿轮传动的基本要求之一是其瞬时传动比必须保持不变，否则，当主动轮以等角速度回转时，从动轮的角速度为变数，从而产生惯性力。这种惯性力将影响轮齿的强度、寿命和工作精度。齿廓啮合基本定律就是研究当齿廓形状符合何种条件时，才能满足这一基本要求。

图 6-5 所示两相互啮合的齿廓 E_1 和 E_2 在 K 点接触，两轮的角速度分别为 ω_1 和 ω_2。过 K 点作两齿廓的公法线 N_1N_2，与连心线 O_1O_2 交于 C 点。两轮齿廓上 K 点的速度分别为

$$\begin{cases} v_{K1} = \omega_1 \overline{O_1K} \\ v_{K2} = \omega_2 \overline{O_2K} \end{cases}$$

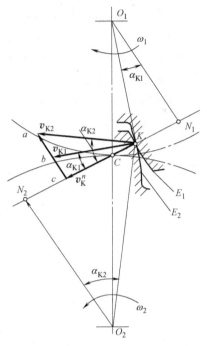

且 v_{K1} 和 v_{K2} 在法线 N_1N_2 上的分速度 v_K^n 应相等，否则两齿廓将会压坏或分离。即

$$v_K^n = v_{K1}\cos\alpha_{K1} = v_{K2}\cos\alpha_{K2}$$

由此得

$$\frac{\omega_1}{\omega_2} = \frac{\overline{O_2K}\cos\alpha_{K2}}{\overline{O_1K}\cos\alpha_{K1}}$$

过 O_1、O_2 分别作 N_1N_2 的垂线 O_1N_1 和 O_2N_2，得 $\angle KO_1N_1 = \alpha_{K1}$、$\angle KO_2N_2 = \alpha_{K2}$，故有

$$\frac{\omega_1}{\omega_2} = \frac{\overline{O_2K}\cos\alpha_{K2}}{\overline{O_1K}\cos\alpha_{K1}} = \frac{\overline{O_2N_2}}{\overline{O_1N_1}}$$

图 6-5　齿廓曲线与齿轮传动比的关系

又因 $\triangle CO_1N_1 \backsim \triangle CO_2N_2$，则有传动比

$$i = \frac{\omega_1}{\omega_2} = \frac{\overline{O_2N_2}}{\overline{O_1N_1}} = \frac{\overline{O_2C}}{\overline{O_1C}} \tag{6-2}$$

由式（6-2）可知，要保证传动比为定值，比值 $\overline{O_2C} : \overline{O_1C}$ 应为常数。现因两轮轴心连线 $\overline{O_1O_2}$ 为定长，故欲满足上述要求，C 点应为连心线上的定点，这个定点 C 称为节点。

因此，为使齿轮保持恒定的传动比，必须使 C 点为连心线上的固定点。或者说，欲使齿轮保持定角速比，不论齿廓在任何位置接触，过接触点所作的齿廓公法线都必须与两轮的连心线交于一定点。这就是齿廓啮合的基本定律。

凡满足齿廓啮合基本定律而互相啮合的一对齿廓，称为共轭齿廓。符合齿廓啮合基本定律的齿廓曲线有无穷多，传动齿轮的齿廓曲线除要求满足定角速度之比外，还必须考虑制造、安装和强度等要求。在机械传动中，常用的齿廓有渐开线齿廓、摆线齿廓和圆弧齿廓，其中以渐开线齿廓应用最广。本章只讨论渐开线齿轮传动。

二、渐开线齿廓啮合的特点

以渐开线为齿廓曲线的齿轮称为渐开线齿轮。

一对齿轮啮合传动时，齿廓啮合点（接触点）的轨迹称为啮合线。对于渐开线齿轮，无论在哪一点接触，接触齿廓的公法线总是两基圆的内公切线 N_1N_2（图 6-6）。齿轮啮合

时，齿廓接触点又都在公法线上，因此，内公切线 N_1 N_2 即为渐开线齿廓的啮合线。

过节点 C 作两节圆的公切线 $t\text{-}t$，它与啮合线 N_1N_2 间的夹角称为啮合角。啮合角等于齿廓在节圆上的压力角 α'，由于渐开线齿廓的啮合线是一条定直线 N_1N_2，故啮合角的大小始终保持不变。啮合角不变表示齿廓间压力方向不变；若齿轮传递的力矩恒定，则轮齿之间、轴与轴承之间压力的大小和方向均不变，这也是渐开线齿轮传动的一大优点。

渐开线齿廓啮合具有以下的特点：

1. 渐开线齿廓符合齿廓啮合基本定律——传动比恒定

如图 6-6 所示，两渐开线齿轮的基圆半径分别为 r_{b1}、r_{b2}，过两轮齿廓啮合点 K 作两齿廓的公法线 N_1N_2，根据渐开线的性质，该公法线必与两基圆相切，即为两基圆的内公切线。又因两轮的基圆为定圆，在其同一方向的内公切线只有一条。所以无论两齿廓在任何位置接触（图 6-6 中虚线位置接触），过接触点所作两齿廓的公法线（即两基圆的内公切线）为一固定直线，

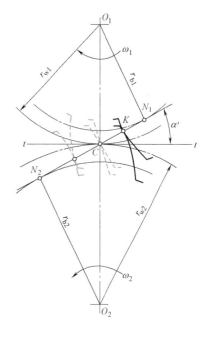

图 6-6 渐开线齿廓满足定角速比

它与连心线 O_1O_2 的交点 C 必是一定点。因此渐开线齿廓满足定角速比要求。

由图 6-6 可知，两轮的传动比为

$$i_{12} = \frac{\omega_1}{\omega_2} = \frac{\overline{O_2C}}{\overline{O_1C}} = \frac{r_{b2}}{r_{b1}} \tag{6-3}$$

式（6-3）表明两轮的传动比为一定值，并与两轮的基圆半径成反比。公法线与连心线 O_1O_2 的交点 C 称为节点，以 O_1、O_2 为圆心，$\overline{O_1C}$、$\overline{O_2C}$ 为半径作圆，这对圆称为齿轮的节圆，其半径分别以 r_{W1} 和 r_{W2} 表示。从图 6-6 中可知，一对齿轮传动相当于一对节圆的纯滚动，而且两齿轮的传动比也等于其节圆半径的反比。故一对齿轮的传动比为

$$i = \frac{\omega_1}{\omega_2} = \frac{r_{W2}}{r_{W1}} = \frac{r_{b2}}{r_{b1}} \tag{6-4}$$

2. 渐开线齿廓间具有相对滑动

两轮齿廓上 K 点的速度 v_{K1} 和 v_{K2} 在法线 N_1N_2 上的分速度相等，但在齿廓切线方向的分速度却不相等（节点除外），所以相互啮合的渐开线齿轮沿齿廓切线方向有相对滑动。

3. 渐开线齿轮具有可分性

由式（6-4）可知，当一对渐开线齿轮制成之后，其基圆半径是不能改变的，因此即使两轮的中心距稍有改变，其角速比仍保持原值不变，这种性质称为渐开线齿轮传动的可分性。这是渐开线齿轮传动的另一重要优点，这一优点给齿轮的制造、安装带来了很大方便。

第四节　标准直齿圆柱齿轮的主要参数与尺寸计算

一、直齿圆柱齿轮各部分的名称

图 6-7 所示为直齿圆柱齿轮的一部分。为了使齿轮在两个方向都能传动，轮齿两侧齿廓由形状相同、方向相反的渐开线曲面组成。齿轮各参数名称如下：

（1）齿顶圆　齿顶端所确定的圆称为齿顶圆，其直径用 d_a 表示。

（2）齿根圆　齿槽底部所确定的圆称为齿根圆，其直径用 d_f 表示。

（3）齿槽　相邻两齿之间的空间称为齿槽。齿槽两侧齿廓之间的弧长称为该圆上的齿槽宽，用 e_k 表示。

（4）齿厚　在任意直径 d_k 的圆周上，轮齿两侧齿廓之间的弧长称为该圆上的齿厚，用 s_k 表示。

（5）齿距　相邻两齿同侧齿廓之间的弧长称为该圆上的齿距，用 p_k 表示。显然

$$p_k = s_k + e_k \qquad (6-5)$$

以及

$$p_k = \frac{\pi d_k}{z} \qquad (6-6)$$

式中　z——齿轮的齿数；

　　　d_k——任意圆的直径。

（6）模数　在式（6-6）中含有无理数"π"，这对齿轮的计算和测量都不方便。因此，规定比值 p/π 等于整数或简单的有理数，并作为计算齿轮几何尺寸的一个基本参数。这个比值称为模数，以 m 表示，单位为 mm，即 $m = p/\pi$，齿轮的主要几何尺寸都与 m 成正比。

为了便于齿轮的互换使用和简化刀具，齿轮的模数已经标准化。我国规定的模数系列见表 6-1。

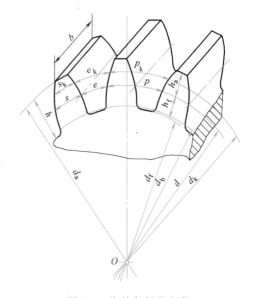

图 6-7　齿轮各部分名称

表 6-1　标准模数系列（GB/T 1357—2008）　　　　　　　　（单位：mm）

第一系列	1	1.25	1.5	2	2.5	3	4	5	6	8	10
	12	16	20	25	32	40	50				
第二系列	1.125	1.375	1.75	2.25	2.75	3.5	4.5	5.5	(6.5)	7	9
	11	14	18	22	28	36	45				

注：1. 本表适用于渐开线圆柱齿轮，对斜齿轮是指法面模数。

　　2. 优先采用第一系列，括号内的模数尽可能不用。

（7）分度圆　标准齿轮上齿厚和齿槽宽相等的圆称为齿轮的分度圆，用 d 表示其直径。分度圆上的齿厚用 s 表示；齿槽宽用 e 表示；齿距用 p 表示。分度圆压力角通常称为齿轮的

压力角，用 α 表示。分度圆压力角已经标准化，常用的为 20°、15°等，我国规定标准齿轮 α = 20°。由于齿轮分度圆上的模数和压力角均规定为标准值，因此，齿轮的分度圆可定义为：齿轮上具有标准模数和标准压力角的圆。齿轮分度圆直径 d 则可表示为

$$d = \frac{p}{\pi}z = mz \tag{6-7}$$

（8）齿顶高与齿根高　在轮齿上介于齿顶圆和分度圆之间的部分称为齿顶，其径向高度称为齿顶高，用 h_a 表示。介于齿根圆和分度圆之间的部分称为齿根，其径向高度称为齿根高，用 h_f 表示。齿顶圆与齿根圆之间轮齿的径向高度称为全齿高，用 h 表示，故

$$h = h_a + h_f \tag{6-8}$$

齿轮的齿顶高和齿根高可用模数表示为

$$h_a = h_a^* m \tag{6-9}$$

$$h_f = (h_a^* + c^*) m \tag{6-10}$$

式中，h_a^* 和 c^* 是齿顶高系数和顶隙系数，对于标准圆柱齿轮，其标准值按正常齿制和短齿制的规定值见表 6-2。

表 6-2　标准圆柱齿轮的齿顶高系数和顶隙系数

齿轮类型	齿顶高系数	顶隙系数
正常齿	$h_a^* = 1$	$c^* = 0.25$
短齿	$h_a^* = 0.8$	$c^* = 0.3$

（9）顶隙　顶隙是指一对齿轮啮合时，一个齿轮的齿顶圆到另一个齿轮的齿根圆的径向距离。顶隙有利于润滑油的流动。顶隙按下式计算：

$$c = c^* m \tag{6-11}$$

二、标准直齿圆柱齿轮的几何尺寸计算

若一齿轮的模数、分度圆压力角、齿顶高系数、齿根高系数均为标准值，且其分度圆上齿厚与齿槽宽相等，则称为标准齿轮。因此，对于标准齿轮

$$s = e = \frac{p}{2} = \frac{\pi m}{2} \tag{6-12}$$

标准直齿圆柱齿轮传动的参数和几何尺寸计算公式见表 6-3。

表 6-3　标准直齿圆柱齿轮传动的主要参数和几何尺寸计算

名称	代号	公式与说明
齿数	z	根据工作要求确定
模数	m	由轮齿的承载能力确定，并按表 6-1 取标准值
压力角	α	$\alpha = 20°$
分度圆直径	d	$d = mz$
齿顶高	h_a	$h_a = h_a^* m$
齿根高	h_f	$h_f = (h_a^* + c^*) m$
全齿高	h	$h = h_a + h_f$

（续）

名称	代号	公式与说明
齿顶圆直径	d_a	$d_a = d + 2h_a = m(z + 2h_a^*)$
齿根圆直径	d_f	$d_f = d - 2h_f = m(z - 2h_a^* - 2c^*)$
分度圆齿距	p	$p = \pi m$
分度圆齿厚	s	$s = p/2 = \pi m/2$
分度圆齿槽宽	e	$e = p/2 = \pi m/2$
基圆直径	d_b	$d_b = d\cos\alpha = mz\cos\alpha$

例6-1　一对标准直齿圆柱齿轮传动，齿数 $z_1 = 20$，传动比 $i = 3.5$，模数 $m = 3$mm，求两齿轮的分度圆直径、齿顶圆直径、齿根圆直径、齿距、齿厚及中心距。

解：计算结果见表6-4。

表6-4　例6-1表

名称	计算与说明	主要结果
大齿轮齿数	$z_2 = iz_1 = 3.5 \times 20 = 70$	$z_2 = 70$
分度圆直径	$d_1 = mz_1 = 3 \times 20$mm $= 60$mm	$d_1 = 60$mm
	$d_2 = mz_2 = 3 \times 70$mm $= 210$mm	$d_2 = 210$mm
齿顶圆直径	$d_{a1} = d_1 + 2h_a^* m = (60 + 2 \times 1 \times 3.5)$mm $= 67$mm	$d_{a1} = 67$mm
	$d_{a2} = d_2 + 2h_a^* m = (210 + 2 \times 1 \times 3.5)$mm $= 217$mm	$d_{a2} = 217$mm
齿根圆直径	$d_{f1} = d_1 - 2(h_a^* + c^*)m = [60 - 2 \times (1 + 0.25) \times 3.5]$mm $= 51.25$mm	$d_{f1} = 51.25$mm
	$d_{f2} = d_2 - 2(h_a^* + c^*)m = [210 - 2 \times (1 + 0.25) \times 3.5]$mm $= 201.25$mm	$d_{f2} = 201.25$mm
齿距	$p = \pi m = 3.14 \times 3.5$mm $= 10.99$mm	$p = 10.99$mm
齿厚	$s = p/2 = 5.495$mm	$s = 5.495$mm
中心距	$a = \dfrac{m}{2}(z_1 + z_2) = \dfrac{3.5}{2}(20 + 70)$mm $= 157.5$mm	$a = 157.5$mm

第五节　渐开线直齿圆柱齿轮正确啮合与连续传动的条件

一、渐开线直齿圆柱齿轮正确啮合的条件

齿轮传动时，它的每一对齿仅啮合一段时间便要分离，而由后一对齿接替。一对渐开线齿轮传动时，其齿廓啮合点都应在啮合线 N_1N_2 上，如图6-8所示，当前一对齿在啮合线上的 K 点接触时，其后一对齿应在啮合线上另一点 K' 接触。

这样，当前一对齿分离时，后一对齿才能不中断地接替传动。为了保证前后两对齿可同时在啮合线上接触，相互啮合的齿轮沿着齿廓沿法线方向的齿距 p_{N1} 和 p_{N2} 应相等，即

$$p_{N1} = p_{N2} = KK'$$

根据渐开线的性质，对齿轮2有

$$\overline{KK'} = \overline{N_2K'} - \overline{N_2K} = \widehat{N_2B} - \widehat{N_2A} = \widehat{AB} = p_{b2}$$

即

$$p_{b2} = p_{N1} = p_{N2}$$

根据渐开线的性质，p_2 为齿轮2分度圆上的齿距，对齿轮2可得

$$p_{b2} = p_2\cos\alpha = \pi m_2\cos\alpha_2$$

同理，对齿轮1可得

$$\overline{KK'} = p_1 \cos\alpha_1 = \pi m_1 \cos\alpha_1$$

由此可得

$$m_1 \cos\alpha_1 = m_2 \cos\alpha_2$$

由于模数和压力角已经标准化，为满足上式，应使

$$\left.\begin{array}{l} m_1 = m_2 \\ \alpha_1 = \alpha_2 \end{array}\right\} \tag{6-13}$$

式（6-13）表明，渐开线齿轮的正确啮合条件是两轮的模数和压力角必须分别相等。由此可以推得齿轮的传动比为

$$i = \frac{\omega_1}{\omega_2} = \frac{d_{w2}}{d_{w1}} = \frac{d_{b2}}{d_{b1}} = \frac{d_2}{d_1} = \frac{z_2}{z_1} \tag{6-14}$$

二、渐开线齿轮传动的重合度与连续传动的条件

图 6-9 所示为一对相互啮合的齿轮，设齿轮 1 为主动轮，齿轮 2 为从动轮。齿廓的啮合是由主动齿轮 1 的齿根部推动从动齿轮 2 的齿顶开始的，因此，从动齿轮齿顶圆与啮合线的交点 B_2 即为一对齿廓进入啮合的开始。随着齿轮 1 推动齿轮 2 转动，两齿廓的啮合点沿着啮合线移动。当啮合点移动到齿轮 1 的齿顶圆与啮合线的交点 B_1 时（图 6-9 中虚线位置），这对齿廓终止啮合，两齿廓即将分离。故啮合线 N_1N_2 上的线段 B_1B_2 为齿廓啮合点的实际轨迹，称为实际啮合线，而线段 N_1N_2 称为理论啮合线。

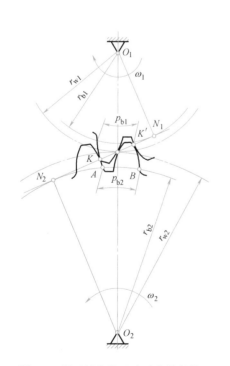

图 6-8 渐开线齿轮正确啮合的条件

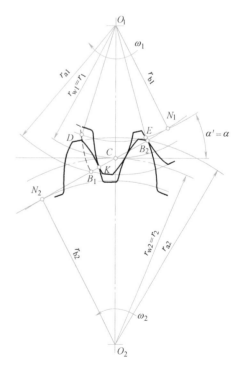

图 6-9 渐开线齿轮连续传动的条件

当一对轮齿在 B_2 点开始啮合时，前一对轮齿仍在 K 点啮合，则传动就能连续进行。由图 6-9 可见，这时实际啮合线段 B_1B_2 的长度大于齿轮的法线齿距。如果前一对轮齿已于 B_1

点脱离啮合，而后一对轮齿仍未进入啮合，则这时传动发生中断，将引起冲击。所以，保证连续传动的条件是使实际啮合线长度大于或至少等于齿轮的法线齿距（即基圆齿距 p_b）。

通常将实际啮合线长度与基圆齿距之比称为齿轮的重合度，用 ε 表示，即

$$\varepsilon = \frac{\overline{B_1 B_2}}{P_b} \geqslant 1 \tag{6-15}$$

理论上当 $\varepsilon = 1$ 时，就能保证一对齿轮连续传动，但考虑齿轮的制造、安装误差和啮合传动中轮齿的变形，实际上应使 $\varepsilon > 1$。一般机械制造中，常使 $1.1 \leqslant \varepsilon \leqslant 1.4$。重合度越大，表示同时啮合的轮齿对数越多。对于标准齿轮传动，其重合度都大于1，故通常不必进行验算。

三、渐开线齿轮的无侧隙啮合与标准中心距

一对齿轮传动时，齿轮节圆上的齿槽宽与另一齿轮节圆上的齿厚之差称为齿侧间隙。在齿轮加工时，刀具轮齿与工件轮齿之间是没有齿侧间隙的；在齿轮传动中，为了消除反向传动空程和减少撞击，也要求齿侧间隙等于零。

由前述已知，标准齿轮分度圆的齿厚和齿槽宽相等，一对正确啮合的渐开线齿轮的模数相等，即

$$s_1 = e_1 = s_2 = e_2 = \frac{\pi m}{2}$$

对于一对相互啮合的齿轮，若 r_{w1}、r_{w2} 分别表示两齿轮节圆的半径，则两齿轮的轴线之间的距离即中心距 a 可以表达为

$$a = r_{w1} + r_{w2} \tag{6-16}$$

而对于一对标准齿轮，按标准中心安装时，其分度圆和节圆重合，便可满足无侧隙啮合条件。安装时使分度圆与节圆重合的一对标准齿轮的中心距称为标准中心距。则标准直齿圆柱齿轮的标准中心距的推导式为

$$a = r_{w1} + r_{w2} = r_1 + r_2 = \frac{m}{2}(z_1 + z_2) \tag{6-17}$$

显然，此时的啮合角 α 就等于分度圆上的压力角。应当指出，分度圆和压力角是单个齿轮本身所具有的，而节圆和啮合角是两个齿轮相互啮合时才出现的。标准齿轮传动只有在分度圆与节圆重合时，压力角和啮合角才相等。

第六节　渐开线齿轮的切削加工与根切

一、渐开线齿轮的加工方法

轮齿加工的基本要求是齿形准确和分齿均匀。轮齿常用的成形加工方法有很多，如切削加工法、铸造法和热轧法等。轮齿的切削加工方法按其原理可分为仿形法和展成法两类。

1. 仿形法

仿形法又称为成形法，是利用与齿轮齿槽形状相同的盘形齿轮铣刀或指形齿轮铣刀在铣床上进行加工的，如图 6-10 所示。加工时铣刀绕本身的轴线旋转，同时轮坯转过 $2\pi/z$，再

铣第二个齿槽。其余依此类推。这种加工方法简单，不需要专用机床，但精度差，而且是逐个齿切削，切削不连续，故生产率低，仅适用于单件生产及精度要求不高的齿轮加工。

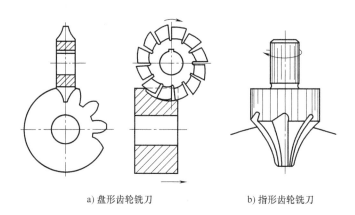

a) 盘形齿轮铣刀　　　　b) 指形齿轮铣刀

图 6-10　仿形法齿加工齿轮

2. 展成法

展成法是利用一对齿轮（或齿轮与齿条）互相啮合时其共轭齿廓互为包络线的原理来切齿的（图 6-11）。如果把其中一个齿轮（或齿条）做成刀具，就可以切出与它共轭的渐开线齿廓。

展成法种类很多，有插齿、滚齿、剃齿、磨齿等，其中最常用的是插齿和滚齿，剃齿和磨齿用于精度和表面粗糙度要求较高的场合。

（1）插齿　图 6-12 所示为用齿轮插刀加工齿轮时的情形。齿轮插刀的形状和齿轮相似，其模数和压力角与被加工齿轮相同。加工时，插齿刀沿轮坯轴线方向做上下往复的切削运动；同时，机床的传动系统严格地保证插齿刀与轮坯之间的展成运动。齿轮插刀刀具顶部比正常齿高出 $c^* m$，以便切出顶隙部分。

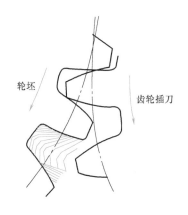

图 6-11　展成法加工齿轮

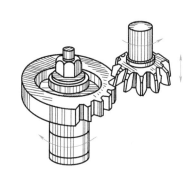

图 6-12　齿轮插刀切齿

当齿轮插刀的齿数增加到无穷多时，其基圆半径变为无穷大，插刀的齿廓变成直线齿廓，齿轮插刀就变成齿条插刀，图 6-13 所示为齿条插刀加工轮齿的情形。

（2）滚齿　齿轮插刀和齿条插刀都只能间断地切削，生产率低。目前广泛采用齿轮滚刀在滚齿机上进行轮齿的加工。

滚齿加工方法基于齿轮与齿条相啮合的原理。图6-14所示为滚刀加工轮齿的情形。滚刀1的外形类似沿纵向开了沟槽的螺旋，其轴向剖面齿形与齿条相同。当滚刀转动时，相当于这个假想的齿条连续地向一个方向移动，轮坯又相当于与齿条相啮合的齿轮，从而滚刀能按照展成原理在轮坯上加工渐开线齿廓。滚刀除旋转外，还沿轮坯的轴向逐渐移动，以便切出整个齿宽。

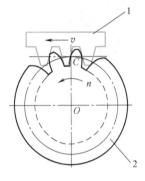
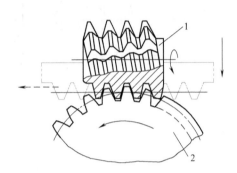

图6-13　齿条插刀加工轮齿　　　　　　图6-14　滚刀加工轮齿
1—齿条插刀　2—轮坯　　　　　　　　1—滚刀　2—轮坯

二、齿轮传动精度

国家标准GB/T 10095—2008对圆柱齿轮及齿轮副规定了12个精度等级，其中1级的精度最高，12级的精度最低。常用的齿轮精度等级为6~9级。表6-5列出了齿轮的常用精度等级和应用范围。

表6-5　齿轮传动的常用精度等级与应用　　　　　　　　（单位：mm/s）

精度等级	圆周速度			应　用
	直齿圆柱齿轮	斜齿圆柱齿轮	直齿锥齿轮	
6级	≤15	≤25	≤9	高速重载传动
7级	≤10	≤17	≤6	高速中载或中速重载传动
8级	≤5	≤10	≤3	对精度无特殊要求的传动
9级	≤3	≤3.5	≤3.5	低速或对精度要求低的传动

三、渐开线齿廓的根切现象

用展成法加工齿轮时，若被加工齿轮齿数较少时，刀具的齿顶线就会超过轮坯的啮合极限点 N_1，加工时刀具就会将轮齿根部的渐开线齿廓切去一部分如图6-15所示，这种现象称为根切。根切将使轮齿的抗弯强度降低，重合度减小，故应设法避免。

四、标准齿轮的最少齿数

标准齿轮是用限制最少齿数的方法来避免根切的。用滚刀加工正常齿制标准直齿圆柱齿

轮时，可以推导出不发生根切的最少齿数为

$$z_{\min} = \frac{2h_a^*}{\sin^2 \alpha} \tag{6-18}$$

正常齿标准直齿圆柱齿轮 $h_a^* = 1$，$\alpha = 20°$，可得出不发生根切的最少齿数 $z_{\min} = 17$。对于短齿标准直齿圆柱齿轮 $h_a^* = 0.8$，$\alpha = 20°$，则不发生根切的最少齿数 $z_{\min} = 14$。

五、变位齿轮

1. 标准齿轮的缺点

标准齿轮存在下列主要缺点：

1）为了避免加工时发生根切，标准齿轮的齿数必须大于或等于不发生根切的最少齿数 $z_{\min}$。

2）标准齿轮不适用于实际中心距不等于标准中心距的场合。

3）一对互相啮合的标准齿轮，小齿轮轮齿的抗弯能力比大齿轮轮齿低。

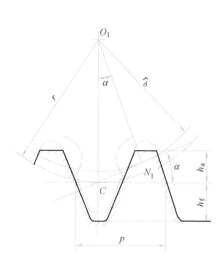

图 6-15 切齿干涉

为了弥补这些缺点，在机械中出现了变位齿轮。

齿条刀具上与刀具顶线平行而其齿厚等于齿槽宽的直线，称为刀具的中线。中线以及与中线平行的任一直线，称为分度线。除中线外，其他分度线上的齿厚与齿槽宽不相等。

加工齿轮时，若齿条刀具的中线与轮坯的分度圆相切并做纯滚动，由于刀具中线上的齿厚与齿槽宽相等，则被加工齿轮分度圆上的齿厚与齿槽距相等，其值为 $\pi m/2$，因此被加工出来的齿轮为标准齿轮（图 6-16a）。

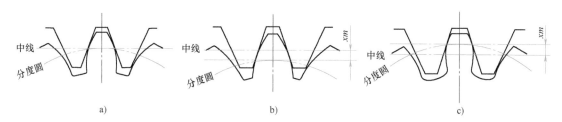

图 6-16 变位齿轮的切削原理

2. 变位齿轮

若刀具与轮坯的相对运动关系不变，但刀具相对轮坯中心离开或靠近一段距离 xm（图 6-16b、c），则轮坯的分度圆不再与刀具中线相切，而是与中线以上或以下的某一分度线相切。这时与轮坯分度圆相切并做纯滚动的刀具分度线上的齿厚与齿槽宽不相等，因此被加工的齿轮在分度圆上的齿厚与齿槽宽也不相等。当刀具远离轮坯中心移动时，被加工齿轮的分度圆齿厚增大。当刀具向轮坯中心靠近时，被加工齿轮的分度圆齿厚减小。这种由于刀具相对于轮坯位置发生变化而加工的齿轮，称为变位齿轮。

齿条刀具中线相对于被加工齿轮分度圆所移动的距离，称为变位量，用 xm 表示，m 为模数，x 为变位系数。变位系数的取值具有下列 3 种情形：

1）变位系数 $x>0$ 时，刀具中线远离轮坯中心称为正变位，这时所切出的齿轮称为正变位齿轮。

2）变位系数 $x<0$ 时，刀具中线靠近轮坯中心称为负变位，所加工的齿轮称为负变位齿轮。

3）变位系数 $x=0$ 时，刀具中线与轮坯按标准中心距安装，所加工的齿轮称为标准齿轮。

采用变位齿轮可以制成齿数少于 z_{min} 而不发生根切的齿轮，可以实现非标准中心距的无侧隙传动，可以使大小齿轮的抗弯能力接近相等。

第七节　渐开线斜齿圆柱齿轮传动机构

一、齿廓曲面的形成及其特点

当发生线在基圆上做纯滚动时，发生线上任一点的轨迹为该圆的渐开线。而对于具有一定宽度的直齿圆柱齿轮，其齿廓侧面是发生面 S 在基圆柱上做纯滚动时，平面 S 上任一与基圆柱母线 NN' 平行的直线 KK' 所形成的渐开线曲面，如图 6-17 所示，直齿圆柱齿轮啮合时，其接触线是与轴线平行的直线，因而一对齿廓沿齿宽同时进入啮合或退出啮合，容易引起冲击和噪声，传动平稳性差，不适宜用于高速齿轮传动。

对于斜齿圆柱齿轮，当发生面在基圆柱上做纯滚动时（图 6-18），平面 S 上的直线 KK' 不与基圆柱母线 NN' 平行，而是与 NN' 成一角度 β_b，当平面 S 在基圆柱上做纯滚动时，斜直线 KK' 的轨迹形成斜齿轮的齿廓曲面，KK' 与基圆柱母线的夹角 β_b 称为基圆柱上的螺旋角。斜齿圆柱齿轮啮合时，其接触线都是平行于斜直线 KK' 的直线，因齿高有一定限制，故在两

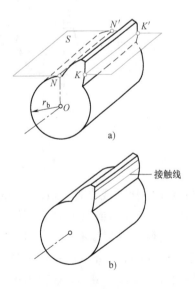

图 6-17　直齿轮齿廓曲面的形成

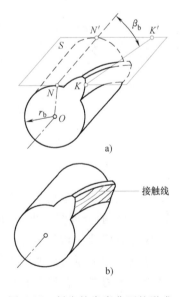

图 6-18　斜齿轮齿廓曲面的形成

齿廓啮合过程中，接触线长度由零逐渐增长，经过某一位置以后又逐渐缩短，直至脱离啮合，即斜齿轮进入啮合和脱离啮合都是逐渐进行的，故传动平稳，噪声小，此外，由于斜齿轮的轮齿是倾斜的，同时啮合的轮齿对数比直齿轮多，故重合度比直齿轮大。

二、斜齿圆柱齿轮的主要参数和几何尺寸

如图 6-19 所示斜齿圆柱齿轮，垂直于斜齿轮轴线的平面称为端面，与分度圆柱螺旋线垂直的平面称为法面，在进行斜齿圆柱齿轮几何尺寸计算时，应当注意端面参数与法向参数之间的关系。

1. 螺旋角

一般用分度圆柱面上的螺旋角 β 表示斜齿圆柱齿轮轮齿的倾斜程度。通常所说斜齿轮的螺旋角是指分度圆柱上的螺旋角。斜齿轮的螺旋角一般为 $8° \sim 20°$，如图 6-20 所示。

图 6-19　斜齿圆柱齿轮

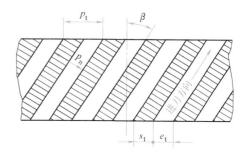

图 6-20　斜齿圆柱齿轮的端面参数与法向参数

2. 模数和压力角

由图 6-20 可知，端面齿距 p_t 与法向齿距 p_n 的关系为

$$p_t = \frac{p_n}{\cos\beta} \tag{6-19}$$

因 $p = \pi m$，故法向模数 m_n 和端面模数 m_t 之间的关系为

$$m_n = m_t \cos\beta \tag{6-20}$$

图 6-21 所示为端面（ABD 平面）压力角和法向（A_1B_1D 平面）压力角的关系。由图可见

$$\tan\alpha_t = \frac{\overline{BD}}{\overline{AB}}$$

$$\tan\alpha_n = \frac{\overline{B_1D}}{\overline{A_1B_1}}$$

又因 $B_1D = BD\cos\beta$，故

$$\tan\alpha_n = \tan\alpha_t\cos\beta \tag{6-21}$$

用铣刀或滚刀加工斜齿轮时，刀具沿着螺旋齿槽方向进行切削，切削刃位于法面上，故一般规定斜齿圆柱齿轮的法向模数和法向压力角为标准值。

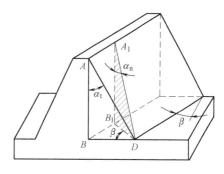

图 6-21　端面压力角和法向压力角

一对斜齿圆柱齿轮正确外啮合的条件是：两轮的法向压力角相等，法向模数相等，两轮螺旋角大小相等而方向相反，即

$$\left. \begin{array}{l} m_{n1} = m_{n2} = m \\ \alpha_{n1} = \alpha_{n2} = \alpha \\ \beta_1 = -\beta_2 \end{array} \right\} \tag{6-22}$$

3. 斜齿圆柱齿轮的几何尺寸计算

由斜齿轮齿廓曲面的形成可知，斜齿轮的端面齿廓曲线为渐开线。从端面看，一对渐开线斜齿轮传动相当于一对渐开线直齿轮传动，故可将直齿轮的几何尺寸计算方式用于斜齿轮的端面。渐开线标准斜齿轮的几何尺寸按表 6-6 所列的公式计算。

表 6-6 标准斜齿圆柱齿轮传动的参数和几何尺寸计算

名称	代号	计算公式
端面模数	m_t	$m_t = \dfrac{m_n}{\cos\beta}$，$m_n$ 为标准值
螺旋角	β	$\beta = 8° \sim 20°$
端面压力角	α_t	$\alpha_t = \arctan\dfrac{\tan\alpha_n}{\cos\beta}$，$\alpha_n$ 为标准值
分度圆直径	d_1, d_2	$d_1 = m_t z_1 = \dfrac{m_n z_1}{\cos\beta}, d_2 = m_t z_2 = \dfrac{m_n z_2}{\cos\beta}$
齿顶高	h_a	$h_a = m_n$
齿根高	h_f	$h_f = 1.25 m_n$
全齿高	h	$h = h_a + h_f = 2.25 m_n$
顶隙	c	$c = h_f - h_a = 0.25 m_n$
齿顶圆直径	d_{a1}, d_{a2}	$d_{a1} = d_1 + 2h_a \quad d_{a2} = d_2 + 2h_a$
齿根圆直径	d_{f1}, d_{f2}	$d_{f1} = d_1 - 2h_f \quad d_{f2} = d_2 - 2h_f$
标准中心距	a	$a = \dfrac{d_1 + d_2}{2} = \dfrac{m_t}{2}(z_1 + z_2) = \dfrac{m_n(z_1 + z_2)}{2\cos\beta}$

例 6-2 已知一对正常齿标准斜齿圆柱齿轮传动的 $z_1 = 33$，$z_2 = 66$，$m_n = 5\text{mm}$，$\alpha_n = 20°$，$\beta = 8°6'36''$。

1）试计算该齿轮传动的中心距 a。

2）如果安装中心距改为 225mm，而齿数与模数都不变，试说明该对齿轮参数如何改变才能满足这一要求。

解：中心距为

$$a = \frac{1}{2}(d_1 + d_2) = \frac{m_n(z_1 + z_2)}{2\cos\beta} = 250\text{mm}$$

当模数和齿数不变时，要满足不同中心距 a 的要求，可以改变螺旋角来实现，即

$$\cos\beta = \frac{m_n(z_1 + z_2)}{2a} = \frac{5 \times (33 + 66)}{2 \times 225} = 0.9706$$

$$\beta = 13°56'$$

故 $\beta = 13°56'$ 就能满足新中心距要求。

三、斜齿圆柱齿轮的当量齿数

加工斜齿轮时，铣刀是沿着螺旋线方向进刀的，故应当按照齿轮的法向齿形来选择铣刀。另外，在计算轮齿的强度时，因为力作用在法面内，所以也需要知道法向齿形。通常采用近似方法确定。

如图 6-22 所示，过分度圆柱面上 C 点作轮齿螺旋线的法平面 nn，它与分度圆柱面的交线为一椭圆。其长半轴 $a = \dfrac{d}{2\cos\beta}$，短半轴 $b = \dfrac{d}{2}$，椭圆在 C 点的曲率半径 $\rho = \dfrac{a^2}{b} = \dfrac{d}{2\cos^2\beta}$，以 ρ 为分度圆半径，以斜齿轮的法向模数 m_n 为模数，$\alpha_n = 20°$，作一直齿圆柱齿轮，它与斜齿轮的法向齿形十分接近。这个假想的直齿圆柱齿轮称为斜齿圆柱齿轮的当量齿轮。它的齿数 z_v 称为当量齿数。

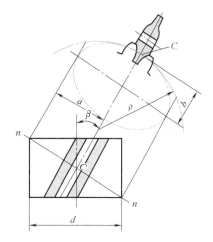

图 6-22 斜齿轮的当量齿轮

$$z_v = \frac{2\rho}{m_n} = \frac{d}{m_n \cos^2\beta} = \frac{m_n z}{m_n \cos^3\beta} = \frac{z}{\cos^3\beta} \quad (6\text{-}23)$$

z 为斜齿轮的实际齿数。斜齿轮的当量齿数 z_v 总是大于实际齿数，并且往往不是整数。因斜齿轮的当量齿轮为一假想的直齿圆柱齿轮，其不发生根切的最少齿数 $z_{v\min} = 17$，则正常齿标准斜齿轮不发生根切的最少齿数为

$$z_{\min} = z_{v\min}\cos^3\beta \quad (6\text{-}24)$$

第八节　锥齿轮传动机构

锥齿轮的轮齿有直齿、斜齿和曲线齿等形式。直齿和斜齿锥齿轮设计、制造及安装均较简单，但噪声较大，一般用于线速度小于 5m/s 的低速传动；曲线齿锥齿轮具有传动平稳、噪声小及承载能力大等特点，用于高速重载的场合。锥齿轮的轮齿排列在截圆锥体上，轮齿由齿轮的大端到小端逐渐收缩变小。锥齿轮可以用于两相交轴之间的传动，两轴交角 Σ 称为轴角，其值可根据传动需要确定。本节只讨论两轴交角 $\Sigma = \delta_1 + \delta_2 = 90°$ 的标准直齿锥齿轮传动。

一、直齿锥齿轮的齿廓曲线、背锥和当量齿数

两轴交角 $\Sigma = \delta_1 + \delta_2 = 90°$ 的直齿锥齿轮应用广泛。与圆柱齿轮不同，锥齿轮的轮齿是沿圆锥面分布的，其轮齿尺寸朝锥顶方向逐渐缩小。锥齿轮的运动关系相当于一对节圆锥做纯滚动。除节圆锥外，锥齿轮还有分度圆锥、齿顶圆锥、齿根圆锥、基圆锥。

图 6-23 所示为一对标准直齿锥齿轮，其节圆锥与分度圆锥重合，δ_1、δ_2 为节锥角，Σ 为

两节圆锥几何轴线的夹角，d_1、d_2 为大端节圆直径。当 $\Sigma = \delta_1 + \delta_2 = 90°$ 时，其传动比为

$$i = \frac{n_1}{n_2} = \frac{d_2}{d_1} = \frac{z_2}{z_1} = \frac{\sin\delta_2}{\sin\delta_1} = \tan\delta_2 = \cot\delta_1 \tag{6-25}$$

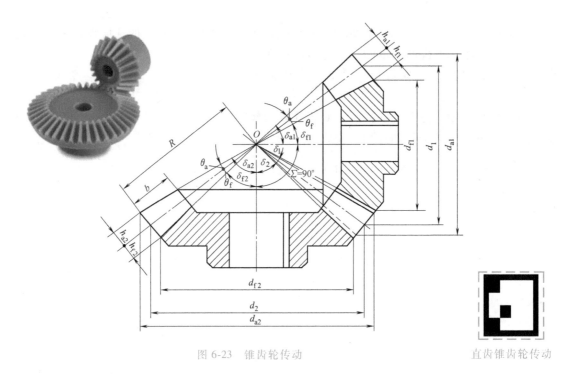

图 6-23　锥齿轮传动

直齿锥齿轮传动

　　如图 6-24 所示，当发生面 A 沿基圆锥做纯滚动时，平面上一条通过锥顶的直线 OK 将形成一渐开线曲面，此曲面即为直齿锥齿轮的齿廓曲面，直线 OK 上各点的轨迹都是渐开线。渐开线 NK 上各点与锥顶 O 的距离均相等，所以该渐开线必在一个以 O 为球心，OK 为半径的球面上，因此锥齿轮的齿廓曲线理论上是以锥顶 O 为球心的球面渐开线。但因球面渐开线无法在平面上展开，给设计和制造造成困难，故常用背锥上的齿廓曲线来代替球面渐开线。

　　图 6-25 所示为一锥齿轮的轴剖面图，$\triangle OAB$、$\triangle Obb$、$\triangle Oaa$ 分别表示其分度圆锥、顶圆锥和根圆锥与轴线平面的交线。过 A 点作 OA 的垂线，与锥齿轮的轴线交于 O' 点，以 OO' 为轴线，$O'A$ 为母线作圆锥，这个圆锥称为背锥。若将球面渐开线的轮齿向背锥上投影，则 a、b 点的投影为 a'、b' 点，由图可见 $a'b'$ 和 ab 相差很小，因此可以用背锥上的齿廓曲线来代替圆锥齿轮的球面渐开线。

　　因圆锥面可以展开成平面，故把背锥表面展开成一扇形平面，扇形的半径 r_v 就是背锥母线的长度，以 r_v 为分度圆半径，大端模数为标准模数，大端压力角为20°，按照圆柱齿轮的作图方法画出扇形齿轮的齿形。该齿廓即为锥齿轮大端的近似齿廓，扇形齿轮的齿数为锥齿轮的实际齿数。将扇形齿轮补足为完整的圆柱齿轮，这个圆柱齿轮称为锥齿轮的当量齿轮，当量齿轮的齿数 z_v 称为当量齿数。由图 6-25 可见

$$r_v = \frac{r}{\cos\delta} = \frac{mz}{2\cos\delta}$$

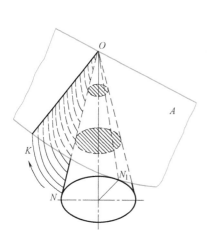

图 6-24　球面渐开线的形成

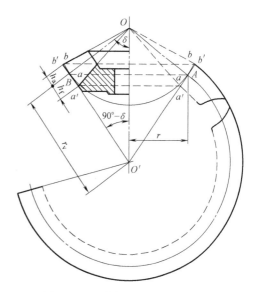

图 6-25　锥齿轮的背锥和当量齿轮

而 $r_v = \dfrac{mz_v}{2}$，故

$$z_v = \frac{z}{\cos\delta} \tag{6-26}$$

因为 δ 总是大于 0°，故 $z_v > z$，且往往不是整数。

由于直齿圆柱齿轮不发生根切的最少齿数为 17，所以直齿锥齿轮不发生根切的最少齿数条件为

$$z_{v\min} = z_{\min}/\cos\delta = 17$$

$$z_{\min} = 17\cos\delta \tag{6-27}$$

综上所述，一对锥齿轮的啮合相当于一对当量圆柱齿轮的啮合，因此可把圆柱齿轮的啮合原理运用到锥齿轮。

一对直齿锥齿轮正确啮合的条件是：除两锥齿轮的模数和压力角分别相等外，两轮的锥距还必须相等。

二、标准直齿锥齿轮的主要参数和几何尺寸

国家标准规定锥齿轮大端分度圆上的模数为标准模数，见表 6-7。按 GB/T 12368—1990 规定，直齿锥齿轮传动的几何尺寸计算是以其大端为标准，当轴交角 $\Sigma = 90°$ 时，标准直齿锥齿轮的几何尺寸计算公式见表 6-8。

表 6-7　锥齿轮的模数系列（摘自 GB/T 12368—1990）　　　（单位：mm）

...	1.5	1.75	2	2.25	2.5	2.75	3	3.25	3.5
3.75	4	4.5	5	5.5	6	6.5	7	8	9
10	11	12	14	16	18	20	22	25	28
30	32	36	40	45	50				

表 6-8　Σ＝90°标准直齿锥齿轮的几何尺寸计算

名称	符号	计算方式及说明
大端模数	m	按 GB/T 12368—1990 取标准值
传动比	i	$i = \dfrac{z_2}{z_1} = \tan\delta_2 = \cot\delta_1$，单级 $i < 6 \sim 7$
分度圆锥角	$\delta_1 \text{、} \delta_2$	$\delta_2 = \arctan\dfrac{z_2}{z_1}$，$\delta_1 = 90° - \delta_2$
分度圆直径	$d_1 \text{、} d_2$	$d_1 = mz_1$，$d_2 = mz_2$
齿顶高	h_a	$h_a = h_a^* m$，其中 $h_a^* = 1$
齿根高	h_f	$h_f = h_a + c = 1.2m$
全齿高	h	$h = 2.2m$
顶隙	c	$c = 0.2m$
齿顶圆直径	$d_{a1} \text{、} d_{a2}$	$d_{a1} = d_1 + 2m\cos\delta_1$，$d_{a2} = d_2 + 2m\cos\delta_2$
齿根圆直径	$d_{f1} \text{、} d_{f2}$	$d_{f1} = d_1 - 2.4m\cos\delta_1$，$d_{f2} = d_2 - 2.4m\cos\delta_2$
锥距	R	$R = \dfrac{1}{2}\sqrt{d_1^2 + d_2^2} = \dfrac{m}{2}\sqrt{z_1^2 + z_2^2}$
齿宽	b	$b = \varphi_R R$，$\varphi_R = 0.25 \sim 0.3$
齿顶角	θ_a	$\theta_a = \arctan\dfrac{h_a}{R}$
齿根角	θ_f	$\theta_f = \arctan\dfrac{h_f}{R}$
根锥角	$\delta_{f1} \text{、} \delta_{f2}$	$\delta_{f1} = \delta_1 - \theta_f$，$\delta_{f2} = \delta_2 - \theta_f$
顶锥角	$\delta_{a1} \text{、} \delta_{a2}$	$\delta_{a1} = \delta_1 + \theta_a$，$\delta_{a2} = \delta_2 + \theta_a$

思 考 题

6-1　齿轮传动的基本要求是什么？渐开线有哪些特性？为什么渐开线齿轮能满足齿廓啮合基本定律？

6-2　解释下列名词：分度圆、节圆、基圆、压力角、啮合角、啮合线、重合度。

6-3　在什么条件下分度圆与节圆重合？在什么条件下压力角与啮合角相等？

6-4　渐开线齿轮正确啮合与连续传动的条件是什么？

6-5　为什么要限制最少齿数？$\alpha = 20°$ 正常齿的直齿圆柱齿轮和斜齿圆柱齿轮不发生根切的最少齿数 z_{min} 各等于多少？

6-6　若已知一对标准安装的直齿圆柱齿轮的中心距 $a = 188\text{mm}$，传动比 $i = 3.5$，小齿轮

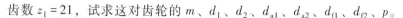
齿数 $z_1 = 21$，试求这对齿轮的 m、d_1、d_2、d_{a1}、d_{a2}、d_{f1}、d_{f2}、p。

6-7　试根据渐开线特性说明一对模数相等，压力角相等，但齿数不等的渐开线标准直齿圆柱齿轮，其分度圆齿厚、齿顶圆齿厚和齿根圆齿厚是否相等？哪一个较大？

6-8　已知一对外啮合正常齿标准斜齿圆柱齿轮传动的中心距 $a = 200\text{mm}$，法向模数 $m_n = 2\text{mm}$，法向压力角 $\alpha_n = 20°$，齿数 $z_1 = 30$，$z_2 = 166$，试计算该对齿轮的端面模数 m_t，分度圆直径 d_1、d_2，齿根圆直径 d_{f1}、d_{f2} 和螺旋角 β。

6-9　在一个中心距 $a = 155\text{mm}$ 的旧箱体内，配上一对齿数为 $z_1 = 23$、$z_2 = 76$，模数 $m_n = 3\text{mm}$ 的斜齿圆柱齿轮，试问这对齿轮的螺旋角 β 应为多少？

第七章

连 接

重点学习内容

1）螺纹的有关参数与主要类型。

2）合理选用螺纹连接的类型。

3）螺纹连接的强度计算。

4）螺栓组连接的结构设计。

5）合理选用平键连接。

机械连接是指实现机械零（部）件之间互相连接功能的方法。机械连接分为两大类：①机械动连接，即被连接的零（部）件之间可以有相对运动的连接，如各种运动副；②机械静连接，即被连接零（部）件之间不允许有相对运动的连接。除有特殊说明之外，一般的机械连接是指机械静连接，本章主要介绍机械静连接的内容。

机械静连接又可分为两类：①可拆连接，即允许多次装拆而不失效的连接，包括螺纹连接、键连接和销连接；②不可拆连接，即必须破坏连接某一部分才能拆开的连接，包括铆钉连接、焊接和粘接等。另外，过盈连接既可做成可拆连接，也可做成不可拆连接。

第一节 螺 纹

一、螺纹形成原理、类型和主要参数

1. 螺纹的形成

如图 7-1 所示，将 $Rt\triangle ABC$ 绕在圆柱体上，使直角边 BC 与圆柱体一素线重合，另一直角边 AB 与圆柱底面周长重合，则其斜边在圆柱体表面上形成的曲线就为螺旋线。

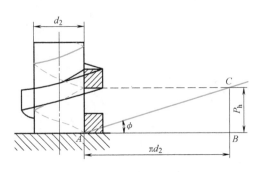

图 7-1 螺纹的形成

取图 7-2 所示平面图形三角形、矩形、梯形和锯齿形分别沿螺旋线移动,并保持此平面图形始终在通过圆柱轴线的平面内,则此平面图形的轮廓在空间的轨迹便分别形成矩形螺纹 (图 7-2a)、三角形螺纹 (图 7-2b)、梯形螺纹 (图 7-2c) 和锯齿形螺纹 (图 7-2d)。

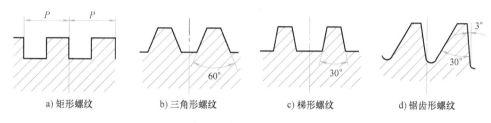

a) 矩形螺纹   b) 三角形螺纹   c) 梯形螺纹   d) 锯齿形螺纹

图 7-2 螺纹牙截面形状

2. 螺纹的分类

按形成螺纹时的平面图形不同(即牙型不同),螺纹可分为三角形螺纹、矩形螺纹、梯形螺纹、锯齿形螺纹等。

按照螺旋线的数目不同,螺纹可分为单线螺纹、双线螺纹或多线螺纹。

按螺纹的绕行方向,螺纹可分为左旋螺纹和右旋螺纹。工程上常用的是右旋螺纹。

按在内外圆柱面的分布,螺纹可分为内螺纹和外螺纹。

按用途不同,螺纹可分为连接螺纹和传动螺纹。

螺纹还分标准螺纹和非标螺纹:螺距、大径、牙型都符合国家标准的螺纹称为标准螺纹;牙型不符合国家标准的螺纹称为非标螺纹;牙型符合标准而大径或螺距不符合标准的螺纹称为特殊螺纹。

3. 螺纹的主要参数

如图 7-3 所示,圆柱普通螺纹有以下主要参数:

(1)大径 d(D) 外螺纹牙顶或内螺纹牙底所在圆周的直径,又称为公称直径。

(2)小径 d_1(D_1) 外螺纹牙底或内螺纹牙顶所在圆周的直径。小径是外螺纹的危险剖面直径,又称为强度直径。

(3)中径 d_2(D_2) 牙型沟槽宽与螺纹牙间宽度相等的圆周直径,又称为计算直径。

(4)螺距 P 相邻两牙在中径线上对应两点的轴向距离。

(5)导程 P_h 同一条螺纹线的相邻两牙在中径线上对应两点的轴向距离 $P_h = nP$(n 为线数)。

(6)螺纹升角 ϕ 螺纹中径圆柱面上螺旋线的切线与端面间所夹的锐角,如图 7-1 所示。

(7)牙型角 α 螺纹牙两侧面间的夹角。

(8)牙型斜角 β 螺纹牙工作侧面与垂直于螺纹轴线的平面间的夹角。

二、常用螺纹的特点及应用

常用螺纹的类型主要有:普通螺纹、管螺

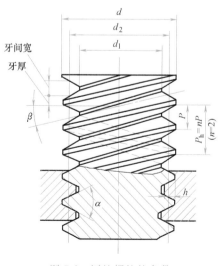

图 7-3 圆柱螺纹的参数

纹、矩形螺纹、梯形螺纹、锯齿形螺纹等，前两种主要用于连接，后三种主要用于传动。标准螺纹的基本尺寸可查阅有关标准，常用螺纹的类型、特点及应用见表 7-1。

表 7-1　常用螺纹的类型、特点及应用

螺纹类型	牙　型	特　点
普通螺纹		牙型为等边三角形，牙型角为 60°，外螺纹牙根允许有较大的圆角，以减少应力集中。同一公称直径的螺纹，可按螺距大小分为粗牙螺纹和细牙螺纹。一般的静连接常采用粗牙螺纹。细牙螺纹自锁性能好，但不耐磨，常用于薄壁件或者受冲击、振动和变载荷的连接中，也可用于微调机构的调整螺纹
55°非密封管螺纹		牙型为等腰三角形，牙型角为 55°，牙顶有较大的圆角。管螺纹为寸制细牙螺纹，尺寸代号为管子内螺纹大径。适用于管接头、旋塞、阀门用附件
55°密封管螺纹		牙型为等腰三角形，牙型角为 55°，牙顶有较大的圆角。螺纹分布在锥度为 1∶16 的圆锥管壁上。包括圆锥内螺纹与圆锥外螺纹和圆锥外螺纹与圆柱内螺纹两种连接形式。螺纹旋合后，利用本身的变形来保证连接的紧密性。它适用于管接头、旋塞、阀门及附件
矩形螺纹		牙型为正方形。传动效率高，但牙根强度低，螺旋副磨损后，间隙难以修复和补偿。矩形螺纹无国家标准。应用较少，目前逐渐被梯形螺纹所代替
梯形螺纹		牙型为等腰梯形，牙型角为 30°，传动效率低于矩形螺纹，但工艺性好，牙根强度高，对中性好。采用剖分螺母时，可以补偿磨损间隙。梯形螺纹是最常用的传动螺纹
锯齿形螺纹		牙型为不等腰梯形，工作面的牙型角为 3°，非工作面的牙型角为 30°。外螺纹的牙根有较大的圆角，以减少应力集中。内、外螺纹旋合后大径处无间隙，便于对中，传动效率高，而且牙根强度高适用于承受单向载荷的螺旋传动

第二节　螺纹副的受力分析、效率与自锁

螺纹副作为一种空间运动副，其接触面为螺旋面，螺纹在旋紧或松开过程中，螺纹之间相对转动并移动，当螺杆和螺母之间受到轴向力 Q 时，拧动螺杆或螺母，螺旋面间将产生摩擦力。

一、矩形螺纹的受力分析、效率及自锁

如图 7-4 所示，螺旋副的相对运动可以看成滑块沿斜面的运动。为了分析问题方便，假设载荷分布在中径上，且螺纹单面产生摩擦力。

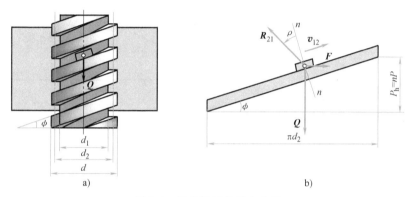

图 7-4　矩形螺纹的受力分析

由图 7-4b 可知

$$\tan\phi = \frac{P_h}{\pi d_2} = \frac{nP}{\pi d_2} \tag{7-1}$$

当拧紧螺母时，螺母上作用有轴向力 Q，拧紧力矩 T，若拧紧螺母所需的拧紧圆周力为 F，则 $T = F\dfrac{d_2}{2}$。此时螺母可以看作一滑块克服轴向力 Q，在中径处圆周力 F 的作用下沿斜面匀速上升，如图 7-4b 所示。当滑块匀速上升时，将受到轴向力 Q、拧紧圆周力 F（即图 7-5 所示水平力）、斜面支承反力 N_{21} 和摩擦力 F_{21} 四个力的作用，并处于受力平衡状态。斜面支承反力 N_{21} 和摩擦力 F_{21} 的合力为 R_{21}，则滑块沿斜面匀速上升的力矢量合成如图 7-5 所示，此时所需的水平推力（拧紧螺母所需的拧紧力）F 为

$$F = Q\tan(\phi+\rho) \tag{7-2}$$

式中　　ρ——摩擦角，$\rho = \arctan f$；

　　　　f——摩擦因数。

拧紧螺母所需的拧紧力矩 T 为

$$T = F\frac{d_2}{2} = \frac{d_2}{2}Q\tan(\phi+\rho) \tag{7-3}$$

则拧紧螺母一周的过程中，有用功为

$$W_r = QP_h = Q\pi d_2\tan\phi$$

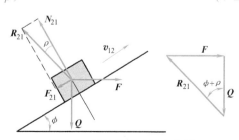

图 7-5　螺纹拧紧时受力分析

输入功为

$$W_d = 2\pi T = \pi d_2 F = Q\pi d_2 \tan(\phi+\rho)$$

所以旋紧螺纹副的效率为

$$\eta = W_r / W_d = \tan\phi / \tan(\phi+\rho) \tag{7-4}$$

当作用在滑块上的水平推力为零时，滑块在轴向力 Q 的作用下会不会下滑呢？也就是说当拧紧螺母后移走扳手，螺母会不会自动松脱？

螺纹拧紧后，如不加反向外力矩，不论轴向力 Q 多么大，螺母也不会自动松开，则称螺纹具有自锁性能。螺纹只有满足自锁条件时，才能自锁。连接螺纹和起重螺纹都要求螺纹具有自锁性。

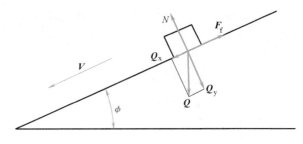

如图 7-6 所示，作用在滑块上的轴向力 Q 可分解为正压力 Q_y 与下滑力 Q_x，其大小为

$$Q_y = Q\cos\phi$$

$$Q_x = Q\sin\phi$$

图 7-6　自锁时受力分析

Q_y 使滑块压紧斜面，产生摩擦力 F_f，滑块有下滑趋势时，F_f 方向为沿斜面向上。

当螺纹具有自锁性时，应使下滑力小于等于摩擦力，即

$$Q_x \leqslant F_f \tag{7-5}$$

所以

$$Q\sin\phi \leqslant fQ_y = fQ\cos\phi$$

化简得

$$\tan\phi \leqslant f = \tan\rho$$

即

$$\phi \leqslant \rho \tag{7-6}$$

式（7-6）表明，矩形螺纹的自锁条件是：螺纹升角小于或等于接触表面的摩擦角。

二、三角形螺纹的受力分析、效率及自锁

螺纹副运动过程中，矩形螺纹和非矩形螺纹的区别在于接触面上产生的摩擦力不同。通过比较矩形螺纹与非矩形螺纹的摩擦力，可以得到三角形螺纹拧紧力矩、自锁条件及效率等。

如图 7-7 所示，矩形螺纹　　　　　$N = Q$

矩形螺纹摩擦力为　　　　$F_f = 2f\dfrac{N}{2} = fQ$

如图 7-8 所示，三角形螺纹　　　$2N'\cos\beta = Q$

三角形螺纹摩擦力为　　　$F_f = 2N'f = \dfrac{Q}{\cos\beta}f = f_v Q$

式中　f_v——当量摩擦因数，$f_v = \dfrac{f}{\cos\beta}$；

　　　ρ_v——当量摩擦角，$\rho_v = \arctan f_v = \arctan\dfrac{f}{\cos\beta}$。

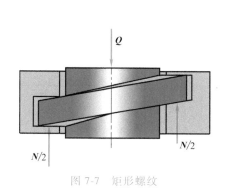

图 7-7　矩形螺纹

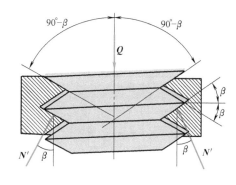

图 7-8　三角形螺纹

通过以上分析，可知三角形螺纹可以看成是摩擦因数为 f_v，摩擦角为 ρ_v 的矩形螺纹，故可得到三角形螺纹的拧紧力 F 为

$$F = Q\tan(\phi + \rho_v) \tag{7-7}$$

三角形螺纹的拧紧力矩为

$$T = F\frac{d_2}{2} = \frac{d_2}{2}Q\tan(\phi + \rho_v) \tag{7-8}$$

作用在三角形螺纹中径处的圆周力为

$$F' = Q\tan(\phi - \rho_v)$$

三角形螺纹的自锁条件为

$$\phi \leqslant \rho_v \tag{7-9}$$

三角形螺纹的效率为

$$\eta = \frac{W_r}{W_d} = \frac{\tan\phi}{\tan(\phi + \rho_v)} \tag{7-10}$$

三、影响效率与自锁性能的几何因素

螺纹的升角 $\phi = \arctan\dfrac{nP}{\pi d_2}$，由此可见，线数 n 和螺距 P 越大，螺纹升角也越大。螺纹升角 ϕ 一般不大于 25°，当 ρ_v 一定时，螺纹升角越大，效率越高，自锁性越差，故线数越多、螺距越大的螺纹，传动效率越高。因此传动螺纹要求传动效率高，多选择多线、大螺距的螺纹；连接螺纹要求自锁性好，连接可靠，常选择线数少、小螺距的螺纹。

由 $\rho_v = \arctan\left(\dfrac{f}{\cos\beta}\right)$ 可知，当摩擦因数 f 一定时，牙型斜角 β 越大，ρ_v 就越大。由式 (7-10) 知，当 ϕ 一定时，ρ_v 越大，效率就越低，自锁性就越好。因此传动螺纹常选择牙型角小的螺纹；连接螺纹常选择牙型角大的螺纹。故普通螺纹多用于连接，矩形螺纹、锯齿形螺纹和梯形螺纹常用于传动。

四、螺纹连接的基本类型、特点及应用

1. 螺纹连接的基本类型

螺纹连接的基本类型有螺栓连接、双头螺柱连接、螺钉连接和紧定螺钉连接。

2. 螺纹连接类型的特点及选用

螺纹连接类型主要根据受力、结构形式、装拆要求等进行选择，它们的结构尺寸、特点和应用见表7-2。

表7-2　螺纹连接的主要类型、特点及应用

类型		结 构 图	尺 寸 关 系	特 点 与 应 用
螺栓连接	普通螺栓连接		普通螺栓的螺纹余量长度 l_1 为 静载荷: $l_1 = (0.3 \sim 0.5)d$ 变载荷: $l_1 = 0.75d$ 铰制孔用螺栓的静载荷 l_1 应尽可能小于螺纹伸出长度 a $a = (0.2 \sim 0.3)d$ 螺纹轴线到边缘的距离 e $e = d + (3 \sim 6) \text{mm}$ 螺栓杆直径 d_0 普通螺栓: $d_0 = 1.1d$ 铰制孔用螺栓: d_0 按 d 查有关标准确定	结构简单,装拆方便,对通孔加工精度要求低,应用最广泛
	铰制孔用螺栓连接			孔与螺栓杆之间没有间隙,采用基孔制过渡配合。用螺栓杆承受横向载荷或者固定被连接件的相对位置
	螺钉连接		螺纹拧入深度 H 钢或青铜: $H = d$ 铸铁: $H = (1.25 \sim 1.5)d$ 铝合金: $H = (1.5 \sim 2.5)d$ 螺纹孔深度 H_1 $H_1 = H + (2 \sim 2.5)P$ 钻孔深度 H_2 $H_2 = H_1 + (0.5 \sim 1)d$ l_1、a、e 值与普通螺栓连接相同	不用螺母,直接将螺钉的螺纹部分拧入被连接件之一的螺纹孔中构成连接。其连接结构简单。用于被连接件之一较厚,不便加工通孔的场合。但如果经常装拆,易使螺纹孔产生过度磨损而导致连接失效
	双头螺柱连接			螺柱的一端旋紧在一被连接件的螺纹孔中,另一端则穿过另一被连接件的孔,通常用于被连接件之一不便穿孔、结构要求紧凑或者经常装拆的场合

（续）

类型	结　构　图	尺　寸　关　系	特点与应用
紧定螺钉连接	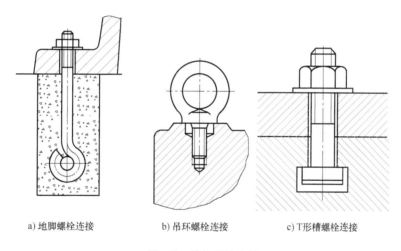	$d = (0.2 \sim 0.3) d_h$，当力和转矩较大时取较大值	螺钉的末端顶住零件的表面或者顶入该零件的凹坑中，将零件固定；它可以传递不大的载荷

　　螺纹连接除上述四种基本连接以外，还有地脚螺栓连接（图 7-9a）、吊环螺栓连接（图 7-9b）、T 形槽螺栓连接（图 7-9c）等。

a) 地脚螺栓连接　　　　b) 吊环螺栓连接　　　　c) T形槽螺栓连接

图 7-9　其他螺纹连接

五、常用的螺纹连接件

　　螺纹连接件的结构形式和尺寸已经标准化，设计时查有关标准选用即可。常用螺纹连接件的类型、结构特点及应用见表 7-3。

表 7-3　常用螺纹连接件的类型、结构特点及应用

类型	图　例	结构特点及应用
六角头螺栓		应用最广。螺杆可制成全螺纹或者部分螺纹，螺纹有粗牙和细牙两种。螺栓头部有六角头和小六角头两种。其中小六角头螺栓材料利用率高、力学性能好，但由于头部尺寸较小，不宜用于装拆频繁、被连接件强度低的场合

（续）

类型	图例	结构特点及应用
双头螺柱		螺柱两头都有螺纹,两头的螺纹可以相同也可以不相同,螺柱可带退刀槽或者制成腰杆,也可以制成全螺纹的螺柱,螺柱的一端常用于旋入铸铁或者非铁金属的螺纹孔中,旋入后不拆卸,另一端则用于安装螺母以固定其他零件
螺钉		螺钉头部形状有圆头、扁圆头、六角头、圆柱头和沉头等。头部的旋具槽有一字槽、十字槽和内六角孔等形式。十字槽螺钉头部强度高、对中性好,便于自动装配。内六角孔螺钉可承受较大的扳手扭矩,连接强度高,可替代六角头螺栓,用于要求结构紧凑的场合
紧定螺钉		紧定螺钉常用的末端形式有锥端、平端和圆柱端。锥端适用于被紧定零件的表面硬度较低或者不经常拆卸的场合;平端接触面积大,不会损伤零件表面,常用于顶紧硬度较大的平面或者经常装拆的场合;圆柱端压入轴上的凹槽中,适用于紧定空心轴上的零件位置
自攻螺钉		自攻螺钉头部形状有圆头、六角头、圆柱头、沉头等。头部的旋具槽有一字槽、十字槽等形式。末端形状有锥端和平端两种。多用于连接金属薄板、轻合金或者塑料零件,螺钉在连接时可以直接攻出螺纹
六角螺母		根据螺母厚度不同,六角螺母可分为标准型和薄型两种。薄螺母常用于受剪力的螺栓上或者空间尺寸受限制的场合

（续）

类型	图　例	结构特点及应用
圆螺母		圆螺母常与止退垫圈配用,装配时将垫圈内舌插入轴上的槽内,将垫圈的外舌嵌入圆螺母的槽内,即可锁紧螺母,起到防松作用。常用于滚动轴承的轴向固定
垫圈		保护被连接件的表面不被擦伤,增大螺母与被连接件间的接触面积。斜垫圈用于倾斜的支承面

第三节　螺纹连接的强度计算

螺纹连接可分不预紧的松连接和有预紧的紧连接；对于单个螺栓而言,其受力形式分轴向载荷和横向载荷两种。所谓轴向载荷是指外载荷方向沿着螺栓轴线方向；所谓横向载荷是指外载荷方向与螺栓轴线方向垂直。在进行强度计算时,首先应搞清楚螺纹连接的失效形式及螺栓的失效形式,然后确定设计计算准则。

一、螺纹连接的预紧

一般螺纹连接在装配时都必须拧紧,使连接件在承受工作载荷之前预先受到力的作用,这个预加作用力称为预紧力。预紧的目的是增加连接的紧密性、可靠性和防松能力。

如图 7-10 所示,拧紧螺母时,用扳手施加拧紧力矩 T,以克服螺纹副中的阻力矩 T_1 和螺母支承面上的摩擦阻力矩 T_2,故拧紧力矩为

$$T = T_1 + T_2$$

螺纹副间的摩擦力矩为

$$T_1 = F_0 \frac{d_2}{2} \tan(\phi + \rho_v)$$

式中　F_0——预紧力；

$\quad\quad d_2$——螺纹中径；

$\quad\quad \phi$——螺纹升角；

$\quad\quad \rho_v$——当量摩擦角。

螺母与支承面间的摩擦力矩为

$$T_2 = f_z F_0 r_m$$

式中　f_z——摩擦因数；

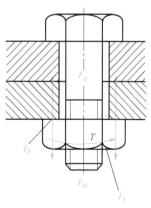

图 7-10　螺纹连接的预紧

$r_m = \dfrac{D_1 + d_0}{4}$，$D_1$、$d_0$ 分别为螺母环形端面与被连接件接触面的外径和内径。

对于 M10~M68 的粗牙普通螺纹，无润滑时，拧紧力矩 T 的大小为

$$T = T_1 + T_2 \approx 0.2 F_0 d \qquad (7\text{-}11)$$

为了保证预紧力不致过大或过小，应在拧紧螺栓的过程中，控制拧紧力矩 T 的大小。可通过定力矩扳手（图 7-11）或测力矩扳手（图 7-12）等工具来控制。

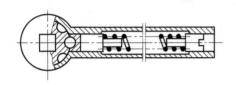

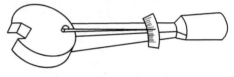

图 7-12　测力矩扳手

图 7-11　定力矩扳手

二、松螺栓连接的强度计算

松连接装配时不需要预紧，所以只有在承受工作载荷时螺栓才受到拉力的作用。图 7-13 所示起重吊钩上的螺纹连接即为松连接。

设螺栓受到的最大轴向力为 F，则螺栓的失效形式为拉断，故强度条件为

$$\sigma = \frac{F}{A} = \frac{4F}{\pi d_1^2} \leqslant [\sigma] \qquad (7\text{-}12)$$

螺栓小径的设计计算公式为

$$d_1 \geqslant \sqrt{\frac{4F}{\pi[\sigma]}} \qquad (7\text{-}13)$$

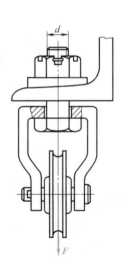

图 7-13　松螺栓连接

式中　d_1——螺栓小径（mm）；

　　　$[\sigma]$——松连接时螺栓杆的许用应力（MPa）。

三、紧螺栓连接的强度计算

在工程上，大部分螺栓连接为紧螺栓连接。由于螺栓连接的方式及承受的外载荷情况不同，其连接的失效形式和螺栓的失效形式就会不同，因此要根据不同的失效形式确定不同的计算准则。

1. 普通螺栓连接承受横向载荷

如图 7-14 所示，紧螺栓连接承受横向工作载荷。普通螺栓与螺栓孔之间有间隙，连接的失效形式是接合面间的相对滑移。要保证连接可靠，必须拧紧螺母产生足够的预紧力，由预紧力使接合面间产生的摩擦力来承受工作载荷，设螺栓的预紧力为 F_0，则保证连接可靠的条件为

$$F_0 z f m \geqslant K_f F \qquad (7\text{-}14)$$

式中　z——连接螺栓数目；

　　　f——接合面间的摩擦因数，对于钢和铸铁，$f = 0.15 \sim 0.2$；

m——摩擦接合面数；

F——横向载荷（N）；

K_f——可靠性系数，或称防滑系数，通常 K_f = 1.1~1.3。

由式（7-14）可得所需螺栓的预紧力为

$$F_0 \geqslant \frac{K_f F}{zfm} \tag{7-15}$$

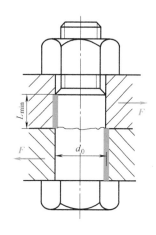
图 7-14 受横向载荷的紧螺栓连接

在此预紧力的作用下，螺栓的失效形式为拉断。但与松连接不同，紧连接螺栓在装配时需要拧紧，在拧紧力矩作用下，螺栓受到预紧力 F_0 产生的拉应力作用，同时还受到螺纹副中摩擦阻力矩 T_1 所产生的剪切应力作用，即螺栓处于弯扭组合变形状态。实际计算时，为了简化，对 M10 ~ M68 的钢制普通螺栓，只按拉伸强度计算，并将所受拉力增大 30% 来考虑剪切应力的影响。即螺栓的强度条件为

$$\sigma_e = \frac{4 \times 1.3 F_0}{\pi d_1^2} \leqslant [\sigma] \tag{7-16}$$

螺栓小径的设计计算公式为

$$d_1 \geqslant \sqrt{\frac{4 \times 1.3 F_0}{\pi [\sigma]}} \tag{7-17}$$

式中 σ_e——当量应力（MPa）；

F_0——预紧力（N）；

d_1——螺纹小径（mm）；

$[\sigma]$——紧螺栓连接的许用应力（MPa）。

2. 铰制孔用螺栓连接承受横向载荷

图 7-15 所示为六角头铰制孔用螺栓连接，螺栓与螺栓孔多采用过盈配合或过渡配合。当连接承受横向载荷时，在连接的接合处螺栓横截面受剪切，螺栓杆和被连接件孔壁接触表面受挤压，螺栓的剪切强度条件和螺杆与孔壁接触表面的挤压强度条件分别为

$$\tau = \frac{F}{\pi d_0^2 / 4} \leqslant [\tau] \tag{7-18}$$

$$\sigma_p = \frac{F}{d_0 L_{min}} \leqslant [\sigma_p] \tag{7-19}$$

式中 F——横向载荷（N）；

d_0——螺栓杆在剪切面处的直径（mm）；

L_{min}——螺栓杆与孔壁间接触受压的最小轴向长度（mm）；

$[\tau]$——螺栓材料许用剪应力（N/mm²）；

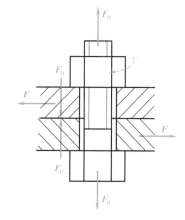
图 7-15 铰制孔螺栓连接

$[\sigma_p]$——螺杆或者被连接件材料的许用挤压应力（N/mm^2），计算时取两者中的小值。

3. 螺栓连接承受轴向载荷

如图 7-16 所示，气缸盖上的连接为紧螺栓连接承受轴向载荷，设缸内流体压强为 p，螺栓数为 z，则缸体周围每个螺栓平均承受的轴向工作载荷为

$$F = \frac{\pi D_0^2 p}{4z}$$

若螺栓在工作载荷作用前所受的预紧力为 F_0，则当工作载荷 F 作用后，螺栓上的总拉力为多少？

下面取其中的一个螺栓进行受力和变形分析。

图 7-17a 所示为螺栓没有拧紧时的情况，此时螺栓没有受力和变形。图 7-17b 所示为螺栓拧紧后只受预紧力 F_0 作用时的情况，此时螺栓产生拉伸变形量 λ_1，而被连接件则产生压缩变形量 λ_b。图 7-17c 所示为螺栓受工作载荷 F 作用后的情况，此时螺栓继续受拉伸，其拉伸变形量增大 $\Delta\lambda_1$，即螺栓的总拉伸变形量达到 $\lambda_1 + \Delta\lambda_1$，这时，螺栓所受的总拉力为 F_Σ；同时，根据变形协调条件，被连接件则因螺栓的伸长而回弹，即被连接件的压缩变形量

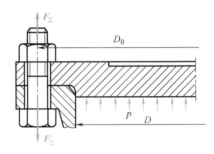

图 7-16 气缸盖螺栓连接

减少了 $\Delta\lambda_b$（$\Delta\lambda_1 = \Delta\lambda_b$），被连接件的残余压缩变形量为 $\lambda_b - \Delta\lambda_b$，相对应的压力称为残余预紧力 F_0'。此时，螺栓受工作载荷和残余预紧力的共同作用，所以，螺栓的总拉伸载荷为

$$F_\Sigma = F + F_0' \qquad (7\text{-}20)$$

为了保证连接的紧密性，防止连接受工作载荷后接合面间出现缝隙，应使 $F_0' > 0$。

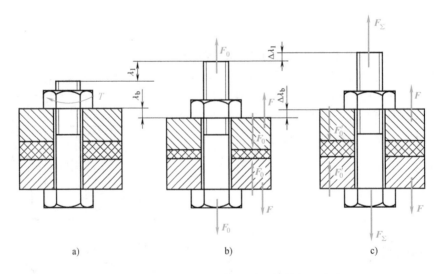

图 7-17 螺栓与被连接件的受力与变形的关系

对于有密封性要求的连接，取 $F_0' = (1.5 \sim 1.8)F$。对于一般连接，工作载荷稳定时，取 $F_0' = (0.2 \sim 0.6)F$；工作载荷有变化时，取 $F_0' = (0.6 \sim 1.0)F$。

设计时，可先求出工作载荷 **F**，再根据连接的工作要求确定残余预紧力 F'_0，然后由式 (7-20) 计算出总拉伸载荷 F_Σ。同时考虑转矩产生的剪应力的影响，故螺栓的强度条件为

$$\sigma_e = \frac{4 \times 1.3 F_\Sigma}{\pi d_1^2} \leqslant [\sigma] \tag{7-21}$$

相应的设计公式为

$$d_1 \geqslant \sqrt{\frac{4 \times 1.3 F_\Sigma}{\pi [\sigma]}} \tag{7-22}$$

4. 螺栓材料及许用应力

螺栓材料一般采用碳素钢；对于承受冲击、振动或者变载荷的螺纹连接，可采用合金钢；对于特殊用途（如防锈、导电或耐高温）的螺栓连接，采用特种钢或者铜合金、铝合金等。

国家标准规定螺纹连接件按材料的力学性能分级，见表 7-4。螺母的材料一般与相配合的螺栓相近而硬度略低。

表 7-4 螺栓、螺钉和双头螺柱的力学性能等级（GB/T 3098.1—2010）

性能等级	4.6	4.8	5.6	5.8	6.8	8.8	9.8	10.9	12.9
抗拉强度 R_m(min)/MPa	400	420	500	520	600	800	900	1040	1220
屈服强度 R_{eL}(min)/MPa	240	—	300	—	—	—	—	—	—
最低硬度 HBW(min)	114	124	147	152	181	245	286	316	380
推荐材料	低碳钢或中碳钢					低碳合金钢或中碳钢淬火并回火		中碳钢或中、低碳合金钢淬火并回火	合金钢

螺栓连接的许用应力与材料、制造、结构尺寸及载荷性质等因素有关。普通螺栓连接的许用拉应力按表 7-5 选取，许用剪应力和许用挤压应力按表 7-6 选取。

表 7-5 螺栓连接的许用拉应力 $[\sigma]$ （单位：MPa）

不严格控制预紧力的紧连接载荷性质	松连接,$0.6R_{eL}$ 载荷性质 材料	严格控制预紧力的紧连接,$(0.6\sim0.8)R_{eL}$				
		静 载 荷			变 载 荷	
		M6~M16	M16~M30	M30~M60	M6~M16	M16~M30
	碳钢	$(0.25\sim0.33)R_{eL}$	$(0.33\sim0.50)R_{eL}$	$(0.50\sim0.77)R_{eL}$	$(0.10\sim0.15)R_{eL}$	$0.15R_{eL}$
	合金钢	$(0.20\sim0.25)R_{eL}$	$(0.25\sim0.40)R_{eL}$	$0.40R_{eL}$	$(0.13\sim0.20)R_{eL}$	$0.20R_{eL}$

注：R_{eL} 为螺栓材料的屈服强度，单位为 MPa。

表 7-6 螺栓连接的许用剪应力 $[\tau]$ 和许用挤压应力 $[\sigma_p]$ （单位：MPa）

	许用剪应力$[\tau]$	许用挤压应力$[\sigma_p]$	
		被连接件为钢	被连接件为铸铁
静载荷	$0.4R_{eL}$	$0.8R_{eL}$	$(0.4\sim0.5)R_m$
变载荷	$(0.2\sim0.3)R_{eL}$	$(0.5\sim0.6)R_{eL}$	$(0.3\sim0.4)R_m$

注：R_{eL} 为钢材的屈服强度（MPa）；R_m 为铸铁的抗拉强度（MPa）。

由表 7-5 可知，不严格控制预紧力的紧螺栓连接的许用拉应力与螺栓直径有关。在设计时，通常螺栓直径是未知的，因此要用试算法：先假定一个公称直径 d，根据此直径查出螺栓连接的许用拉应力，按式（7-17）或式（7-22）计算出螺栓小径 d_1，由 d_1 查取公称直径 d，若该公称直径与原先假定的公称直径相差较大，应进行重算，直到两者相近。

例 7-1 如图 7-18 所示，一牵曳钩用 2 个 M10（$d_1 = 8.376\text{mm}$）的普通螺栓固定于机体上。已知结合面间摩擦因数 $f = 0.15$，可靠性系数 $K_f = 1.2$，屈服强度 $R_{eL} = 360\text{MPa}$，安全系数 $S = 3$，螺栓材料强度级别为 6.8 级。试计算螺栓组连接允许的最大牵引力 $F_{\max}$。

分析：1）本题为普通螺栓连接承受横向载荷，为了保证连接的可靠性，必须要拧紧螺母，使其产生足够的预紧力 F_0，并由预紧力产生的摩擦力来承受外载荷 F

2）螺栓在预紧力的作用下的失效形式是拉断，因此必须保证螺栓有足够的抗拉强度。

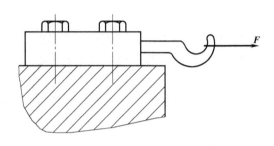

图 7-18 例 7-1 图

解：根据分析 1），设螺栓上的最大预紧力为 F_0，由连接可靠性条件得

$$f F_0 z \geqslant K_f F$$

得

$$F \leqslant \frac{f F_0 z}{K_f}$$

根据分析 2），由螺栓的强度条件可得

$$\sigma_e = \frac{1.3 F_0}{\dfrac{\pi d_1^2}{4}} \leqslant [\sigma]$$

则

$$F_0 \leqslant \frac{\pi d_1^2 [\sigma]}{4 \times 1.3}$$

由已知条件知

$$[\sigma] = \frac{R_{eL}}{S} = \frac{360}{3}\text{MPa} = 120\text{MPa}$$

故

$$F_0 = \frac{\pi \times 8.376^2 \times 120}{4 \times 1.3}\text{N} = 5086.3\text{N}$$

连接允许的最大牵引力为

$$F_{\max} = \frac{2 f F_0}{K_f} = \frac{2 \times 0.15 \times 5086.3}{1.2}\text{N} = 1271.6\text{N}$$

例 7-2 如图 7-16 所示，一钢制液压缸，已知油压 $p = 1.6\text{N/mm}^2$，内径 $D = 160\text{mm}$，采用 8 个 4.8 级螺栓，试计算其缸盖连接螺栓的直径。

分析：本题是螺栓连接承受轴向载荷，在工作载荷加上之前，螺栓必须先预紧，加上工作载荷后，螺栓上还应有足够的剩余预紧力。

解：（1）确定螺栓工作载荷 F 每个螺栓承受的平均轴向工作载荷 F 为

$$F = \frac{p \pi D^2}{4z} = \frac{1.6 \times \pi \times 160^2}{4 \times 8}\text{N} = 4.02\text{kN}$$

（2）确定螺栓总拉伸载荷 F_Σ　根据密封性要求，对于压力容器取残余预紧力 $F_0' = 1.8F$，由式（7-20）可得

$$F_\Sigma = F_0' + F = 2.8F = 2.8 \times 4.02\text{kN} = 11.3\text{kN}$$

（3）求螺栓直径　选取螺栓材料为 45 钢，$R_{eL} = 340\text{MPa}$（表7-4），装配时不严格控制预紧力，假设螺栓的公称直径为 16mm，按表7-5，螺栓许用应力为

$$[\sigma] = 0.33R_{eL} = 0.33 \times 340\text{MPa} = 112\text{MPa}$$

由式（7-22）得螺纹的小径为

$$d_1 = \sqrt{\frac{4 \times 1.3F_\Sigma}{\pi[\sigma]}} = \sqrt{\frac{4 \times 1.3 \times 11.3 \times 10^3}{\pi \times 112}}\text{mm} = 12.6\text{mm}$$

查 GB/T 196—2003，取 M16 螺栓，与假设相符。若确定的螺栓直径与假设的不符，需重新假设试算。

第四节　螺纹连接的结构与防松

一、螺纹连接的结构

螺栓连接通常是成组使用的，螺栓组连接设计首先要确定螺栓的数目及布置形式，再确定螺栓连接的结构尺寸。一般不重要的螺栓连接，可用类比法参考现有设备确定；对于重要的连接，根据连接所受的工作载荷，分析各螺栓的受力状况，找出受力最大的螺栓进行强度计算，确定螺栓的公称直径。在进行螺栓组的结构设计时，应注意以下几点：

1）为了便于制造，使接合面受力均匀，被连接件的接合面的几何形状常设计成简单的轴对称的几何形状，如图7-19所示。

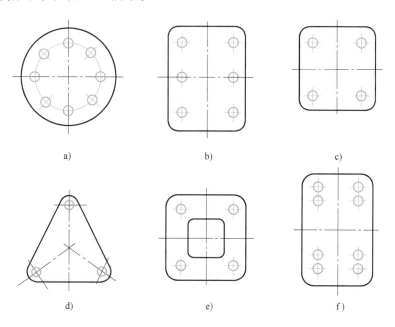

图 7-19　螺栓组的布置

2）根据载荷的类型合理布置螺栓位置，使各螺栓的受力合理，如图 7-20 所示，靠近形心的螺栓受力较大。

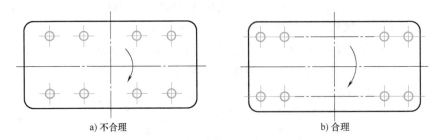

a) 不合理　　　　　　　　　　　　　　b) 合理

图 7-20　螺栓的布置

3）螺栓的布置应留有合理的间距、边距，以满足操作所需的空间。

4）为了便于分度，分布在同一圆周上的螺栓数量应为偶数，同组螺栓的直径、长度、材料应相同。

5）为了避免螺栓产生附加的弯曲应力（图 7-21），被连接表面要平整，可制成凸台或沉孔（图 7-22）。

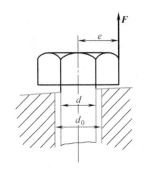

图 7-21　支承面倾斜

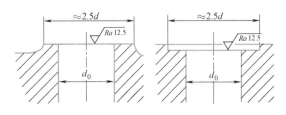

图 7-22　支承面为凸台、沉孔

6）普通螺栓连接靠摩擦力来承受横向工作载荷，需要很大的预紧力，为了防止螺栓被拉断，需要较大的螺栓直径，这将增大连接的结构尺寸。因此，对横向工作载荷较大的螺栓连接，要采用一些辅助结构，如图 7-23 所示，用键、套筒和销等抗剪切件来承受横向载荷，这时，螺栓仅起一般连接作用，不受横向载荷，连接的强度应按键、套筒和销的强度条件进行计算。

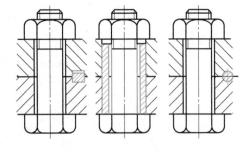

图 7-23　螺栓连接减载装置

二、螺纹连接的防松

作为连接用的螺纹都是满足自锁条件的，那么为什么还要防松？防松的原理是什么？防松零件的装配方法有哪些？

满足自锁条件的螺纹连接，在预紧的情况下，一般是不会发生松动的；但在动载荷的作用下，摩擦力有可能减小或瞬间消失，从而使螺纹连接产生松动。螺纹连接防松的实质在于限制螺纹副的相对转动。

螺纹连接防松的方法按工作原理可分为：摩擦防松、机械防松和其他防松。螺纹连接的常用防松方法见表7-7。

表 7-7　螺纹连接的常用防松方法

摩擦防松	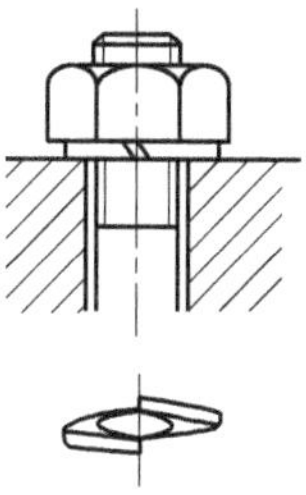 弹簧垫圈	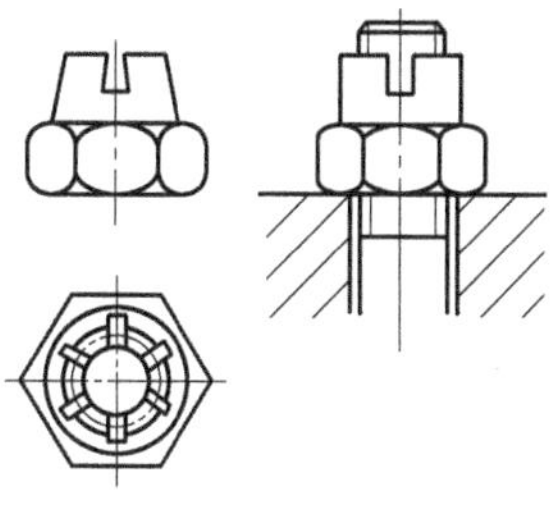 弹性圈螺母	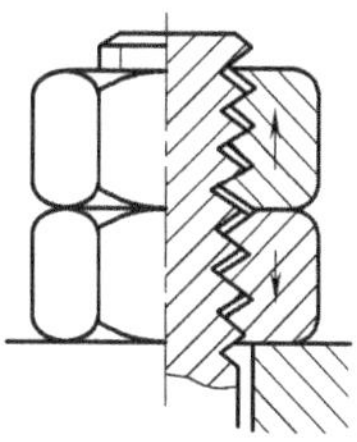 对顶螺母
	弹簧垫圈材料为弹簧钢，装配后垫圈被压平，其反弹力使螺纹副之间保持压紧力和摩擦力	螺纹旋入处嵌入纤维或者尼龙来增加摩擦力。该弹性圈还可以防止液体泄漏	利用两螺母的对顶作用使螺栓始终受附加拉力和附加摩擦力作用。结构简单，可用于低速重载场合
机械防松	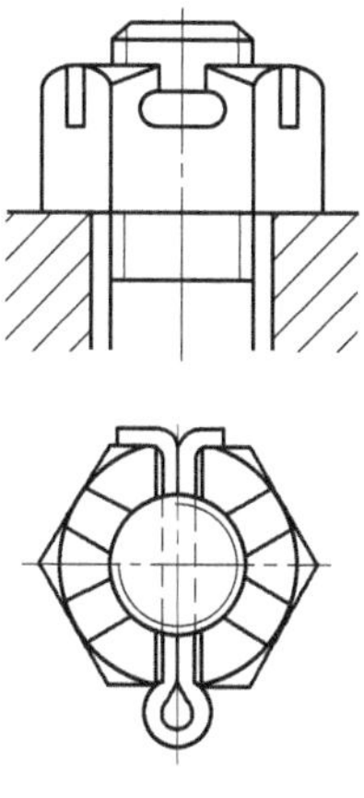 开口销与槽形螺母	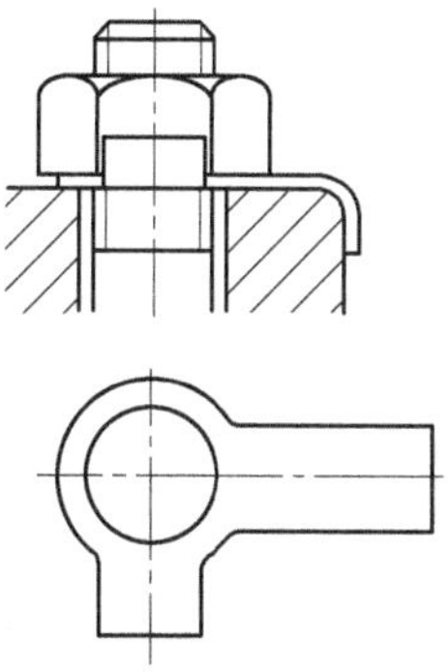 止动垫圈	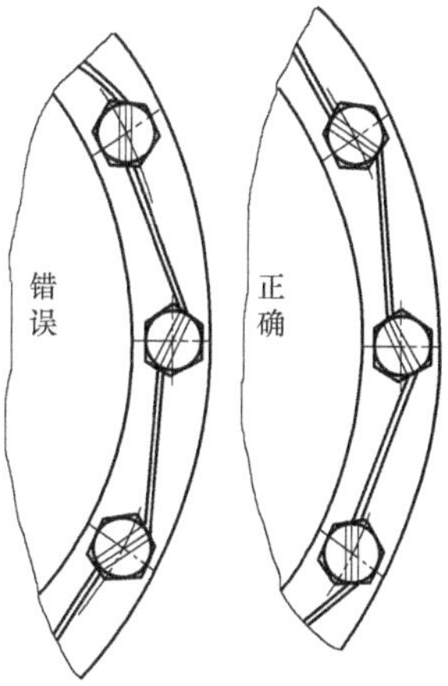 右旋螺纹串联钢丝
	利用开口销使螺栓与螺母相互约束	垫圈约束螺母而自身又约束在被连接件上	钢丝穿过螺钉头部的孔且相互连接，当有松动趋势时，钢丝越拉越紧，从而起到防松的作用

（续）

其他防松	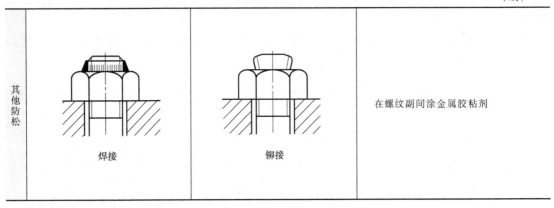	在螺纹副间涂金属胶粘剂
	焊接　　　　　　　　铆接	

第五节　螺旋传动

螺旋传动与螺纹连接不同，它主要是用来把回转运动变为直线运动，同时也可承受载荷或传递动力。螺旋传动按使用要求不同，可分为传力螺旋、传导螺旋和调整螺旋三类。按摩擦性质不同，分为滑动螺旋传动和滚动螺旋传动。

一、滑动螺旋机构

滑动螺旋机构是由螺杆和螺母组成的，结构比较简单；螺杆与螺母的啮合连续进行，工作平稳、无噪声；啮合时接触面积大，承载能力较高。螺纹牙型通常采用矩形、梯形和锯齿形等。这种传动的主要缺点是螺旋副之间摩擦力大，效率低。

图 7-24 所示为传力螺旋机构（千斤顶），以传递动力为主，要求用较小的力矩转动螺杆（或螺母），使螺母（或螺杆）产生轴向运动和较大的轴向力，这个轴向力可用来做起重和加压等工作。

图 7-25 所示为传导螺旋机构，以传递运动为主，并要求具有很高的运动精度，它常用作机床刀架或工作台的进给机构。

图 7-26 所示为调整螺旋机构，用于调整并固定零件或部件之间的相对位置。

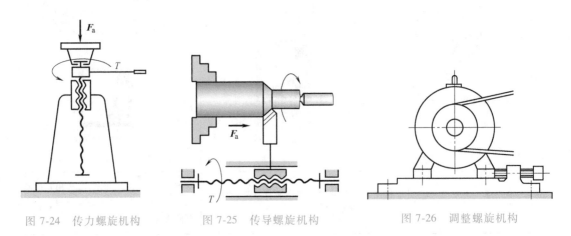

图 7-24　传力螺旋机构　　　　图 7-25　传导螺旋机构　　　　图 7-26　调整螺旋机构

二、滚动螺旋机构

滚动螺旋机构是在螺杆和螺母之间的滚道内填充滚珠，当螺杆与螺母相对转动时，滚珠沿滚道滚动。滚动螺旋按滚道回路形式的不同，分为外循环和内循环两种（图7-27）。

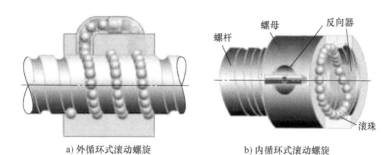

a) 外循环式滚动螺旋   b) 内循环式滚动螺旋

图 7-27　滚动螺旋

滚动螺旋的主要优点：摩擦损失小，效率在90%以上；磨损很小，还可以用调整方法消除间隙并产生一定的预变形来增加刚度，因此其传动精度很高；不具有自锁性，可以变直线运动为旋转运动，其效率也可达到80%以上。

滚动螺旋的缺点：结构复杂，制造困难；有些机构中为防止逆转需要另加自锁机构。

滚动螺旋的应用：由于其明显的优点，滚动螺旋早已在汽车和拖拉机的转向机构中得到应用。目前在要求高效率和高精度的场合多已广泛应用滚动螺旋，例如飞机机翼和起落架的控制、水闸的升降和数控机床等。

第六节　键　连　接

键连接由键、轴和轮毂组成，它主要用以实现轴和轮毂的周向固定和传递转矩。键连接可以分为松键连接、紧键连接和花键连接三大类。松键连接包括平键连接和半圆键连接等；紧键连接包括楔键连接和切向键连接等。它们均已标准化。

1. 平键连接

如图7-28所示，平键的两侧面是工作面，平键的上表面与轮毂槽底之间留有间隙。这种键的定心性好，装拆方便，应用广泛。常用的平键有普通平键和导向平键。

普通平键按其结构可分为圆头（称为A型）、方头（称为B型）和单圆头（称为C型）三种。如图7-28所示，A型键在键槽中固定良好，但轴上键槽引起的应力集中较大。B型键克服了A型键的缺点。C型键主要用于轴端与轮毂的连接。

图7-29所示为导向平键，该键较长，键用螺钉固定在键槽中，键与轮毂之间采用间隙配合，轴上零件可沿键做轴向滑移。当轮毂相对轴滑动距离较大时，宜用图7-30所示滑键连接。

2. 半圆键连接

图7-31所示为半圆键连接，半圆键的工作面也是键的两个侧面。轴上键槽用与半圆键尺寸相同的键槽铣刀铣出，半圆键可在槽中绕其几何中心摆动以适应毂槽底面的倾斜。这种键连接的特点是工艺性好，装配方便，尤其适用于锥形轴端与轮毂的连接；但键槽较深，对

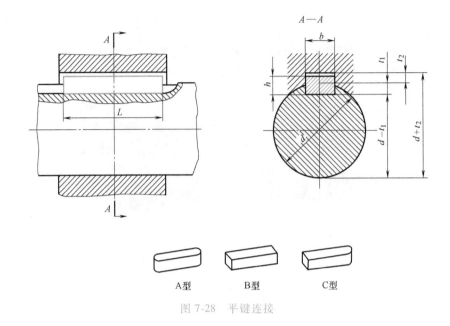

图 7-28 平键连接

轴的强度削弱较大，一般用于轻载静连接。

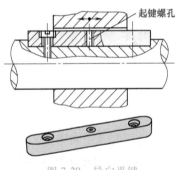

起键螺孔

图 7-29 导向平键

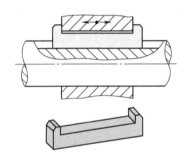

图 7-30 滑键连接

3. 楔键连接和切向键连接

图 7-32 所示为楔键连接，楔键的上、下两面为工作面。楔键的上表面和与它相配合的轮毂键槽底面均有 1：100 的斜度。装配时将楔键打入，使楔键楔紧在轴和轮毂的键槽中，楔键的上、下表面受挤压，工作时靠这个挤压产生的摩擦力传递转矩。楔键分为普通楔键（图 7-32a）和钩头型楔键（图 7-32b）两种，钩头型楔键的钩头是为了便于拆卸的。

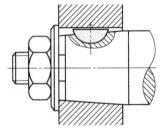

图 7-31 半圆键连接

楔键连接的主要缺点是键楔紧后，轴和轮毂的配合产生偏心和偏斜，因此楔键连接一般用于定心精度要求不高和低转速的场合。

图 7-33a 所示为切向键连接。切向键是由一对楔键组成的，装配时将切向键沿轴的切线方向楔紧在轴与轮毂之间。切向键的上、下面为工作面，工作面上的压力沿轴的切线方向作用，能传递很大的转矩。用一对切向键时，只能单向传递转矩，当要双向传递转矩时，需采用两对互成 120° 分布的切向键（图 7-33b）。由于切向键对轴的强度削弱较大，因此常用于

直径大于 100mm 的轴上。

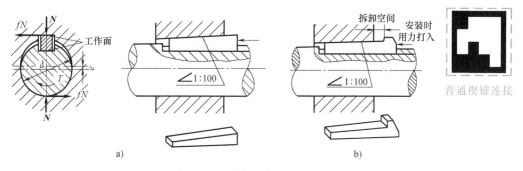

图 7-32 楔键连接

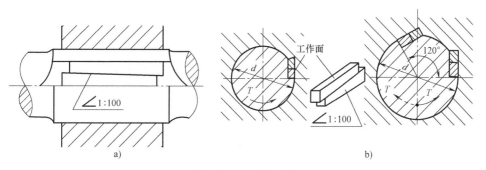

图 7-33 切向键连接

4. 平键连接的选择和计算

设计键连接时，先根据工作要求选择键的类型，再根据装键处轴径 d 从表 7-8 中查取键的宽度 b 和高度 h，并参照轮毂长度从标准中选取键的长度 L，最后进行键连接的强度校核。

键的材料一般采用抗拉强度不低于 600MPa 的碳素钢。平键连接的主要失效形式是工作面的压溃，除非有严重的过载，一般不会出现键的剪断。因此，通常只按工作面上挤压应力进行强度校核计算。导向平键连接的主要失效形式是过度磨损，因此，一般按工作面上的压力进行条件性强度校核计算。

表 7-8 普通平键和键槽的尺寸（参看图 7-28） （单位：mm）

轴的直径 d	键的尺寸			键槽		轴的直径 d	键的尺寸			键槽	
	b	h	L	t_1	t_2		b	h	L	t_1	t_2
>8 ~ 10	3	3	6 ~ 36	1.8	1.4	>38 ~ 44	12	8	28 ~ 140	5.0	3.3
>10 ~ 12	4	4	8 ~ 45	2.5	1.8	>44 ~ 50	14	9	36 ~ 160	5.5	3.8
>12 ~ 17	5	5	10 ~ 56	3.0	2.3	>50 ~58	16	10	45 ~ 180	6.0	4.3
>17 ~ 22	6	6	14 ~ 70	3.5	2.8	>58 ~ 65	18	11	50 ~ 200	7.0	4.4
>22 ~ 30	8	7	18 ~ 90	4.0	3.3	>65 ~ 75	20	12	56 ~ 220	7.5	4.9
>30 ~ 38	10	8	22 ~110	5.0	3.3	>75 ~ 85	22	14	63 ~ 250	9.0	5.4
L 系列	6、8、10、12、14、16、18、20、22、25、28、32、36、40、45、50、56、63、70、80、90、100、110、125、140、160、180、200、250……										

注：在工作图中，轴槽深用 $(d-t_1)$ 或 t_1 标注，毂槽深用 $(d+t_2)$ 或 t_2 标注。

如图 7-34 所示，假定载荷在键的工作面上均匀分布，并假设 $k \approx h/2$，则普通平键连接

的挤压强度条件为

$$\sigma_{\mathrm{p}} = \frac{2T/d}{L_{\mathrm{c}}k} = \frac{4T}{dhL_{\mathrm{c}}} \leqslant [\sigma_{\mathrm{p}}] \qquad (7\text{-}23)$$

对导向平键连接应限制压力 p 以避免过度磨损，即

$$p = \frac{2T/d}{L_{\mathrm{c}}k} = \frac{4T}{dhL_{\mathrm{c}}} \leqslant [p] \qquad (7\text{-}24)$$

上两式中　T——传递的转矩（N·mm）；

$\quad\quad\quad d$——轴径（mm）；

$\quad\quad\quad h$——键的高度（mm）；

$\quad\quad\quad L_{\mathrm{c}}$——键的计算长度（mm），对 A 型键，$L_{\mathrm{c}}$ $=L-b$；

$[\sigma_{\mathrm{p}}]$，$[p]$——连接的许用挤压应力和许用压力（MPa），见表 7-9。

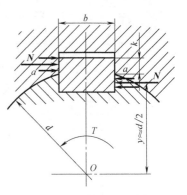

图 7-34　平键上的受力

在设计使用中，若单个键的强度不够，可采用双键按 180°对称布置。考虑载荷分布的不均匀性，在强度校核中应按 1.5 个键进行计算。

5. 花键连接

花键连接是由周向均布多个键齿的花键轴与带有相应键齿槽的轮毂孔相配而成的，如图 7-35 所示。花键齿的侧面为工作面，工作时有多个键齿同时传递转矩，所以花键连接的承载能力比平键连接高得多。花键连接的导向性好，齿根处的应力集中较小，适用于传递载荷大、定心精度要求高或者经常需要滑移的连接。

表 7-9　键连接的许用挤压应力和许用压力　　　　　　　　（单位：MPa）

许用值	轮毂材料	载荷性质		
		静载荷	轻微冲击	冲击
$[\sigma_{\mathrm{p}}]$	钢	125 ~ 150	100 ~ 120	60 ~ 90
	铸铁	70 ~ 80	50 ~ 60	30 ~ 45
$[p]$	钢	50	40	30

花键按齿形可分为矩形花键（图 7-35a）、渐开线花键（图 7-35b）和三角形花键（图 7-35c）。花键可用于静连接和动连接。花键已经标准化，如矩形花键的齿数 z、小径 d、大径 D、键宽 B 等可以根据轴径查标准选定，其强度计算方法与平键相似。花键的加工需要专用设备。

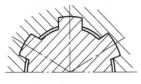
a) 矩形花键

b) 渐开线花键

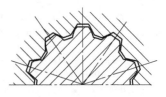
c) 三角形花键

图 7-35　花键连接

第七节 其他连接

一、销连接

销连接主要用于固定零件之间的相对位置，并能传递较小的载荷，它还可以用于过载保护。按形状的不同，销可分为圆柱销、圆锥销等。

圆柱销（图 7-36a），靠过盈配合固定在销孔中，如果多次装拆，其定位精度会降低。圆锥销和销孔均有 1∶50 的锥度（图 7-36b）。因此安装方便，定位精度高，多次装拆不影响定位精度。图 7-36c 所示为端部带螺纹的圆锥销，它可用于不通孔或装拆困难的场合。图 7-36d 所示为开尾圆锥销，它适用于有冲击、振动的场合。

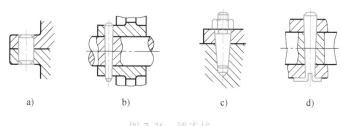

a)   b)   c)   d)

图 7-36 销连接

二、成形连接

成形连接是由非圆剖面的轴与相应的轮毂孔构成的可拆连接，如图 7-37 所示。成形连接应力集中小，能传递大转矩，装拆方便，但是加工工艺复杂，需要专用设备。

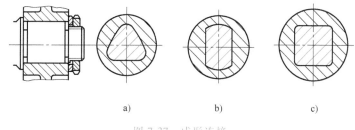

a)   b)   c)

图 7-37 成形连接

三、铆接

利用铆钉把两个或两个以上零件连接在一起的连接方法称铆钉连接，简称铆接。铆钉是用塑性较好的金属制成的，一端有预制钉头，其铆钉形状种类很多，需要时可查阅有关标准。

铆接的结构形式常见的有搭接（图 7-38a）、单盖板对接（图 7-38b）和双盖板对接（图 7-38c）等。

铆接工艺设备简单，抗振、耐冲击和牢固可靠，但结构笨重，工人劳动强度大，主要应用于轻金属结构（如飞机结构）、非金属元件与金属元件的连接。

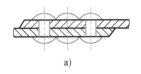
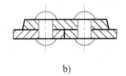
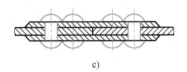

a)   b)   c)

图 7-38 铆接的形式

四、焊接

借助加热使两个以上的金属元件在连接处形成分子间的结合构成的不可拆连接,称为焊接。图 7-39 所示为焊接的齿轮。

焊接主要用于金属构架、容器和壳体结构的制造中。被焊接的金属构架常为各种低碳钢和低碳合金钢。焊接也用于尺寸较大,结构形状比较复杂的机械零件,常选用低中碳钢和低中碳合金钢制造焊接的这类机械零件。对形状复杂的大型零件,用分开制造后焊接的方法可减少制造困难,例如大型船体。

与铆接相比,焊接质量轻、强度高、工艺简便、工人劳动条件好,得到广泛的应用。

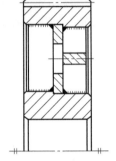

图 7-39 焊接齿轮

五、粘接

粘接与铆接、焊接相比有以下优点:
1) 被粘接件的材料可得到充分利用,没有因高温引起的组织变化。
2) 便于不同金属和金属薄片的粘合。
3) 粘胶层可缓冲减振,疲劳强度高。
4) 胶层将不同金属隔开,可防止电化学腐蚀,对电热有绝缘性。
5) 外观整洁,故得到广泛应用。
图 7-40a 所示为套筒与凸缘的粘接,图 7-40b 所示为蜗轮齿圈与轮心的粘接。

六、过盈连接

组成过盈连接的两零件,一个为包容件,另一个为被包容件。两零件利用过盈配合形成固定连接。过盈连接的两连接零件的配合面有圆柱面的（图 7-41）,也有圆锥面的。

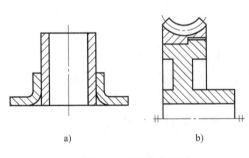

a)   b)

图 7-40 零件粘接

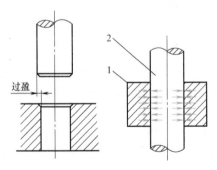

图 7-41 圆柱面过盈连接
1—包容件　2—被包容件

组成过盈连接后，由于零件的弹性，在两零件的接合面间，产生很大的径向力，工作时靠此径向力产生的摩擦力来传递载荷和轴向力。

过盈连接结构简单，对中性好，连接强度高；但装配时配合面会擦伤，配合边缘产生应力集中，且装配困难。

此种连接常用于机车车轮的轮箍与轮心的连接，蜗轮、齿轮的齿圈与轮心的连接等。

思　考　题

7-1　常用螺纹有哪几类？它们各有什么特点？

7-2　矩形螺纹和非矩形螺纹的自锁条件分别是什么？

7-3　螺纹连接的基本类型有哪些？各适用于什么场合？

7-4　螺纹连接为何要防松？按防松原理不同，防松的方法有哪些？

7-5　为何单线普通螺纹主要用于连接，而多线梯形、矩形和锯齿形螺纹主要用于传动？

7-6　紧螺栓连接中为什么必须保证一定的残余预紧力？对不同的连接要求应如何选择？

7-7　在图 7-21 所示的连接中，若 $e = d_0$ 时，附加弯曲应力有多大？比正确安装时的应力大多少？

7-8　在图 7-42 中，连接由两个 M20 的螺栓组成，螺栓的性能等级为 5.8 级，安装时不控制预紧力，被连接件接合面间的摩擦因数为 0.1，可靠性因数为 1.2，试计算连接所允许传递的最大静载荷。

7-9　图 7-43 所示为刚性联轴器，材料为 HT200，用 4 个 5.8 级（材料为 35 钢）螺栓连接。已知该联轴器允许传递的最大转矩为 1200N·m，两个半联轴器间的摩擦因数为 $f = 0.15$，载荷平稳，连接的可靠性系数为 $K_f = 1.2$。当选用普通螺栓连接或铰制孔螺栓连接时，分别确定螺栓直径。

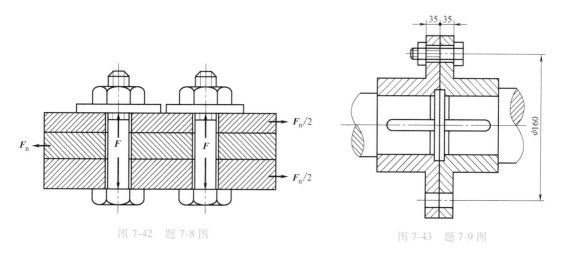

图 7-42　题 7-8 图　　　　　　　　　　　　　　图 7-43　题 7-9 图

7-10　圆头、方头和半圆头普通平键各有何优缺点？分别适用什么场合？普通平键连接的主要失效形式是什么？

7-11　选择并校核带轮与轴之间的平键连接。已知轴的直径 $d = 40$mm，传递的转矩 $T =$

150N · m，铸造带轮（HT150）的轮毂长 $L=70\text{mm}$，载荷有轻微冲击。

7-12 现有一铸铁直齿圆柱齿轮用键与钢轴连接，齿轮轮毂长为 90mm，安装齿轮处轴的直径 $d=60\text{mm}$，该连接传递的转矩 $T=500\text{N} \cdot \text{m}$，工作有轻微冲击。试确定键的种类及型号、尺寸。

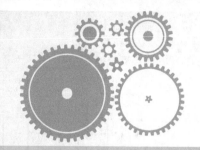

第八章

带 传 动

重点学习内容

1）带传动的特点与适用场合。

2）带传动的打滑、弹性滑动等概念的区别。

3）影响带传动工作能力的因素。

4）带传动的失效形式。

5）带传动正确安装和布置。

6）V带传动的设计。

7）V带、带轮的构造。

第一节 带传动概述

一、带传动的类型

带传动通常由主动轮、从动轮和张紧在两轮上的挠性传动带组成。

按工作原理的不同，带传动可以分为摩擦型带传动和啮合型带传动。摩擦型带传动是借助带与带轮接触面间的压力所产生的摩擦力来传递运动和动力的（图8-1）。啮合型带传动是利用同步齿形带与轮齿的啮合来实现传动的（图8-2）。

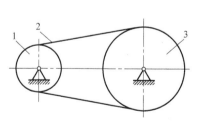

图 8-1 摩擦型带传动

1—主动轮 2—传动带 3—从动轮

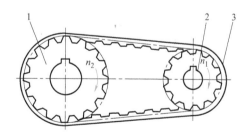

图 8-2 啮合型带传动

1—从动轮 2—主动轮 3—传动带

摩擦型传动带按横截面形状可分为平带、V带、多楔带和圆带等（图8-3）。

（1）平带传动 平带由多层胶帆布构成，其截面为扁平矩形，工作面是与轮面相接触的内表面（图8-3a）；平带传动的形式有：开口传动，用于两带轮轴线平行且转向相同的传动中（图8-4a）；交叉传动，用于两带轮轴线平行且转向相反的传动中（图8-4b）；半交叉

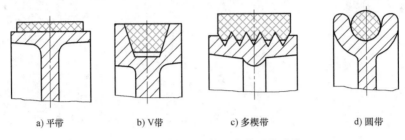

a) 平带　　　　b) V带　　　　c) 多楔带　　　　d) 圆带

图 8-3　不同截面形状的摩擦型传动带

传动，用于两带轮轴线在空间交错的传动中（图 8-4c），交错角通常为 90°。

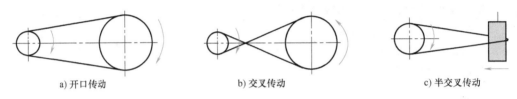

a) 开口传动　　　　b) 交叉传动　　　　c) 半交叉传动

图 8-4　平带传动的形式

（2）V 带传动　V 带的横截面为等腰梯形，其工作面是与轮槽相接触的两侧面，而 V 带与轮槽底并不接触（图 8-3b）。由于轮槽的楔形效应，初拉力相同时，V 带传动较平带传动能产生更大的摩擦力，故能传递较大的圆周力。

如图 8-5 所示，当平带和 V 带在相同的初拉力作用下而受到同样的压紧力 F_N 时，平带与带轮接触面上的摩擦力为 $F_N f = F_N' f$，而 V 带与带轮接触面上的摩擦力为

$$F_N' f = \frac{F_N f}{\sin \dfrac{\varphi}{2}} = F_N f' \tag{8-1}$$

式中　φ——V 带轮轮槽角；

　　　f'——当量摩擦因数，$f' = f / \sin \dfrac{\varphi}{2}$。

显然 $f' > f$，因此在相同条件下，V 带能传递较大的功率。V 带传动平稳，且通常是多根带并用，因此应用更广泛，但只能用于开口传动。

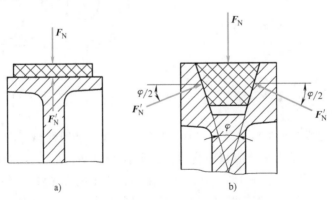

a)　　　　　　　　b)

图 8-5　平带与 V 带传动能力比较

（3）多楔带传动　多楔带以其扁平部分为基体，上面有几条等距纵向槽，其工作面是楔的侧面（图 8-3c）。这种带兼有平带的弯曲应力小和 V 带的摩擦力大等优点，常用于传递动力较大而又要求结构紧凑的场合。

（4）圆带传动　圆带的截面为圆形，圆带的传动能力小（图 8-3d），常用于轻载机械和仪表等装置中。

二、带传动的特点和应用

带传动主要有以下特点：

1）适用于中心距较大的传动，但传动的外廓尺寸较大。

2）带具有弹性，可缓冲和吸振；工作时带与带轮间存在弹性滑动，因此传动比不准确，不能用于要求传动比精确的场合。

3）传动平稳，噪声小。

4）过载时带与带轮间会出现打滑，使得带传动失效。过载打滑可防止其他零件损坏，起安全保护作用。

5）结构简单，制造容易，维护方便，成本低。

6）传动效率较低。

7）带的寿命较短。

8）带传动常需要张紧装置。

9）带传动中由于摩擦会产生火花，故不能用于有易燃、易爆介质的危险场合。

带传动常用于两轴中心距较大，传动比要求不严格的机械中。一般传递的功率 $P \leqslant 100\text{kW}$；带速 $v = 5 \sim 25\text{m/s}$；传动效率 $\eta = 0.90 \sim 0.95$；传动比 $i \leqslant 7$。

第二节　V 带与 V 带轮

V 带有普通 V 带、窄 V 带、宽 V 带、半宽 V 带、大楔角 V 带、接头 V 带、联组 V 带等多种类型，其中普通 V 带应用最广。

一、普通 V 带的结构和尺寸

普通 V 带为无接头的环形传动带，如图 8-6 所示，由以下四部分组成：

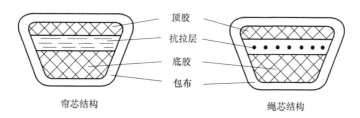

帘芯结构　　　　　　　顶胶　　　　绳芯结构
抗拉层
底胶
包布

图 8-6　普通 V 带结构

1）包布层。包布层由胶帆布制成，起保护作用。

2）顶胶。顶胶由橡胶制成，当带弯曲时承受拉伸。

3）底胶。底胶由橡胶制成，当带弯曲时承受压缩。

4）抗拉层。抗拉层由抗拉强度较高的化学纤维构成。按抗拉层结构不同，普通 V 带可分为绳芯 V 带和帘布芯 V 带两种承受基本拉伸载荷的形式。

当 V 带在带轮上弯曲时，在带中保持原长度不变的周线称为节线，由全部节线构成的面称为节面，带的节面宽度称为节宽，以 b_p 表示。带在弯曲时，该宽度保持不变。

普通 V 带的带高与节宽之比（h/b_p）约为 0.7，楔角 $\alpha = 40°$。

普通 V 带已标准化，根据横截面尺寸不同，分为 Y、Z、A、B、C、D、E 七种，各种截型普通 V 带和带轮槽截面的基本参数和尺寸见表 8-1。

表 8-1 普通 V 带的基本参数和尺寸

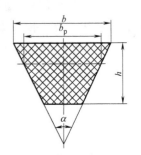

V 带参数 ＼ V 带截型	Y	Z	A	B	C	D	E
顶宽 b/mm	6.0	10.0	13.0	17.0	22.0	32.0	38.0
节宽 b_p/mm	5.3	8.5	11.0	14.0	19.0	27.0	32.0
高度 h/mm	4.0	6.0	8.0	11.0	14.0	19.0	23.0
楔角 α	40°						
单位带长的质量 q/(kg/m)	0.023	0.060	0.105	0.170	0.300	0.630	0.970

V 带的节线长度称为基准长度，用 L_d 表示。每种截型的普通 V 带都有系列基准长度，以满足不同中心距的需要。各种截型普通 V 带的基准长度及修正系数见表 8-2。

表 8-2 普通 V 带的基准长度及长度修正系数（摘自 GB/T 13575.1—2008）

Y L_d/mm	K_L	Z L_d/mm	K_L	A L_d/mm	K_L	B L_d/mm	K_L	C L_d/mm	K_L	D L_d/mm	K_L	E L_d/mm	K_L
200	0.81	405	0.87	630	0.81	930	0.83	1565	0.82	2740	0.82	4660	0.91
224	0.82	475	0.90	700	0.83	1000	0.84	1760	0.85	3100	0.86	5040	0.92
250	0.84	530	0.93	790	0.85	1100	0.86	1950	0.87	3330	0.87	5420	0.94
280	0.87	625	0.96	890	0.87	1210	0.87	2195	0.90	3730	0.90	6100	0.96
315	0.89	700	0.99	990	0.89	1370	0.90	2420	0.92	4080	0.91	6850	0.99
355	0.92	780	1.00	1100	0.91	1560	0.92	2715	0.94	4620	0.94	7650	1.01
400	0.96	920	1.04	1250	0.93	1760	0.94	2880	0.95	5400	0.97	9150	1.05
450	1.00	1080	1.07	1430	0.96	1950	0.97	3080	0.97	6100	0.99	12230	1.11
500	1.02	1330	1.13	1550	0.98	2180	0.99	3520	0.99	6840	1.02	13750	1.15
		1420	1.14	1640	0.99	2300	1.01	4060	1.02	7620	1.05	15280	1.17
		1540	1.54	1750	1.00	2500	1.03	4600	1.05	9140	1.08	16800	1.19
				1940	1.02	2700	1.04	5380	1.08	10700	1.13		
				2050	1.04	2870	1.05	6100	1.11	12200	1.16		
				2200	1.06	3200	1.07	6815	1.14	13700	1.19		
				2300	1.07	3600	1.09	7600	1.17	15200	1.21		
				2480	1.09	4060	1.13	9100	1.21				
				2700	1.10	4430	1.15	10700	1.24				
						4820	1.17						
						5370	1.20						
						6070	1.24						

注：同种规格的带长有不同的公差，使用时应按配组公差选购。带的基准长度极限偏差和配组公差可查机械设计手册。

普通 V 带标记示例如下：

名称号 ——————

截型（A 型）——————

标准号

基准长度（1430mm）

二、普通 V 带轮的材料和结构

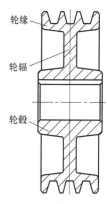

图 8-7　带轮结构

V 带轮是普通 V 带传动的重要零件，它必须具有足够的强度，但又要质量小，质量分布均匀；轮槽的工作面对带必须有足够的摩擦力，又要减少对带的磨损。V 带轮通常采用铸铁、钢或非金属制成，一般采用 HT150、HT200，高速时宜采用钢制齿轮。

V 带轮一般由轮缘、轮辐（或腹板）和轮毂三部分组成，在轮缘处有相应的轮槽（图 8-7），各种截型 V 带轮槽的参数及尺寸见表 8-3。应当指出，各种截型普通 V 带的楔角均为 40°，但 V 带在不同直径的带轮上弯曲时，其截面变形，楔角变小。为使带能有效贴紧在轮槽两侧面上，应使带轮的轮槽角等于或尽量接近于变形后的 V 带楔角，故限定 V 带轮楔角小于 40°，且随带轮直径的减小而减小。带轮上轮槽宽度等于 V 带节宽 b_p 的圆周直径，称为 V 带轮的基准直径 d，国家标准规定了 V 带轮的基准直径系列，见表 8-4。

表 8-3　带轮槽截面的基本参数和尺寸　　　　　　　　　　　　　（单位：mm）

槽　型		Y	Z	A	B	C
基准宽度 b_d		5.3	8.5	11	14	19
基准线上槽深 h_{amin}		1.6	2.0	2.75	3.5	4.8
基准线下槽深 h_{fmin}		4.7	7.0	8.7	10.8	14.3
槽间距 e		8±0.3	12±0.3	15±0.3	19±0.4	25.5±0.5
槽边距 f_{min}		6	7	9	11.5	16
轮缘厚 δ_{min}		5	5.5	6	7.5	10
外径 d_a		$d_a = d_d + 2h_a$				
φ	32°	基准直径 d_d	≤60	—	—	—	—
	34°		—	≤80	≤118	≤190	≤315
	36°		>60	—	—	—	—
	38°		—	>80	>118	>190	>315

表 8-4　V 带轮的基准直径系列　　　　　　　　　　　　　　　　（单位：mm）

20、22.4、25、28、31.5、35.5、40、45、50、56、63、71、75、80、85、90、95、100、(106)、112、(118)、125、132、140、150、160、(170)、180、200、(212)、224、(236)、250、(265)、280、(300)、315、335、355、(375)、400、(425)、450、(475)、500、(530)、560、(600)、630、(670)、710、(750)、800、(900)、1000、1060、1120、1250、(1350)、1400、1500、1600、(1700)、(1800)、2000

注：括号内的直径尽量不用。

V带轮的结构与齿轮类似，直径较小时，一般 $d \leqslant (2.5 \sim 3) \, d_1$（$d_1$ 为轴的直径）可采用实心式（图8-8）；中等直径 $d \leqslant 300\text{mm}$ 的带轮可采用腹板式（图8-9）；大直径 $d \geqslant 350\text{mm}$ 时可采用轮辐式（图8-10）。V带轮的有关尺寸可查阅机械设计手册。

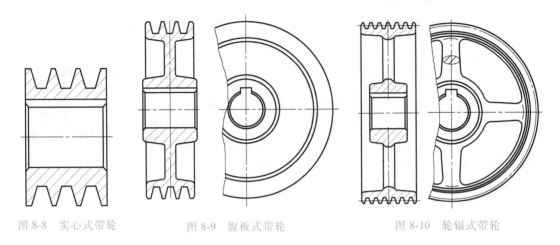

图8-8　实心式带轮　　　　　图8-9　腹板式带轮　　　　　图8-10　轮辐式带轮

第三节　带传动的运动特性分析

一、带传动的受力分析

安装带传动时，带必须以一定的初拉力张紧在带轮上。静止时，带两边的拉力都等于初拉力 F_0（图8-11）；传动时，由于带与轮面间摩擦力的作用，带两边的拉力不再相等。绕进主动轮的一边，拉力由 F_0 增加到 F_1，称为紧边，F_1 为紧边拉力；而另一边绕出主动轮的带的拉力由 F_0 减为 F_2，称为松边，F_2 为松边拉力（图8-12）。带与带轮接触弧所对应的中心角 α 称为包角。

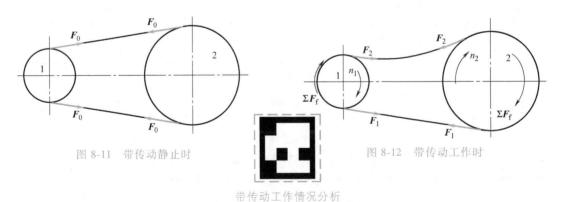

图8-11　带传动静止时　　　　带传动工作情况分析　　　　图8-12　带传动工作时

设环形带的总长不变，则在紧边拉力的增加量 $F_1 - F_0$ 应等于在松边拉力的减少量 $F_0 - F_2$，则

$$F_0 = \frac{1}{2}(F_1 + F_2) \tag{8-2}$$

带传动正常工作时，紧边和松边的拉力差应等于带与带轮接触面上产生的摩擦力的总和 $\sum F_{\mathrm{f}}$，称为带传动的有效拉力，数值上等于带所传递的圆周力 F，即

$$F = \sum F_{\mathrm{f}} = F_1 - F_2 \tag{8-3}$$

圆周力 F（N）、带速 v（m/s）和传递功率 P（kW）之间的关系为

$$P = \frac{Fv}{1000} \tag{8-4}$$

实际上，带传动是靠摩擦力工作的，有效拉力的大小取决于带与带轮接触面上产生的摩擦力总和的大小。在传动正常的情况下，此摩擦力属于静摩擦力，并存在一极限值，即最大摩擦力 $\sum F_{\mathrm{fmax}}$；它的大小决定着带传动的传动能力。当带传动传递的功率 P 增大到使圆周力超过最大摩擦力时，带与带轮间就会产生全面而显著的相对滑动，这种现象称为打滑。出现打滑时，虽然主动轮还在转动，但带和从动轮都不能正常运动，甚至完全不动，这就使传动失效。经常出现打滑将使带的磨损加剧，传动效率降低，故在带传动中应防止出现打滑。

在即将打滑的条件下，摩擦力总和达到极限值。此时，对于平带传动，忽略离心力的影响，带的紧边拉力 F_1 与松边拉力 F_2 之间的关系可用柔韧体摩擦的欧拉公式来表示：

$$\frac{F_1}{F_2} = \mathrm{e}^{f\alpha} \tag{8-5}$$

式中　F_1、F_2——紧边和松边拉力（N）；

　　　　f——带与带轮之间的摩擦因数；

　　　　α——带在带轮上的包角（rad）。

此时式（8-2）、式（8-3）依然成立，由式（8-2）、式（8-3）、式（8-5）可解得摩擦力总和的最大值为

$$\sum F_{\mathrm{fmax}} = 2F_0 \left(\frac{\mathrm{e}^{f\alpha} - 1}{\mathrm{e}^{f\alpha} + 1} \right) \tag{8-6}$$

由式（8-6）可知，增大包角和增大摩擦因数，都可提高带传动所能传递的圆周力。对于带传动，在一定的条件下 f 为一定值，而且 $\alpha_2 > \alpha_1$，所以摩擦力的最大值取决于 α_1。从式（8-6）看，F_0 增大，也能增大传动能力，但初拉力过大将使带过早地失去弹性而缩短带的寿命。

V 带传动只需把式（8-2）~式（8-6）中的 f 用 f_{v} 代替，便得到相应的计算公式。

二、带传动的应力分析

带传动时，带中产生的应力由三部分组成。

（1）由紧边和松边拉力产生的拉应力 σ（MPa）

紧边拉应力　　　　　　　　　$\sigma_1 = \dfrac{F_1}{A}$ 　　　　　　　　　　　(8-7)

松边拉应力　　　　　　　　　$\sigma_2 = \dfrac{F_2}{A}$ 　　　　　　　　　　　(8-8)

式中　A——带的横截面积（mm^2）。

（2）弯曲应力 σ_{b}　带绕过带轮时，因弯曲而产生弯曲应力 σ_{b}（MPa），其计算式为

$$\sigma_{\mathrm{b}} = \frac{2Eh_{\mathrm{a}}}{d} \qquad\qquad (8\text{-}9)$$

式中 E——带的弹性模量（MPa）；

d——V带轮的基准直径（mm）；

h_{a}——从V带的节线到最外层的垂直距离（mm）。

由式（8-9）可知，带在两带轮上产生的弯曲应力的大小与带轮基准直径成反比，故小带轮上的弯曲应力较大。

（3）由离心力产生的拉应力 σ_{c} 当带沿带轮轮缘做圆周运动时，带上每一质点都受离心力作用。离心拉力为 $F_{\mathrm{C}} = qv^2$，它在带的所有横截面上所产生的离心拉应力 σ_{c}（MPa）是相等的。

$$\sigma_{\mathrm{c}} = \frac{F_{\mathrm{C}}}{A} = \frac{qv^2}{A} \qquad\qquad (8\text{-}10)$$

式中 q——每米带长的质量（kg/m）；

v——带速（m/s）。

图8-13所示为带中应力分布情况，从图中可见，带上的应力是变化的。最大应力发生在紧边与小带轮的接触处。带中的最大应力为

$$\sigma_{\max} = \sigma_1 + \sigma_{\mathrm{c}} + \sigma_{\mathrm{b1}} \qquad\qquad (8\text{-}11)$$

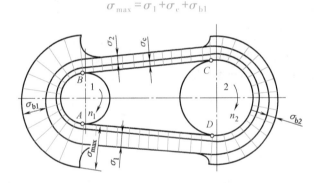

图8-13   带中应力分布图

交变应力的作用，将引起带的疲劳破坏，疲劳破坏是带传动过程中一种常见的失效形式。

三、带的弹性滑动与打滑

带是弹性体，它在受力情况下会产生弹性变形。由于带在紧边和松边上所受的拉力不相等，因而产生的弹性变形也不相同。由图8-14可知，在主动轮上，带由 A 点运动到 B 点时，带中拉力由 F_1 降到 F_2，带的弹性伸长相应地逐渐减小，即带在主动轮上包角范围内逐渐缩短并沿轮面滑动，使带的速度 v 小于主动轮的圆周速度 v_1（即 $v<v_1$）。在从

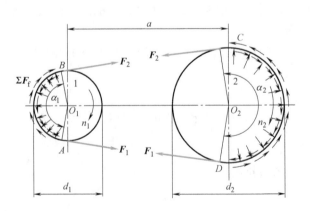

图8-14   带的弹性滑动

动轮上，带从 C 点到 D 点时，带中拉力由 F_2 逐渐增加到 F_1，带在从动轮上包角范围内的弹性伸长也逐渐增大，也会沿轮面滑动，所以，从动轮的圆周速度 v_2 又小于带速 v（即 $v_2 < v$）。这种由于材料的弹性变形和带两边的拉力差而产生的滑动称为弹性滑动。带传动中弹性滑动是不可避免的。从上述可知，由于弹性滑动的影响，从动轮的圆周速度总是小于主动轮的圆周速度。通常将从动轮圆周速度降低率称为滑动率，用 ε 表示，设 n_1、n_2 分别为主、从动轮的转速，则

$$\varepsilon = \frac{v_1 - v_2}{v_1} = 1 - \frac{v_2}{v_1} = 1 - \frac{d_2 n_2}{d_1 n_1} \qquad (8\text{-}12)$$

整理式（8-12）可得传动比为

$$i = \frac{n_1}{n_2} = \frac{d_2}{d_1(1-\varepsilon)} \qquad (8\text{-}13)$$

通常，滑动率 $\varepsilon = 1\% \sim 2\%$，其值很小，在一般计算中可不考虑。若忽略弹性滑动的影响，带传动的传动比为

$$i = \frac{n_1}{n_2} = \frac{d_2}{d_1} \qquad (8\text{-}14)$$

从以上分析可知：带的弹性滑动和打滑是两个完全不同的概念。弹性滑动产生的原因是带的弹性及工作时带两边的拉力差。弹性滑动的特点是只发生在带轮包角的局部范围内，它是带传动过程中固有的现象，是不可避免的。弹性滑动的后果是带传动比不准确。

打滑是由于过载（所需传递的外载荷超过了摩擦力总和的极限值）引起的一种失效形式，在工作时只要不过载就可以避免。

第四节　普通 V 带传动的设计

一、带传动的失效形式和设计准则

1. 主要失效形式

带传动的失效形式主要有打滑与疲劳破坏。

当传递的圆周力 F 超过了带与带轮接触面之间摩擦力总和的极限时，发生过载打滑，使传动失效。

疲劳破坏是传动带在变应力的反复作用下，发生裂纹、脱层、松散直至断裂。

2. 设计准则

带传动的设计准则是在保证带传动不发生打滑的前提下，使其具有足够的疲劳强度和寿命。

二、单根普通 V 带传递的额定功率

带传动的失效形式是打滑和带的疲劳破坏。因此，根据带传动的设计准则，带传动应满足式（8-15）和式（8-16）表达的强度条件。

$$\sigma_{\max} = \sigma_1 + \sigma_c + \sigma_{b1} \leqslant [\sigma] \qquad (8\text{-}15)$$

式（8-15）是保证疲劳强度的条件式，$[\sigma]$ 是在特定条件下根据疲劳寿命实验确定的带

的许用拉应力。

$$F \leqslant \sum F_{\text{fmax}} \tag{8-16}$$

式（8-16）是保证不打滑的条件式：联立求解式（8-3）、式（8-4）、式（8-5）、式（8-15）、式（8-16）可得带传动在既不打滑又有足够疲劳强度时，单根普通 V 带所能传递的功率

$$P = \frac{\left([\sigma] - \sigma_c - \sigma_{b1}\right)\left(1 - \dfrac{1}{e^{f\alpha}}\right) A v}{1000} \tag{8-17}$$

在包角 $\alpha_1 = \alpha_2 = 180°$（即 $i = 1$）、L_d 为某一特定值、载荷平稳的条件下，根据式（8-17）并以 f_v 代替 f 计算得到的单根普通 V 带所能传递的功率，称为基本额定功率。不同截型的单根普通 V 带的基本额定功率见表 8-5。

表 8-5　单根普通 V 带的基本额定功率 P_0（摘自 GB/T 13575.1—2008）（单位：kW）

型号	小带轮基准直径 d_1 /mm	小带轮转速 n_1/(r/min)															
		200	400	800	950	1200	1450	1600	1800	2000	2400	2800	3200	3600	4000	4500	6000
Z	50	0.04	0.06	0.10	0.12	0.14	0.16	0.17	0.19	0.20	0.22	0.26	0.28	0.30	0.32	0.34	0.31
	56	0.04	0.06	0.12	0.14	0.17	0.19	0.20	0.23	0.25	0.30	0.33	0.35	0.37	0.39	0.41	0.40
	63	0.05	0.08	0.15	0.18	0.22	0.25	0.27	0.30	0.32	0.37	0.41	0.45	0.47	0.49	0.50	0.48
	71	0.06	0.09	0.20	0.23	0.37	0.30	0.33	0.36	0.39	0.46	0.50	0.54	0.58	0.61	0.62	0.56
	80	0.10	0.14	0.22	0.26	0.30	0.35	0.39	0.42	0.44	0.50	0.56	0.61	0.64	0.67	0.66	0.61
	90	0.10	0.14	0.24	0.28	0.33	0.36	0.40	0.44	0.48	0.54	0.60	0.64	0.68	0.72	0.73	0.56
A	75	0.15	0.26	0.45	0.51	0.60	0.68	0.73	0.79	0.84	0.92	1.00	1.04	1.08	1.09	1.02	0.80
	90	0.22	0.39	0.68	0.77	0.93	1.07	1.15	1.25	1.34	1.50	1.64	1.75	1.83	1.87	1.82	1.50
	100	0.26	0.47	0.83	0.95	1.14	1.32	1.42	1.58	1.66	1.87	2.05	2.19	2.28	2.34	2.25	1.80
	112	0.31	0.56	1.00	1.15	1.39	1.61	1.74	1.89	2.04	2.30	2.51	2.68	2.78	2.83	2.64	1.96
	125	0.37	0.67	1.19	1.37	1.66	1.92	2.07	2.26	2.44	2.74	2.98	3.15	3.26	3.28	2.91	1.87
	140	0.43	0.78	1.41	1.62	1.96	2.28	2.45	2.66	2.87	3.22	3.48	3.65	3.72	3.67	2.99	1.37
	160	0.51	0.94	1.69	1.95	2.36	2.73	2.54	2.98	3.42	3.80	4.06	4.19	4.17	3.98	2.67	—
	180	0.59	1.09	1.97	2.27	2.74	3.16	3.40	3.67	3.93	4.32	4.54	4.58	4.40	4.00	1.18	—
B	125	0.48	0.84	1.44	1.64	1.93	2.19	2.33	2.50	2.64	2.85	2.96	2.94	2.80	2.51	1.09	—
	140	0.59	1.05	1.82	2.08	2.47	2.82	3.00	3.23	3.42	3.70	3.85	3.83	3.63	3.24	1.29	—
	160	0.74	1.32	2.32	2.66	3.17	3.62	3.86	4.15	4.40	4.75	4.89	4.80	4.46	3.82	0.18	—
	180	0.88	1.59	2.81	3.22	3.85	4.39	4.68	5.02	5.30	5.67	5.76	5.52	4.92	3.92	—	—
	200	1.02	1.85	3.30	3.77	4.50	5.13	5.46	5.83	6.13	6.47	6.43	5.95	4.98	3.47	—	—
	224	1.19	2.17	3.86	4.42	5.26	5.97	6.33	6.73	7.02	7.25	6.95	6.05	4.47	2.14	—	—
	250	1.37	2.50	4.46	5.10	6.04	6.82	7.20	7.63	7.87	7.89	7.14	5.60	5.12	—	—	—
	280	1.58	2.89	5.13	5.85	6.90	7.76	8.13	8.46	8.60	8.22	6.80	4.26	—	—	—	—
C	200	1.39	2.41	4.07	4.58	5.29	5.84	6.07	6.28	6.34	6.02	5.01	3.23	—	—	—	—
	224	1.70	2.99	5.12	5.78	6.71	7.45	7.75	8.00	8.06	7.57	6.08	3.57	—	—	—	—
	250	2.03	3.62	6.23	7.04	8.21	9.08	9.38	9.63	9.62	8.75	6.56	2.93	—	—	—	—
	280	2.42	4.32	7.52	8.49	9.81	10.72	11.06	11.22	11.04	9.50	6.13	—	—	—	—	—
	315	2.84	5.14	8.92	10.05	11.53	12.46	12.72	12.67	12.14	9.43	4.16	—	—	—	—	—
	355	3.36	6.05	10.46	11.73	13.31	14.12	14.19	13.73	12.59	7.98	—	—	—	—	—	—
	400	3.91	7.06	12.1	13.48	15.04	15.53	15.24	14.08	11.95	4.34	—	—	—	—	—	—
	450	4.51	8.20	13.8	15.23	16.59	16.47	15.57	13.29	9.64	—	—	—	—	—	—	—

三、普通 V 带传动的参数选择和计算步骤

普通 V 带传动的设计，是在给定的条件下确定带传动的参数。

给定的条件包括：①传动的用途、工作情况及原动机类型、起动方式。②传递的功率。③大、小带轮的转速等。

设计的内容有：①选取 V 带的截型、计算基准长度和根数。②确定传动的中心距。③确定带轮的结构尺寸。④计算作用在轴上的载荷。⑤设置传动的张紧装置。

普通 V 带传动的计算步骤如下：

（1）确定计算功率 P_C　设 P 为传动的名义功率（kW），K_A 为工况系数（表8-6），则

$$P_C = K_A P \tag{8-18}$$

表 8-6　工况系数 K_A

载荷性质	工作机	K_A					
		空、轻载起动			重载起动		
		每天工作时间/h					
		<10	10~16	>16	<10	10~16	>16
载荷平稳	离心式水泵、通风机（≤7.5kW）、轻型输送机、离心式压缩机	1.0	1.1	1.2	1.1	1.2	1.3
载荷变动小	带式输送机、通风机（>7.5kW）、发电机、旋转式水泵、金属切削机床、印刷机、旋转筛、锯木机和木工机械	1.1	1.2	1.3	1.2	1.3	1.4
载荷变动较大	制砖机、斗式提升机、往复式水泵和压缩机、起重机、磨粉机、压力机、振动筛、纺织机械	1.2	1.3	1.4	1.4	1.5	1.6
载荷变动很大	破碎机（旋转式、颚式等）、磨碎机（球磨、棒磨、管磨）	1.3	1.4	1.5	1.5	1.6	1.8

注：1. 空、轻载起动——电动机（交流起动、三角起动、直流并励），四缸以上的内燃机，装有离心式离合器，液力联轴器的动力机等。
　　2. 重载起动——电动机（联机交流起动、直流复励或串励），四缸以下的内燃机。
　　3. 反复起动、正反转频繁、工作条件恶劣的场合，应将表中 K_A 值乘以 1.2；增速时 K_A 值查机械设计手册。

（2）确定 V 带的型号　根据计算功率 P_C 和小带轮转速 n_1 按图 8-15 选择普通 V 带的型号。若接近两种型号的交界线时，可按两种型号同时计算，通过分析比较决定取舍。当选择较小截面的 V 带时，带的根数会增加；选择较大截面的 V 带时，会使传动结构尺寸增大，但带的根数将相应减少。

（3）确定带轮基准直径 d_1、d_2　为了减小带中的弯曲应力，应尽可能选用较大的带轮直径。但直径增大会加大传动的外廓尺寸，故应根据实际情况选取适当的带轮直径。图 8-15 所示的普通 V 带选型图中所列带轮基准直径为相应截型小带轮推荐用基准直径 d_1，所选小带轮基准直径应符合表 8-4 列出的 V 带轮基准直径系列。大带轮的基准直径 d_2 由式（8-19）确定，即

$$d_2 = \frac{n_1}{n_2} d_1 (1-\varepsilon) = i d_1 (1-\varepsilon) \tag{8-19}$$

d_2 值应圆整为整数且取表 8-4 中的系列值，当要求不高时，可不考虑滑动率。

（4）验算带速 v

$$v = \frac{\pi d_1 n_1}{60 \times 1000} \tag{8-20}$$

式中　d_1——基准直径（mm）；

　　　n_1——小带轮转速（r/min）。

带速 v 应在 5~25m/s 的范围内，其中以 10~20m/s 为宜，若 $v>25$m/s，则因带绕过带轮时离心力过大，使带与带轮之间的压紧力减小，摩擦力降低而使传动能力下降，而且离心力过大降低了带的疲劳强度和寿命。而当 $v<5$m/s 时，在传递相同功率时带所传递的圆周力增大，使带的根数增加。

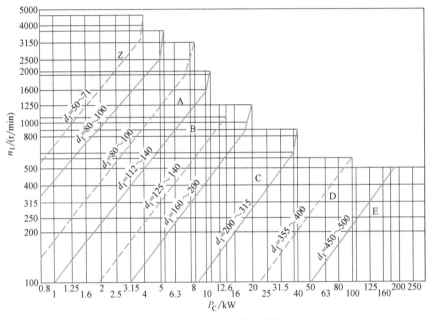

图 8-15　普通 V 带选型图

（5）确定中心距 a 和基准长度 L_d　　由于带是中间挠性件，故中心距可取大些或小些。中心距增大，将有利于增大包角，但太大则使结构外廓尺寸大，还会因载荷变化引起带的颤动，从而降低其工作能力。若已知条件未对中心距提出具体的要求，一般可按式（8-21）初选中心距 a_0，即

$$0.7(d_1+d_2) \leqslant a_0 \leqslant 2(d_1+d_2) \tag{8-21}$$

则由图 8-16 可知，带长

$$L_0 = 2a_0\cos\beta + (\pi-2\beta)\frac{d_1}{2} + (\pi+2\beta)\frac{d_2}{2} \approx 2a_0 + \frac{\pi}{2}(d_1+d_2) + \frac{(d_2-d_1)^2}{4a_0} \tag{8-22}$$

根据初定的 L_0，由表 8-3 选取相近的基准长度 L_d。最后按式（8-23）近似计算实际所需的中心距

$$a \approx a_0 + \frac{L_d-L_0}{2} \tag{8-23}$$

考虑安装和张紧的需要，通常将带传动设计成中心距可调的结构，应使中心距大约有 $\pm 0.03L_d$ 的调整量。

（6）验算小带轮包角 α_1　　由图 8-16 可知，带轮包角为　$\alpha = \pi \pm 2\beta$

因 β 角很小，以 $\beta \approx \sin\beta = \dfrac{d_2-d_1}{2a}$ 代入上式得

$$\alpha \approx \pi \pm \frac{d_2 - d_1}{a} = 180° \pm \frac{d_2 - d_1}{a} \times 57.3°$$

式中，"+"号用于大带轮包角 α_2，"−"号用于小带轮包角 α_1。

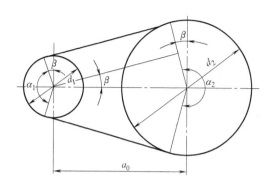

图 8-16 带传动几何参数

$$\alpha_1 = 180° - \frac{d_2 - d_1}{a} \times 57.3° \qquad (8-24)$$

一般要求 $\alpha_1 \geqslant 120°$，若 α_1 过小，则传动容易打滑，带的工作能力不能充分发挥；由式（8-24）可知，小带轮包角随中心距的增大及传动比的减小而增大，故可适当增大中心距或减小传动比来增大小带轮包角，也可通过增设张紧轮来增大小带轮包角。

（7）确定带的根数 Z V 带的根数可由计算功率 P_C 除以单根 V 带的基本额定功率 P_0 来确定。当实际工作条件与表 8-5 的特定条件不同时，应对 P_0 进行修正，故 V 带的根数为

$$Z = \frac{P_C}{(P_0 + \Delta P_0) K_\alpha K_L} \qquad (8-25)$$

式中 P_0——单根普通 V 带的基本额定功率（表 8-5）（kW）；

ΔP_0——$i \neq 1$ 时，单根普通 V 带额定功率的增量（表 8-7）（kW）；

K_L——带长修正系数，考虑带长不等于特定长度时对传动能力的影响（表 8-2）；

K_α——包角修正系数，考虑 $\alpha_1 \neq 180°$ 时，传动能力有所下降（表 8-8）。

Z 应圆整为整数，带的根数越多，则带轮越宽，越容易导致各根带受载不均，故通常控制带的根数 $Z \leqslant 10$。

表 8-7 $i \neq 1$ 时，单根普通 V 带额定功率的增量 ΔP_0（摘自 GB/T 13575.1—2008）（单位：kW）

带型	小带轮转速 n_1 (r/min)	传动比 i									
		1.00~1.01	1.02~1.04	1.05~1.08	1.09~1.12	1.13~1.18	1.19~1.24	1.25~1.34	1.35~1.51	1.52~1.99	≥2.0
Z	400	0.00	0.00	0.00	0.00	0.00	0.00	0.00	0.00	0.01	0.01
	730	0.00	0.00	0.00	0.00	0.00	0.01	0.01	0.01	0.01	0.02
	800	0.00	0.00	0.00	0.00	0.00	0.01	0.01	0.02	0.02	0.02
	980	0.00	0.00	0.00	0.01	0.01	0.01	0.02	0.02	0.02	0.03
	1200	0.00	0.00	0.01	0.01	0.01	0.01	0.02	0.02	0.02	0.03
	1460	0.00	0.00	0.01	0.01	0.01	0.02	0.02	0.02	0.02	0.03
	2800	0.00	0.01	0.02	0.02	0.03	0.03	0.03	0.04	0.04	0.04
A	400	0.00	0.01	0.01	0.02	0.02	0.03	0.03	0.04	0.04	0.05
	730	0.00	0.01	0.02	0.03	0.04	0.05	0.06	0.07	0.08	0.09
	800	0.00	0.01	0.02	0.03	0.04	0.05	0.06	0.08	0.09	0.10
	980	0.00	0.01	0.03	0.04	0.05	0.06	0.07	0.08	0.10	0.11
	1200	0.00	0.02	0.03	0.05	0.07	0.08	0.10	0.11	0.13	0.15
	1460	0.00	0.02	0.04	0.06	0.08	0.09	0.11	0.13	0.15	0.17
	2800	0.00	0.04	0.08	0.11	0.15	0.19	0.23	0.26	0.30	0.34
B	400	0.00	0.01	0.03	0.04	0.06	0.07	0.08	0.10	0.11	0.13
	730	0.00	0.02	0.05	0.07	0.10	0.12	0.15	0.17	0.20	0.22
	800	0.00	0.03	0.06	0.08	0.11	0.14	0.17	0.20	0.23	0.25
	980	0.00	0.03	0.07	0.10	0.13	0.17	0.20	0.23	0.26	0.30
	1200	0.00	0.04	0.08	0.13	0.17	0.21	0.25	0.30	0.34	0.38
	1460	0.00	0.05	0.10	0.15	0.20	0.25	0.31	0.36	0.40	0.46
	2800	0.00	0.10	0.20	0.29	0.39	0.49	0.59	0.69	0.79	0.89

（续）

带型	小带轮转速 n_1（r/min）	传动比 i									
		1.00~1.01	1.02~1.04	1.05~1.08	1.09~1.12	1.13~1.18	1.19~1.24	1.25~1.34	1.35~1.51	1.52~1.99	≥2.0
C	400	0.00	0.04	0.08	0.12	0.16	0.20	0.23	0.27	0.31	0.35
	730	0.00	0.07	0.14	0.21	0.27	0.34	0.41	0.48	0.55	0.62
	800	0.00	0.08	0.16	0.23	0.31	0.39	0.47	0.55	0.63	0.71
	980	0.00	0.09	0.19	0.27	0.37	0.47	0.56	0.65	0.74	0.83
	1200	0.00	0.12	0.24	0.35	0.47	0.59	0.70	0.82	0.94	1.06
	1460	0.00	0.14	0.28	0.42	0.58	0.71	0.85	0.99	1.14	1.27
	2800	0.00	0.27	0.55	0.82	1.10	1.37	1.64	1.92	2.19	2.47

表 8-8　包角修正系数

包角 α	180°	170°	160°	150°	140°	130°	120°	110°	100°	90°
K_α	1.00	0.98	0.95	0.92	0.89	0.86	0.82	0.78	0.74	0.69

（8）确定初拉力 F_0 并计算作用在轴上的载荷 F_Q　保持适当的初拉力是带传动工作的首要条件。初拉力不足，极限摩擦力小，传动能力下降；初拉力过大，将增大作用在轴上的载荷并降低带的寿命。单根普通 V 带合适的初拉力 F_0 可按式（8-26）计算。

$$F_0 = \frac{500P_C}{Zv}\left(\frac{2.5}{K_\alpha}-1\right)+qv^2 \tag{8-26}$$

F_Q 可近似地按带两边的初拉力 F_0 的合力来计算。由图 8-17 可得，作用在轴上的载荷 F_Q 为

$$F_Q = 2F_0Z\sin\frac{\alpha_1}{2} \tag{8-27}$$

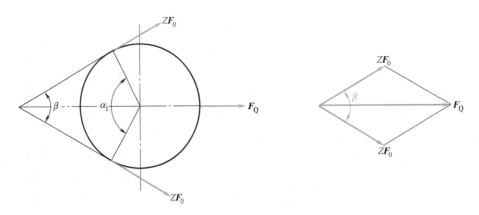

图 8-17　带传动的轴上载荷

例 8-1　设计一电动机与减速器之间的普通 V 带传动。已知：电动机功率 $P=5\text{kW}$，转速 $n_1=1460\text{r/min}$，减速器输入轴转速 $n_2=320\text{r/min}$，载荷变动较小，负载起动，每天工作 16h，要求结构紧凑。

解：（1）确定计算功率 P_C　根据 V 带传动工作条件。查表 8-6，可得工作情况系数 $K_A=1.2$，所以

$$P_C = K_AP = 1.2\times5\text{kW} = 6\text{kW}$$

（2）选取 V 带型号 根据 P_C、n_1，由图 8-15，选用 A 型 V 带。

（3）确定带轮基准直径 d_1、d_2 由图 8-15 及表 8-4 选 $d_1 = 100\text{mm}$，根据式（8-19），从动轮的基准直径为

$$d_2 = \frac{n_1}{n_2}d_1 = \frac{1460}{320} \times 100\text{mm} = 456\text{mm}$$

根据表 8-4，选 $d_2 = 450\text{mm}$。则传动比为

$$i = \frac{d_2}{d_1} = \frac{450}{100} = 4.5$$

（4）验算带速 v

$$v = \frac{\pi d_1 n_1}{60 \times 1000} = \frac{3.14 \times 100 \times 1460}{60 \times 1000}\text{m/s} = 7.64\text{m/s}$$

v 在 $5 \sim 15\text{m/s}$ 范围内，故带的速度合适。

（5）确定 V 带的传动中心距和基准长度 初定中心距，由

$$0.7(d_1 + d_2) \leqslant a_0 \leqslant 2(d_1 + d_2)$$

知

$$385\text{mm} \leqslant a_0 \leqslant 1100\text{mm}$$

根据题意可取 $a_0 = 600\text{mm}$。

根据式（8-22）计算带所需的基准长度：

$$L_0 = 2a_0 + \frac{\pi}{2}(d_1 + d_2) + \frac{(d_2 - d_1)^2}{4a_0}$$

$$= \left[2 \times 600 + \frac{\pi}{2}(100 + 450) + \frac{(450 - 100)^2}{4 \times 600}\right]\text{mm} = 2115\text{mm}$$

由表 8-2，选取带的基准长度 $L_d = 2050\text{mm}$。

按式（8-23）计算实际中心距：

$$a = a_0 + \frac{L_d - L_0}{2} = \left(600 + \frac{2050 - 2115}{2}\right)\text{mm} = 567.5\text{mm}$$

（6）验算主动轮上的包角 α_1 由式（8-24）得

$$\alpha_1 = 180° - \frac{d_2 - d_1}{a} \times 57.3° = 180° - \frac{450 - 100}{567.5} \times 57.3° = 145° > 120°$$

故主动轮上的包角合适。

（7）计算 V 带的根数 Z 由式（8-25）得

$$Z = \frac{P_C}{(P_0 + \Delta P_0)K_\alpha K_L}$$

由 $n_1 = 1460\text{r/min}$，$d_1 = 100\text{mm}$，查表 8-5 得 $P_0 = 1.32\text{kW}$，查表 8-7 得 $\Delta P_0 = 0.17\text{kW}$，查表 8-8 得 $K_\alpha = 0.90$，查表 8-2 查得 $K_L = 1.04$，所以

$$Z = \frac{6}{(1.32 + 0.17) \times 0.90 \times 1.04} = 4.3$$

取 $Z = 5$ 根。

（8）计算 V 带合适的初拉力 F_0 由式（8-26）得

$$F_0 = \frac{500P_C}{Zv}\left(\frac{2.5}{K_\alpha}-1\right)+qv^2$$

查表 8-1 得 $q=0.105\text{kg/m}$，所以

$$F_0 = \left[\frac{500\times6}{5\times7.64}\left(\frac{2.5}{0.9}-1\right)+0.105\times7.64^2\right]\text{N}=145.7\text{N}$$

（9）计算作用在轴上的载荷 F_Q　由式（8-27）得

$$F_Q = 2ZF_0\sin\frac{\alpha_1}{2}=2\times5\times145.7\times\sin\frac{145}{2}\text{N}=1375\text{N}$$

（10）带轮结构设计略

第五节　带传动的张紧装置及带传动的使用维护

一、带传动的张紧装置

带传动工作一段时间后会产生塑性变形而使带松弛，导致带中的初拉力下降，影响正常传动。为了使带传动能正常工作，必须使带重新张紧。常用的张紧装置按中心距是否可调分为两类。

1. 中心距可调的张紧装置

图 8-18 所示为中心距可调的定期张紧装置，当带需要张紧时，可通过调整螺栓改变电动机的位置，加大中心距，使带获得所需的张紧力。图 8-18a 适用于两轴中心线水平或倾斜角度不大的传动，图 8-18b 适用于两轴中心连线铅垂或近于铅垂方向的传动。图 8-18c 所示为自动张紧装置，电动机固定在浮动摆架上，靠电动机与摆架的自重实现张紧。

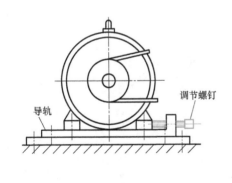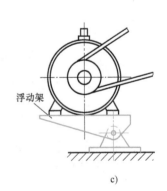

a)　　　　　　　　b)　　　　　　　　c)

图 8-18　中心距可调的定期张紧装置

带传动的张紧方法和装置——滑道式　　带传动的张紧方法和装置——摆架式　　带传动的张紧方法和装置——自动张紧

2. 中心距不可调的张紧装置

中心距不可调时，用张紧轮实现张紧。图 8-19a 为定期张紧装置，在这种张紧装置中，为了避免 V 带的双向弯曲，张紧轮压在带的松边内侧，且张紧轮应尽量远离小带轮，防止小带轮包角减小过多；若为平带传动，张紧轮应压在松边外侧且靠近小带轮，以增加小轮包角。图 8-19b 所示为自动张紧装置，平衡锤使张紧轮自动压在松边外侧。为了增大小带轮的包角，张紧轮应靠近小带轮。这种张紧装置使带受到双向弯曲，从而会降低带的寿命。

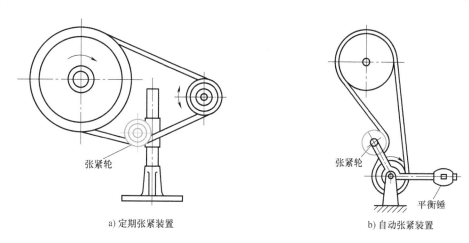

a) 定期张紧装置　　　　　　　　　　b) 自动张紧装置

图 8-19　中心距不可调的张紧装置

二、带传动的使用与维护

在带传动的安装与使用过程中，应注意以下几点：

1）安装时两带轮轴线必须平行，两轮轮槽中心必须对正，以减轻带的磨损。

2）安装带时，最好缩小中心距后套上 V 带，再予以调整，不应硬撬，以免损坏胶带，降低其使用寿命。

3）严防 V 带与油、酸、碱等介质接触，以免变质，也不宜在阳光下曝晒。

4）多根带并用时，为避免各根带受载不均，带的配组代号应相同。若其中一根带松弛或损坏，应全部带同时更换，以免新旧带并用时，载荷分配不匀，加速新带的磨损。

5）为了保证安全生产，带传动须安装防护罩，并在使用过程中定期检查、调整带的张紧力。

思　考　题

8-1　带传动中，弹性滑动是怎样产生的？对带传动有何影响？打滑是怎样产生的？打滑的有害和有利方面各是什么？两者有何区别？

8-2　传动带中有几种应力？带中的最大应力发生在什么位置？

8-3　普通 V 带与平带传动相比，有什么优缺点？

8-4　带传动为什么必须安装张紧装置？常用的张紧装置有哪些？什么情况下使用张紧轮？装在什么位置？

8-5 带传动的失效形式是什么？单根 V 带所能传递的功率是根据什么准则确定的？

8-6 影响带传动工作能力的因素有哪些？在 V 带传动设计中，为什么要校核带速 $5\text{m/s} \leqslant v \leqslant 25\text{m/s}$ 和包角 $\alpha_1 \geqslant 120°$？

8-7 已知某普通 V 带传动由电动机驱动，电动机转速 $n_1 = 1450\text{r/min}$，小带轮基准直径 $d_1 = 100\text{mm}$，大带轮基准直径 $d_2 = 280\text{mm}$，中心距 $a \approx 350\text{mm}$，用 2 根 A 型 V 带传动，载荷平稳，两班制工作。试求此传动所能传递的最大功率。

第九章

链 传 动

重点学习内容

1）链传动的特点与适用场合。

2）链传动的正确安装和布置。

3）链传动中的速度不均匀性及失效形式。

4）滚子链和链轮的构造。

5）链传动的设计。

第一节　链传动的组成、特点和应用

链传动由装在平行轴上的链轮主动轮 1、从动轮 3 和跨绕在两链轮上的环形链条 2 组成（图 9-1），以链条作中间挠性件，靠链条与链轮轮齿的啮合来传递运动和动力。

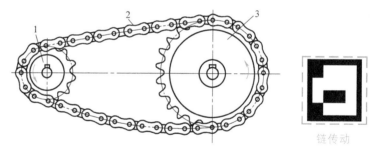

图 9-1　链传动的组成

1—主动轮　2—链条　3—从动轮

链传动特点是结构简单、耐用、容易维护，适用于中心距较大的场合。

与带传动相比，链传动能保持准确的平均传动比；没有弹性滑动和打滑；需要的张紧力小；能在温度较高，有油污的恶劣环境条件下工作。

与齿轮传动相比，链传动的制造和安装精度要求较低；成本低廉；能实现远距离传动；但瞬时速度不均匀，瞬时传动比不恒定；传动中有一定的冲击和噪声。

链传动的传动比 $i \leqslant 8$；中心距 $a \leqslant 5 \sim 6\mathrm{m}$；传递功率 $P \leqslant 100\mathrm{kW}$；圆周速度 $v \leqslant 15\mathrm{m/s}$；传动效率 $\eta = 0.92 \sim 0.96$。链传动广泛用于矿山机械、农业机械、石油机械、机床及摩托车中。

第二节　传动链的类型与结构

按照链条的结构不同，传递动力用的链条主要有滚子链和齿形链两种。其中齿形链结构复杂，价格较高，因此其应用不如滚子链广泛。

一、滚子链

滚子链的结构如图 9-2 所示，其内链板 1 和套筒 4、外链板 2 和销轴 3 分别用过盈配合固联在一起，分别称为内、外链节。内、外链节构成铰链。滚子 5 与套筒、套筒与销轴均为间隙配合。当链条啮入和啮出时，内、外链节做相对转动；同时，滚子沿链轮轮齿滚动，可减少链条与轮齿的磨损。

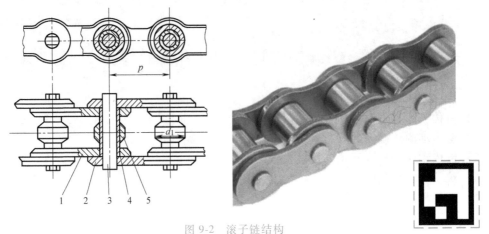

图 9-2　滚子链结构

1—内链板　2—外链板　3—销轴　4—套筒　5—滚子

套筒滚子链结构分析

为减轻链条的质量并使链板各横剖面的抗拉强度大致相等。内、外链板均制成"∞"字形。组成链条的各零件由碳钢或合金钢制成，并进行热处理，以提高强度和耐磨性。

滚子链相邻两滚子中心的距离称为链节距，用 p 表示，它是链条的主要参数。节距 p 越大，链条各零件的尺寸越大，所能承受的载荷越大。

滚子链可制成单排链和多排链（如双排链或三排链）。排数越多，承载能力越大。由于制造和装配精度，会使各排链受力不均匀，故一般不超过 3 排。

滚子链已标准化，分为 A、B 两个系列，常用的是 A 系列。表 9-1 列出了几种 A 系列滚子链的主要参数。设计时，要根据载荷大小及工作条件等选用适当的链条型号；确定链传动的几何尺寸及链轮的结构尺寸。

表 9-1　A 系列滚子链的主要参数（摘自 1243—2006）

链号	节距 p/ mm	内链节内宽 b_1/ mm	排距 p_t/ mm	滚子直径 d_1/ mm	极限载荷 Q_{lim} （单排）/N	每米长质量 q （单排）/（kg/m）
08A	12.70	7.85	14.38	7.92	13900	0.60
10A	15.875	9.4	18.11	10.16	21800	1.00
12A	19.05	12.57	22.78	11.91	31300	1.50
16A	25.40	15.75	29.29	15.88	55600	2.60
20A	31.75	18.90	35.76	19.05	87000	3.80
24A	38.10	25.22	45.44	22.23	12500	5.60
28A	44.45	25.22	48.87	25.40	17000	7.50
32A	50.80	31.55	58.55	28.58	22300	10.10
40A	63.50	37.85	71.55	39.68	347000	16.10

注：1. 表中链号与相应的国际标准链号一致，链号乘以 25.4/16 即为节距值（mm）。后级 A 表示 A 系列。

　　2. 使用过渡链节时，其极限载荷按表列数值的 80% 计算。

按照 GB/T 1243—2006 的规定，套筒滚子链的标记为

链号-排数-整链链节数　标准号

标记中，B 级链不标等级，单排链不标排数。

例如，A级、双排、70节、节距为38.1mm的标准滚子链，标记应为

$$24A\text{-}2\text{-}70 \quad GB/T\ 1243\text{—}2006$$

滚子链的长度以链节数 L_p 表示。链节数 L_p 最好取偶数，以便链条连成环形时正好是内、外链板相接，接头处可用开口销或弹簧夹锁紧（图9-3）。若链节数为奇数时，则需采用过渡链节（图9-4），过渡链节的链板需单独制造，另外当链条受拉时，过渡链节还要承受附加的弯曲载荷，使强度降低，通常应尽量避免。

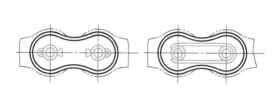

图9-3　偶数链的链节接头

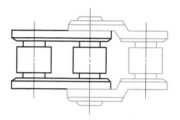

图9-4　奇数链的过渡链节接头

二、齿形链

齿形传动链是由一组齿形链板并列铰接而成的（图9-5），工作时，通过链片侧面的两直边与链轮轮齿相啮合。齿形链具有传动平稳、噪声小，承受冲击性能好，工作可靠等优点。但结构复杂，质量较大，价格较高。齿形链多用于高速（链速 v 可达 40m/s）或运动精度要求较高的传动。

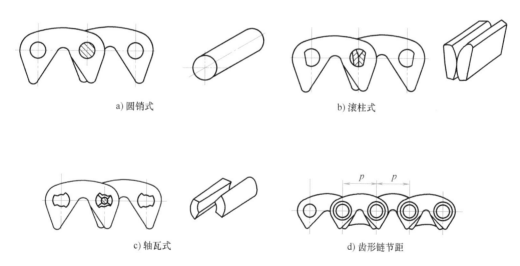

a) 圆销式　　　　　　　　　　b) 滚柱式

c) 轴瓦式　　　　　　　d) 齿形链节距

图9-5　齿形链的结构

（1）圆销式　图9-5a所示的链销孔与销轴是间隙配合。

（2）滚柱式　图9-5b所示的滚柱式结构中，铰链由两个具有曲面的棱柱销组成。两棱柱销各自固定在相应的链板孔中，当链工作时，相邻两链节的相对转动是靠两棱柱销工作面做相对滚动来实现的。

（3）轴瓦式　如图9-5c所示，在链板销孔两侧有长短扇形槽各一条，相邻两链板在同一销轴上相间排列，即长短扇形槽相间排列，在销孔中装入销轴后，在销轴左右的槽中嵌入与短扇形槽相匹配的轴瓦，由两轴瓦和销轴组成铰链。当相邻两链节相对转动时，左右两轴

瓦将各在其长扇形槽中摆动,轴瓦内面与销轴接触表面做相对滑动。

第三节 链轮主要尺寸计算、结构与材料

一、链轮主要尺寸计算

滚子链链轮的齿形已标准化,国家标准 GB/T 6069—2017 中没有具体规定链轮的齿形,只是规定了最大和最小齿槽形状,在这两个极限齿槽形状之间的各种标准齿形均可以使用。

图 9-6 所示为目前常用的一种三圆弧一直线齿形,齿廓工作表面 $abcd$ 由三圆弧 $\overset{\frown}{aa}$、$\overset{\frown}{ab}$、$\overset{\frown}{cd}$ 和一直线 bc 组成。当选用这种齿形并用相应的标准刀具加工时,链轮端面齿形在工作图上不必画出,只需注明齿形按 GB/T 6069—2017 的规定制造即可,但链轮的轴向齿形(图 9-7)需画出。轴向尺寸和齿形可参阅有关设计手册。

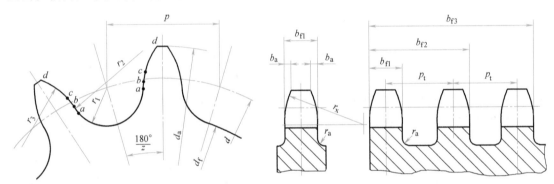

图 9-6 滚子链链轮端面齿形　　　　　图 9-7 滚子链链轮的轴向齿形

链轮主要尺寸计算如下:

分度圆直径

$$d = \frac{p}{\sin\dfrac{180°}{z}} \tag{9-1}$$

齿顶圆直径

$$d_a = p\left(0.54 + \cot\frac{180°}{z}\right) \tag{9-2}$$

齿根圆直径　　　　　　　$d_f = d - d_1 \tag{9-3}$

滚子直径　　　　　　　$d_1 = 2r_1$

二、链轮的结构

链轮的结构如图 9-8 所示。按链轮直径的不同可采用实心式(图 9-8a)、腹板式(图 9-8b)、轮辐式(图 9-8c)、齿圈式(图 9-8d)等结构。选用多排链时,可采用多排轮,图 9-8e 所示为双排腹板式链轮结构。

三、链轮的材料

链轮的材料应满足强度和耐磨性要求。可根据尺寸大小和工作条件选择合金钢、碳钢、铸铁等。推荐的链轮材料和表面硬度见表 9-2。考虑到小链轮轮齿的啮合次数比大链轮轮齿的啮合次数多,磨损、冲击较大,为使两链轮的寿命相接近,小链轮材料的强度和齿面硬度

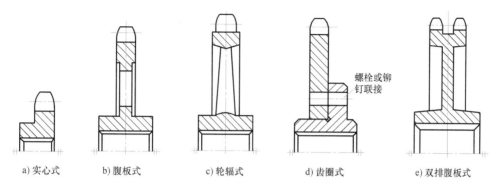

a) 实心式　　b) 腹板式　　c) 轮辐式　　d) 齿圈式　　e) 双排腹板式

图 9-8　链轮的结构

应比大链轮要高些。

表 9-2　链轮常用材料及齿面硬度

材料	热处理	齿面硬度	应用范围
15、20	渗碳、淬火、回火	50~60HRC	$z \le 25$ 有冲击载荷的链轮
35	正火	160~200HBW	$z>25$ 有主、从动链轮
40、50、45Mn、ZG310-570	淬火、回火	40~50HBW	无剧烈冲击、振动的主、从动链轮
150、200	渗碳、淬火、回火	50~60HRC	$z<25$ 传递较大功率的重要链轮
40Cr、35SiMn、40CrMn	淬火、回火	40~50HRC	要求强度较高和耐磨损的重要链轮
Q235、Q255	焊接后退火	≈140HBW	中速、传递中等功率的较大的链轮
强度不低于 200MPa 的灰铸铁	淬火、回火	260~280HBW	$z>50$ 的从动链轮以及外形复杂或强度要求一般的链轮
夹布胶木	—	—	$p<6kW$、速度较高、要求传动平稳、噪声小的链轮

第四节　链传动的运动特性

一、链传动的运动分析

链条绕上链轮后形成折线，因此链传动相当于一对多边形轮子之间的传动。设 z_1、z_2 为两链轮的齿数，p 为节距（mm），n_1、n_2 为两链轮的转速（r/min），则链条线速度（简称链速）为

$$v = \frac{z_1 p \; n_1}{60 \times 1000} = \frac{z_2 p \; n_2}{60 \times 1000} \tag{9-4}$$

链传动的传动比为

$$i = \frac{n_1}{n_2} = \frac{z_2}{z_1} \tag{9-5}$$

由以上两式求得的链速和传动比均为常数，是平均值。实际上，由于链条的链节是刚性的，当链条绕上链轮时，形成一正多边形，当主动轮的角速度 ω_1 为常数时，链速 v 和从动轮角速度 ω_2 也都是变化的。

为了便于分析，设链的主动边（紧边）处于水平位置（图 9-9），主动链轮以角速度 ω_1 回转，当链节与链轮轮齿在 A 点啮合时，链轮上该点的圆周速度的水平分量即为链节上该点的瞬时速度，其值为

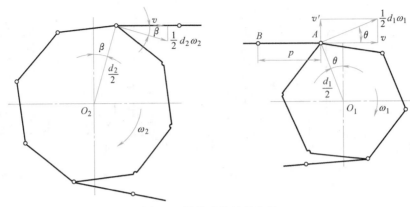

图 9-9　链传动的运动分析

$$v = \frac{1}{2}d_1\omega_1\cos\theta \qquad (9\text{-}6)$$

式中　d_1——主动链轮的分度圆直径（mm）；

　　　θ——A 点的圆周速度与水平线的夹角。

任一链节从进入啮合到退出啮合，θ 角在 $-\dfrac{180°}{z_1} \sim +\dfrac{180°}{z_1}$ 的范围内变化。当 $\theta = 0°$ 时，链速最大，$v_{max} = d_1\omega_1/2$；当 $\theta = \pm\dfrac{180°}{z_1}$ 时，链速最小，$v_{min} = \dfrac{d_1\omega_1}{2}\cos\dfrac{180°}{z_1}$；由此可知，当主动轮以角速度 ω_1 等速转动时，链条的瞬时速度 v 周期性地由小变大，又由大变小，每转过一个节距变化一次。

同理，链条在垂直于链节中心线方向的分速度 $v' = \dfrac{d_1\omega_1}{2}\sin\theta$，也做周期性变化，从而使链条上下抖动。

由于链速是变化的，工作时不可避免地要产生振动和动载荷。

而在从动链轮上，β 角的变化范围为 $-\dfrac{180°}{z_2} \sim +\dfrac{180°}{z_2}$，由于链速 v 不等于常数，并且 β 角不断变化，因此从动轮的角速度 $\omega_2 = \dfrac{v}{\dfrac{d_2}{2}\cos\beta}$ 也是周期性变化的。即链传动的瞬时传动比为

$$i = \frac{\omega_1}{\omega_2} = \frac{d_2\cos\beta}{d_1\cos\theta} \qquad (9\text{-}7)$$

显然，链传动的瞬时传动比在一般情况下是变化的。链速和从动轮角速度的周期性变化，使链传动产生动载荷，且链轮转速越高，链节距越大，链轮齿数越少，则工作时产生的附加动载荷就越大。

此外，链节与链轮轮齿进入啮合时，以一定的相对速度接近，使传动产生冲击载荷。链在垂直方向上的变化以及链在起动、制动、反向等情况下出现的惯性冲击，也将使传动产生动载荷。为了减小动载荷，提高传动的平稳性，在链传动设计中应选用较小的链节距，适当增加链轮齿数，并限制链轮的最高转速。

二、链传动的受力分析

在链传动过程中，若链的松边过松，链传动容易产生振动、跳齿或脱链，因而在安装链时，需使链条有一定的张紧力，它可由链的下垂产生悬垂拉力获得，必要时可采用张紧轮实现张紧。链传动工作时，与带传动相似，紧边和松边拉力不相等，如图 9-10 所示。若不计动载荷，则

链的紧边拉力 F_1 为

$$F_1 = F + F_C + F_y \qquad (9-8)$$

链的松边拉力 F_2 为

$$F_2 = F_C + F_y \qquad (9-9)$$

式中　F_C——离心运动所产生的离心拉力（N）；

　　　F_y——链的悬垂拉力（N）；

　　　F——有效拉力（N）。

若链传递的功率为 P（kW），链速为 v（m/s），则有

$$F = 1000 \frac{P}{v} \qquad (9-10)$$

若单排链单位长度的质量为 q（kg/m），重力加速度 $g = 9.8 \mathrm{m/s^2}$，链传动的中心距为 a（m），K_f 为垂度系数（表 9-3），则有

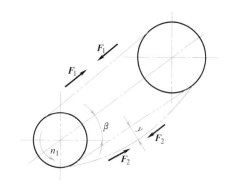

图 9-10　作用在链上的力

$$F_C = qv^2 \qquad (9-11)$$

$$F_y = K_f qga \qquad (9-12)$$

链作用在轴上的载荷 F_Q 可近似取为

$$F_Q = (1.15 \sim 1.2) F \qquad (9-13)$$

当有冲击与振动时，F_Q 取较大的值。

表 9-3　垂度系数 K_f

β（图 9-10）	0°	30°	60°	75°	90°
K_f	7	6	4	2.5	1

注：表中 K_f 值为下垂量 $f = 0.02a$ 时的拉力系数。

第五节　链传动的失效形式

链轮的失效形式通常是轮齿的磨损。在多数情况下，链的失效先于链轮失效，因此下面仅讨论链的失效形式。滚子链常见失效形式有以下几种：

（1）链板疲劳破坏　由于链条受变应力的作用，经过一定的循环次数后，链板会发生疲劳破坏，在正常润滑条件下，疲劳强度是限定链传动承载能力的主要因素。

（2）滚子、套筒的冲击疲劳破坏　链节与链轮啮合时，滚子与链轮间会产生冲击，高速时冲击载荷较大，套筒与滚子表面发生冲击疲劳破坏。

（3）销轴与套筒的胶合　当润滑不良或速度过高时，销轴与套筒的工作表面摩擦发热量较大，而使两表面发生粘附磨损，严重时则产生胶合。

（4）链条铰链磨损　链在工作过程中，销轴与套筒的工作表面会因相对滑动而磨损，导致链节伸长，容易引起跳齿和脱链。

（5）过载拉断　在低速（$v<0.6m/s$）、重载或瞬时严重过载时，载荷超过链的抗拉极限，链条就会被拉断。

第六节　链传动的设计计算

一、链传动的承载能力

1. 极限功率曲线

图 9-11 所示为滚子链在一定寿命和润滑条件下，由各种失效形式限定的小链轮转速和相应的极限功率关系曲线，即极限功率曲线。图中①是在正常润滑条件下，铰链磨损限定的极限功率曲线；②是链板疲劳强度限定的极限功率曲线；③是套筒、滚子冲击疲劳强度限定的极限功率曲线；④是铰链胶合限定的极限功率曲线；⑤是润滑不良条件下的极限功率曲线；⑥是润滑良好情况下，由各种失效形式综合影响限定的额定功率曲线。

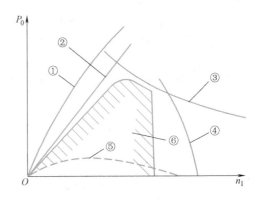

图 9-11　常用的 A 系列滚子链的极限功率曲线

2. 额定功率曲线

图 9-12 所示为常用的 A 系列滚子链的额定功率曲线，它是在下列特定条件下得到的：①两链轮共面；②小链轮齿数$z_1 = 19$；③链节数$L_p=120$；④载荷平稳；⑤按推荐的润滑方

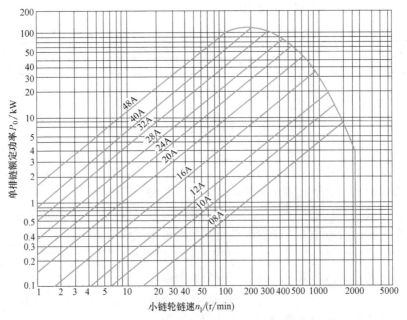

图 9-12　A 系列滚子链的额定功率曲线

式润滑（图9-13）；⑥满载荷连续运转寿命为15000h；⑦链因磨损引起的相对伸长量 $\Delta p/p$ 不超过 3%。

若不能满足图9-13中推荐的润滑方式，应将图9-12中的额定功率 P_0 值按如下比例降低：

当链速 $v\leqslant1.5\text{m/s}$ 时，降低 50%；当链速 $1.5\text{m/s}<v\leqslant7\text{m/s}$ 时，降低 75%；当链速 $v>7\text{m/s}$ 时，如润滑不当，则传动不可靠。

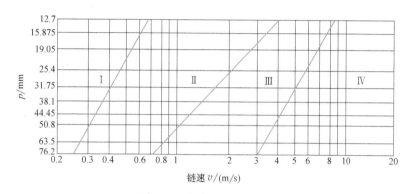

图 9-13　推荐的润滑方式

Ⅰ—人工定期润滑　Ⅱ—滴油润滑　Ⅲ—油浴或飞溅润滑　Ⅳ—压力喷油润滑

二、链传动的主要参数选择

1. 链轮齿数

齿数选择总原则是不宜太少，也不宜过多。当小链轮齿数 z_1 过少时，尽管可以减小轮廓尺寸，但将会引起：①传动的不均匀性和附加动载荷增大；②链条进入和退出啮合时，链节间的相对转角增大，加速铰链的磨损失效；③在节距和传递功率一定的条件下，链所需传递的圆周力增大，加速链和链轮的损坏。

当链轮齿数过多时，不仅会增大链传动的外形尺寸，还将缩短链的使用寿命。如图 9-14 所示，链的铰链磨损将使链节距增长，链节距的增长量 Δp 与啮合圆外移量 $\Delta d'$ 的关系为

$$\Delta p = \Delta d' \sin\frac{180°}{z}$$

在节距 Δp 和齿数 z 一定的条件下，允许的外移量 $\Delta d'$ 也就随之确定。在节距 Δp 一定的条件下链轮齿数 z 越多，不产生脱链时所允许的增长量 $\Delta d'$ 就越小，链的使用寿命就越短。为此，限制链轮的最大齿数 $z_{\min}\leqslant120$。

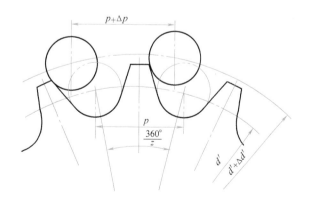

图 9-14　链节距的增长量 Δp 与啮合圆外移量 $\Delta d'$ 的关系

由于链节数一般取为偶数，为使链和链轮齿的磨损较均匀，链轮齿数一般取为与链节数互质的奇数。小链轮的齿数 z_1 可依据链速参考表9-4选取。

表 9-4 小链轮的齿数

链速 $v/(m/s)$	$0.6 \sim 3$	$3 \sim 8$	>8
齿数 z_1	$\geqslant 15 \sim 17$	$\geqslant 19 \sim 21$	$\geqslant 23 \sim 25$

2. 传动比的选择

传动比过大时，会导致小链轮包角过小，同时啮合齿数减少，这将加速链轮轮齿的磨损且容易出现跳齿现象，故包角最好不小于 $120°$。为此，限制传动比 $i \leqslant 7$，推荐 $i = 2 \sim 3.5$。

3. 链的节距和排数

链节距的大小反映了链和链轮各部分尺寸的大小。在一定条件下，链节距越大，链的承载能力就越大，相应产生的冲击、振动、噪声也越严重。所以设计时，在满足承载能力条件下，为使结构紧凑、寿命长，应尽量选取小节距的单排链。在高速、大功率时，可选取小节距的多排链。当中心距小，传动比大时，选取小节距多排链，以使小链轮有一定啮合齿数。当中心距大，传动比小而且速度不太高时，可选用大节距单排链。

链的节距可根据传递功率 P 按式（9-14）算出额定功率 P_0 后从图 9-13 中选出。

$$P_0 = \frac{K_A P}{K_z K_p} \tag{9-14}$$

式中 P——传递功率（kW）；

K_A——工作情况系数，见表 9-5；

K_z——小链轮齿数系数，见表 9-6；

K_p——多排链排数系数，见表 9-7。

4. 中心距和链节数

若中心距过小，虽然传动的整体尺寸相对较小，但链在小链轮上的包角变小，啮合齿数减少，分担在每个轮齿上的载荷加大，磨损增大，易产生跳齿和脱链现象；当链速不变时，单位时间内链的绕转次数增多，其伸曲次数和应力循环次数增多，也会加剧链的磨损和疲劳。反之，若中心距过大，因松边垂度过大，传动时发生上下颤动现象。在设计时，若中心距不受限制，一般初定中心距 $a_0 = (30 \sim 50)p$，最大可取 $a_{max} = 80p$。

表 9-5 工作情况系数 K_A

工作情况		动力机种类		
		电动机、汽轮机、内燃机—液压传动	内燃机（$\geqslant 6$ 缸）—机械传动	内燃机（<6 缸）—机械传动
平稳载荷	搅拌机；中小型离心式鼓风机，离心式压缩机；谷物机械；均匀负载输送机；发电机；均匀负载不反转的一般机械	1.0	1.1	1.3
中等冲击	半液体搅拌机；三缸以上往复压缩机；大型或不均匀负载输送机；中型起重机和升降机；重载天轴传动；金属切削机床；食品机械；木工机械；印染纺织机械；大型风机；不反转的一般机械	1.4	1.5	1.7
严重冲击	船用螺旋桨；制砖机；单、双缸往复压缩机；挖掘机；往复式、振动式输送机；破碎机；重型起重机；石油钻井机械；锻压机械；线材拉拔机械；压力机；严重冲击、有反转的机械	1.8	1.9	2.1

表 9-6　齿数系数 K_z

在图 9-12 中的位置	位于功率曲线顶点左侧时（链板疲劳）	位于功率曲线顶点右侧时（滚子套筒冲击疲劳）
小链轮齿数系数	$\left(\dfrac{z_1}{19}\right)^{1.08}$	$\left(\dfrac{z_1}{19}\right)^{1.5}$

表 9-7　多排链排数系数 K_p

排数	1	2	3	4	5	6
排数系数 K_p	1	1.7	2.5	3.3	4.0	4.6

注：当排数 $Z_p>6$ 时，$K_p=Z_p^{0.84}$，或向链条制造厂咨询确定。

链节数为

$$L_p=\frac{2a_0}{p}+\frac{z_1+z_2}{2}+\frac{p}{a_0}\left(\frac{z_2-z_1}{2\pi}\right)^2 \tag{9-15}$$

为了避免用过渡链节，链节数最好取偶数。

链的计算中心距 a 为

$$a=\frac{p}{4}\left[L_p-\frac{z_1+z_2}{2}+\sqrt{\left(L_p-\frac{z_1+z_2}{2}\right)^2-8\left(\frac{z_2-z_1}{2\pi}\right)^2}\right] \tag{9-16}$$

链的实际中心距 a' 为

$$a'=a-\Delta a \tag{9-17}$$

对于中心距可调的链传动，为保证链松边有一定的安装垂度，应使实际中心距比计算中心距小 Δa。一般取 $\Delta a=(0.002\sim0.004)a$。对中心距不可调的和没有张紧装置的链传动，中心距应准确计算。

三、低速链传动的静强度计算

当链速<0.6m/s 时，链的过载拉断为链传动的主要失效形式。因此，设计时按静强度计算，此时应满足

$$\frac{Z_p Q_{lim}}{F_1 K_A}\geqslant S \tag{9-18}$$

式中　Q_{lim}——单排链的极限拉伸载荷（N），参见表 9-1；

　　　F_1——链的紧边拉力（N）；

　　　K_A——工作情况系数，见表 9-5；

　　　Z_p——链的排数；

　　　S——安全系数，一般取 $S=4\sim7$。

例 9-1　试设计某输送机装置用的滚子链传动。已知电动机的功率 $p=5$kW，主动链轮转速 $n_1=960$r/min，从动链轮转速 $n_2=320$r/min，有中等冲击，要求中心距 a 小于 650mm，中心距可调。

　　解：

计算与说明	主要结果
（1）选择链轮齿数 z_1、z_2 及确定传动比 i 设链速 $v=3\sim8$ m/s，由表 9-4 选取 $z_1=21$，则 $$z_2=i\,z_1=\frac{n_1}{n_2}z_1=\frac{960}{320}\times21=63$$ 传动比 $i=\dfrac{z_2}{z_1}=\dfrac{63}{21}=3$。	$z_1=21$ $z_2=63$ $i=3$
（2）计算链节数 L_p 初定中心距 $a_0=40p$，由式（9-15）得 $$L_p=\frac{2a_0}{p}+\frac{z_1+z_2}{2}+\frac{p}{a_0}\left(\frac{z_2-z_1}{2\pi}\right)^2$$ $$=\frac{2\times40p}{p}+\frac{21+63}{2}+\frac{p}{40p}\times\left(\frac{63-21}{2\pi}\right)^2=123.12$$ 取偶数得 $L_p=124$ 节。	
（3）计算额定功率 P_0 由式（9-14）得 $$P_0=\frac{K_AP}{K_zK_p}$$ 由表 9-5 选取 $K_A=1.4$。 估计此链传动工作在图 9-12 所示曲线顶点左侧（即可能出现链板疲劳破坏），由表 9-6 中公式算得，当 $z_1=21$ 时，$K_z=\left(\dfrac{z_1}{19}\right)^{1.08}=1.11$。采用单排链，由表 9-7 查得 $K_p=1$，故所需额定功率为 $$P_0=\frac{K_AP}{K_zK_p}=\frac{1.4\times5}{1.11\times1}\text{kW}=6.31\text{kW}$$	$L_p=124$ 节
（4）选取链的节距 p 根据小链轮转速 $n_1=960$ r/min 及功率 $P_0=6.31$ kW，由图 9-12 选取链型号为 10A（工作在图 9-12 曲线顶点左侧），得节距 $p=15.875$ mm。	
（5）确定实际中心距 由式（9-16）计算中心距为 $$a=\frac{p}{4}\left[L_p-\frac{z_1+z_2}{2}+\sqrt{\left(L_p-\frac{z_1+z_2}{2}\right)^2-8\left(\frac{z_2-z_1}{2\pi}\right)^2}\right]$$ $$=\frac{15.875}{4}\left[124-\frac{21+63}{2}+\sqrt{\left(124-\frac{21+63}{2}\right)^2-8\left(\frac{63-21}{2\pi}\right)^2}\right]\text{mm}$$ $$=642.14\text{mm}$$ 中心距可调，实际中心距 $a'=a-\Delta a$，$\Delta a=(0.002\sim0.004)a$，取 $\Delta a=0.004a=2.57$ mm，则 $$a'=a-\Delta a=(642.14-2.57)\text{mm}=639.57\text{mm}$$ 取 $a'=640$ mm。	$P_0=6.31$ kW $p=15.875$ mm
（6）验算带速 由式（9-4）得 $v=\dfrac{z_1p\,n_1}{60\times1000}=\dfrac{21\times15.875\times960}{60\times1000}$ m/s $=5.33$ m/s 与假设链速 $v=3\sim8$ m/s 相符。	$a'=640$ mm
（7）选择润滑方式 由 $p=15.875$ mm、$v=5.33$ m/s 查图 9-13 得该链可用油浴或飞溅润滑。	$v=5.33$ m/s
（8）求作用在轴上的载荷 由式（9-13）得链作用在轴上的载荷 F_Q 可近似取为 $F_Q=(1.15\sim1.2)F$，当有冲击与振动时，F_Q 取较大的值 $F_Q=1.2F$。 $$F=1000\frac{P}{v}=\left(1000\times\frac{5}{5.33}\right)\text{N}=938.09\text{N}$$ $$F_Q=1.2\times938.09\text{N}=1125.71\text{N}$$ 链轮的主要尺寸计算与零件图（略）	$F_Q=1125.71$ N

第七节　链传动的布置、润滑与维护

一、链传动的布置

在链传动中，两链轮的转动平面应在同一平面内，两轴线必须平行，最好成水平布置（图 9-15a）。如需倾斜布置时，两链轮中心连线与水平线的夹角 φ 应小于 45°（图 9-15b），同时链传动应使紧边（即主动边）在上，松边在下，以便链节和链轮轮齿可以顺利地进入和退出啮合。如果松边在上，可能会因松边垂度过大而出现链条与轮齿的干扰，甚至会引起松边与紧边的碰撞。

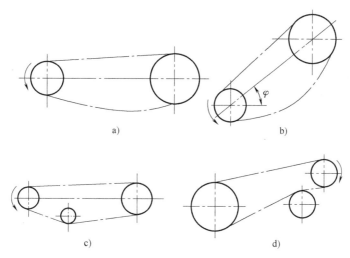

图 9-15　链传动布置

二、链传动的张紧

为防止链条垂度过大造成啮合不良和松边的颤动，需用张紧装置。如中心距可以调节时，可用调节中心距来控制张紧程度；如中心距不可调节时，可用张紧轮。张紧轮应安装在链条松边靠近小链轮处，放在链条内侧、外侧均可，分别如图 9-15c、d 所示。张紧轮可以是链轮，也可以是无齿的滚轮，其直径可比小链轮略小些。

三、链传动的润滑

链传动良好的润滑将会减少磨损，缓和冲击，提高承载能力，延长使用寿命，因此链传动应合理地确定润滑方式和润滑剂种类。

常用的润滑方式有以下几种：

1）人工定期润滑。用油壶或油刷给油（图 9-16a），每班注油一次，适用于链速 $v \leqslant$ 4m/s 的不重要传动。

2）滴油润滑。用油杯通过油管向松边的内、外链板间隙处滴油，用于链速 $v \leqslant 10$m/s 的传动（图 9-16b）。

3）油浴润滑。链从密封的油池中通过，链条浸油深度以 6~12mm 为宜，适用于链速 $v = 6$~12m/s的传动（图 9-16c）。

4）飞溅润滑。在密封容器中，用甩油盘将油甩起，经由壳体上的集油装置将油导流到链上。甩油盘速度应大于 3m/s，浸油深度一般为 12~15mm（图 9-16d）。

5）压力油循环润滑。用油泵将油喷到链上，喷口应设在链条进入啮合处。适用于链速 $v \geqslant$ 8m/s 的大功率传动（图 9-16e），链传动常用的润滑油有 L-AN32、L-AN46、L-AN68、L-AN100 等全损耗系统用油。温度低时，宜选用黏度低的润滑油；功率大时，宜选用黏度高的润滑油。

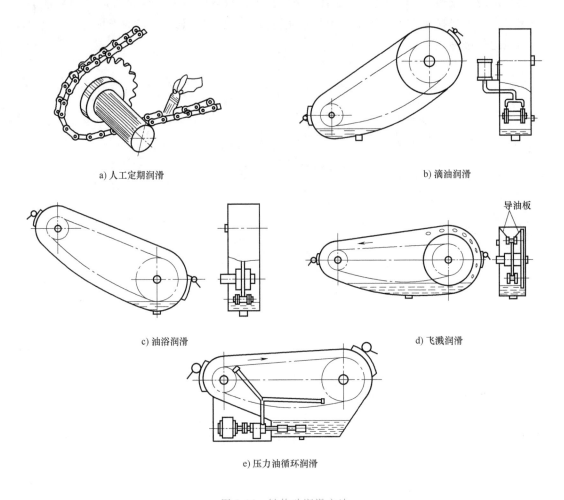

a) 人工定期润滑　　　　　　　　　　　　　　　b) 滴油润滑

c) 油浴润滑　　　　　　　　　　　　　　　d) 飞溅润滑

e) 压力油循环润滑

图 9-16　链传动润滑方法

思　考　题

9-1　选择填空：链传动中，平均链速和平均传动比是（变化的、不变的）；瞬时链速和瞬时传动比是（变化的、不变的）。

9-2　影响链传动速度不均匀性的主要参数有哪些？

9-3　链传动的失效形式有哪些？

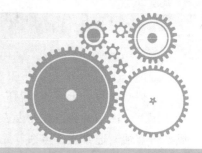

第十章

齿 轮 传 动

重点学习内容

1) 齿轮的失效形式、常用材料及许用应力。

2) 渐开线直齿圆柱齿轮、斜齿圆柱齿轮、直齿锥齿轮传动的设计计算。

3) 齿轮的结构、齿轮传动的润滑与维护。

第一节　齿轮的失效形式

齿轮的轮齿是传递运动与动力的关键部位，齿轮的失效主要是轮齿的失效。轮齿的失效形式主要有以下五种：

一、轮齿折断

齿轮工作时，若轮齿危险截面的应力超过材料所允许的极限值，轮齿将发生折断。

轮齿的折断有两种情况，一种是因短时意外的严重过载或受到冲击载荷时，使轮齿因静强度不足而突然折断，称为过载折断；另一种是由循环变化的弯曲应力反复作用引起的疲劳折断。轮齿折断一般发生在轮齿根部（图10-1）。

二、齿面点蚀

在润滑良好的闭式齿轮传动中，当齿轮工作一定时间后，在轮齿工作表面上会产生一些细小的凹坑，这种现象称为齿面点蚀（图10-2）。

图 10-1　轮齿折断

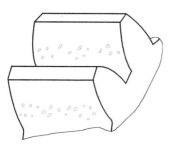

a)

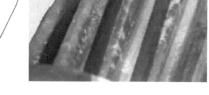

b)

图 10-2　齿面点蚀

轮齿啮合时，齿面的接触应力按脉动循环变化，在这种脉动循环变化接触应力的多次重复作用下，由于疲劳，在轮齿表面层会产生疲劳裂纹，裂纹的扩展使金属微粒剥落下来而形成疲劳点蚀。通常疲劳点蚀首先发生在节线附近的齿根表面处。点蚀使齿面有效承载面积减小，点蚀的扩展将会严重损坏齿廓表面，引起冲击和噪声，造成传动的不平稳。齿面抗点蚀能力主要与齿面硬度有关，齿面硬度越高，抗点蚀能力越强。点蚀是闭式软齿面（齿面硬度≤350HBW）齿轮传动的主要失效形式。

而对于开式齿轮传动，由于齿面磨损速度较快，即使轮齿表层产生疲劳裂纹，但还未扩展到金属剥落时，表面层就已被磨掉，因而一般看不到点蚀现象。

三、齿面胶合

在高速重载传动中，由于齿面啮合区的压力很大，润滑油膜因温度升高而容易破裂，造成两齿面金属直接接触，其接触区产生瞬时高温，致使两轮齿表面焊粘在一起，当两齿面相对运动时，较软的齿面金属被撕下，在轮齿工作表面形成与滑动方向一致的沟痕（图10-3），这种现象称为齿面胶合。

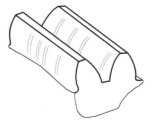

图 10-3　齿面胶合

四、齿面磨损

互相啮合的两齿廓表面间有相对滑动，在载荷作用下会引起齿面的磨损。尤其在开式传动中，由于灰尘、砂粒等硬颗粒容易进入齿面间而发生磨损。齿面严重磨损后，轮齿将失去正确的齿形（图10-4），会导致严重噪声和振动，影响轮齿正常工作，最终使传动失效。

采用闭式传动，减小齿面的表面粗糙度值和保持良好的润滑可以减少齿面磨损。

图 10-4　齿面磨损

五、齿面塑性变形

在重载的条件下，较软的齿面上表层金属可能沿滑动方向滑移，出现局部金属流动现象，使齿面产生塑性变形，齿廓失去正确的齿形（图10-5）。在起动和过载频繁的传动中较易产生这种失效形式。

图 10-5 齿面塑性变形

第二节 齿轮的常用材料及许用应力

一、齿轮的常用材料

齿轮的齿面应有足够的硬度和耐磨性，轮齿心部应有较强韧性，以承受冲击载荷和变载荷。根据齿轮所受的载荷大小、受载平稳性、速度高低不同，齿轮的制造材料也不同。常用的齿轮材料有锻钢、铸钢和铸铁等，一般采用锻件或轧制钢材。当齿轮直径在 400~600mm 范围内时，可采用铸钢；低速齿轮可采用灰铸铁。有些机器上的齿轮也采用非铁金属（如铜合金）或非金属材料（如工程塑料）制造。

1. 锻钢

制造齿轮最常用的锻钢材料主要是优质碳素结构钢和合金结构钢，齿轮毛坯一般采用锻造方式获得。这类钢强度高、韧性好，还可以通过热处理来改善和提高力学性能。

根据热处理后齿面硬度不同，锻钢齿轮可以分为两类，齿面硬度≤350HBW 的齿轮称为软齿面齿轮，齿面硬度>350HBW 的齿轮称为硬齿面齿轮。当大小齿轮啮合时，考虑到小齿轮齿根较薄，弯曲强度较低，且受载次数较多，因此应使小齿轮齿面硬度比大齿轮高30~50HBW。

（1）软齿面齿轮 软齿面齿轮常用 45、40Cr、35SiMn 等中碳钢或中碳合金钢经过正火或调质制成。

正火可以消除内应力，细化晶粒，改善力学性能。正火后齿面硬度一般可达 156~217HBW。调质后，材料的综合力学性能良好，齿面硬度一般可达 200~250HBW，硬度适中，切削加工性好，调质后仍可采用滚、插、铣等方式切制齿轮，齿轮啮合时，材料的跑合性也比较好。

软齿面齿轮加工工艺过程简单，生产率高，常用于强度、速度和精度要求不高的齿轮传动。

（2）硬齿面齿轮 硬齿面齿轮抗疲劳点蚀和抗胶合能力高、耐磨性好，需专用的热处理设备和齿轮精加工设备，制造费用高，故常用于成批或大量生产的高速、重载传动中，还可以用于尺寸小、质量轻的精密机械传动中。

硬齿面齿轮的常用材料与热处理方式主要有：

1）45、40Cr、35SiMn 等中碳钢或中碳合金钢经过调质后再表面淬火。表面淬火处理后齿面硬度可达 52～56HRC，耐磨性好，齿面接触强度高。表面淬火的方法有高频感应淬火和火焰淬火等。

2）20Cr、20CrMnTi 等渗碳合金钢经过渗碳淬火。渗碳淬火后齿面硬度可达 56～62HRC，齿面接触强度高，耐磨性好，而轮齿心部仍保持有较高的韧性，常用于受冲击载荷的重要齿轮传动。

3）38CrMoAlA、35CrAlA 等合金钢经过渗氮处理或碳氮共渗处理，齿面硬度可达 850HV（相当于 65HRC）以上，耐磨性好。

2. 铸钢

当齿轮结构比较复杂，或者直径大于 400mm 以上，齿轮毛坯难以锻造时，可采用铸钢。常用的铸钢材料有 ZG270-500、ZG310-570、ZG340-640 等。因为铸造收缩率大、内应力大，所以需进行正火或回火处理，以消除内应力。

3. 铸铁

铸铁抗弯强度和抗冲击能力较低，但铸铁中的石墨有自润滑作用，且硬度比较大，其耐磨性比较好，铸铁主要用于开式、低速、轻载、无冲击以及较大尺寸的齿轮传动中。常用的铸铁有 HT200、HT300 和 QT500-7 等。

表 10-1 列出了几种常用的齿轮材料。

表 10-1　常用的齿轮材料

材料	热处理方法	齿面硬度	应用
45	正火	162～217HBW	低速轻载
	调质	217～255HBW	中、低速中载
	调质、表面淬火	40～50HRC	高速中载、无剧烈冲击，如机床变速箱中的齿轮
40Cr	调质	240～286HBW	低速中载
	表面淬火	48～55HRC	高速中载，无剧烈冲击
35SiMn	调质	217～269HBW	可代替 40Cr
42SiMn	调质	229～286HBW	
20Cr	渗碳、淬火、回火	56～62HRC	高速中、重载，承受冲击载荷的齿轮，如汽车、拖拉机中的重要齿轮
20CrMnTi	渗碳、淬火、回火	56～62HRC	
ZG310-570	正火	163～207HBW	重型机械中的低速齿轮
ZG340-640	正火	179～217HBW	
	调质	197～248HBW	
HT300	失效处理	187～255HBW	无冲击的非重要齿轮，开式传动中的齿轮
HT350		196～269HBW	
QT500-5	正火	147～241HBW	可替代铸钢
QT600-2		229～302HBW	

二、许用应力

1. 许用接触应力

齿轮许用应力的计算式为

$$\sigma_H = \frac{\sigma_{Hlim}}{S_H} K_{HN} \tag{10-1}$$

式中　σ_{Hlim}——试验齿轮的接触疲劳极限（MPa），由图 10-6 查出；

　　　S_H——齿面接触疲劳最小安全系数，见表 10-2，简化计算时可取 $S_H = 1$；

　　　K_{HN}——接触疲劳寿命系数，如图 10-7 所示，图中 N 为应力循环次数。

$$N = 60njt \tag{10-2}$$

式中　n——齿轮的转速（r/min）；

　　　j——齿轮每转一周，同侧齿侧面啮合的次数（双向工作时，按啮合次数较多的一侧计算）；

　　　t——齿轮的总工作小时数（h）。

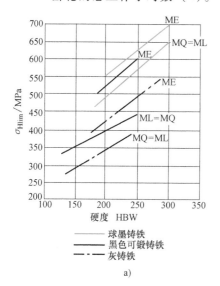

a)

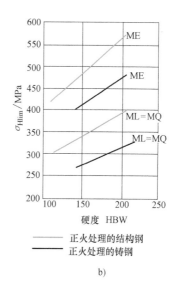

b)

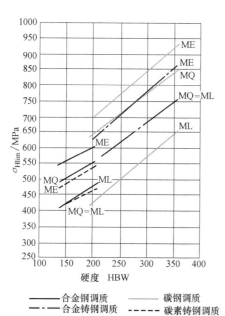

c)

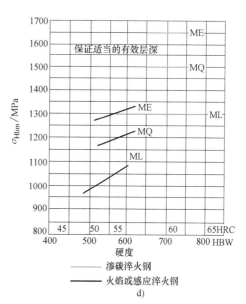

d)

图 10-6　齿轮的接触疲劳极限 σ_{Hlim}

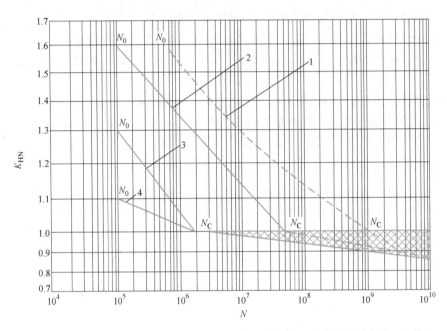

图 10-7　接触疲劳寿命系数 K_{HN}（当 $N>N_C$ 时，可根据经验在网纹区内取 K_{HN} 值）

1—允许一定点蚀的结构钢、调质钢、球墨铸铁（珠光体、贝氏体），珠光体可锻铸铁，渗碳淬火的渗碳钢

2—结构钢，调质钢，渗碳淬火钢，火焰或感应淬火钢，球墨铸铁（珠光体、贝氏体），珠光体可锻铸铁

3—灰铸铁，球墨铸铁（铁素体），渗氮钢，调质钢，渗碳钢

4—氮碳共渗的调质钢，渗碳钢

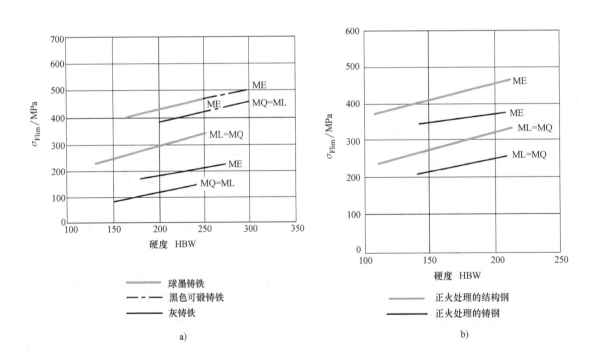

图 10-8　齿轮的弯曲疲劳极限 σ_{Flim}

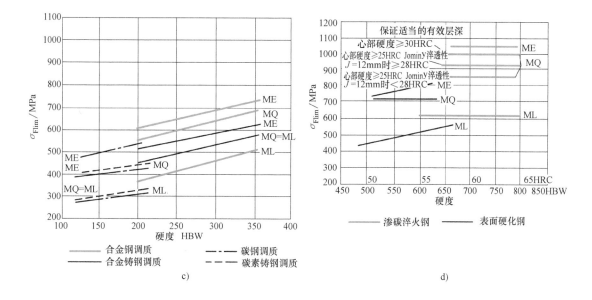

图 10-8　齿轮的弯曲疲劳极限 σ_{Flim}（续）

图 10-6 和图 10-8 中 ME、MQ 和 ML 代表了由高到低三种等级的材料品质。ME——材料品质和热处理质量很高时的疲劳强度极限取值线；MQ——材料品质和热处理质量中等时的疲劳强度极限取值线；ML——材料品质和热处理质量最低时的疲劳强度极限取值线。设计时一般在 MQ 线以下，MQ 与 ML 之间选值。

2. 许用弯曲应力

齿轮的许用弯曲应力计算式为

$$[\sigma_{\mathrm{F}}] = \frac{\sigma_{\mathrm{Flim}}}{S_{\mathrm{F}}} K_{\mathrm{FN}} \tag{10-3}$$

式中　σ_{Flim}——试验齿轮的齿根弯曲疲劳极限（MPa），按图 10-8 查取，对于长期双侧工作的齿轮传动，因齿根弯曲应力为对称循环变应力，故应将图中数据乘以 0.7；

　　　S_{F}——轮齿弯曲疲劳最小安全系数，见表 10-2，简化计算时 $S_{\mathrm{F}} = 1.4$；

　　　K_{FN}——弯曲疲劳寿命系数，由图 10-9 查取。

表 10-2　安全系数 S_{F} 和 S_{H}

安全系数	软齿面	硬齿面	重要的传动、渗碳淬火齿轮或铸造齿轮
S_{F}	1.3~1.4	1.4~1.6	1.6~2.2
S_{H}	1.0~1.1	1.1~1.2	1.3

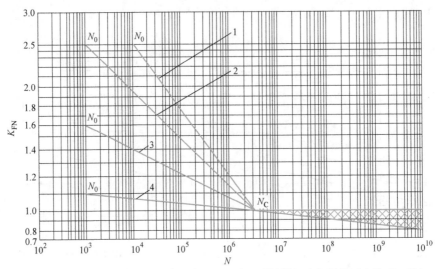

图 10-9 弯曲疲劳寿命系数 K_{FN}（当 $N>N_C$ 时，可根据经验在网纹区内取 K_{FN} 值）

1—调质钢、球墨铸铁（珠光体、贝氏体），珠光体可锻铸铁 2—渗碳淬火的渗碳钢，
全齿廓火焰或感应淬火的钢，球墨铸铁 3—灰铸铁，球墨铸铁（铁素体），渗氮
钢，结构钢 4—氮碳共渗的调质钢，渗碳钢

第三节 渐开线直齿圆柱齿轮传动的设计计算

一、轮齿的受力分析和计算载荷

1. 轮齿的受力分析

为了计算轮齿的强度以及设计轴和轴承装置等，需确定作用在轮齿上的力。

图 10-10 所示为一对直齿圆柱齿轮啮合传动时的受力情况。若忽略齿面间的摩擦力，则轮齿之间的总作用力 F_n 将沿着轮齿啮合点的公法线 N_1N_2 方向，故也称为法向力。法向力 F_n 可分解为两个分力：圆周力 F_t 和径向力 F_r。

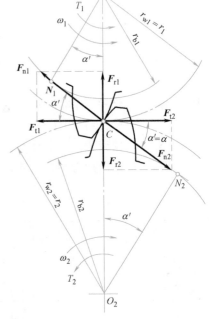

圆周力 $\qquad F_{t1} = \dfrac{2T_1}{d_1} = -F_{t2}$ （10-4）

径向力 $\qquad F_{r1} = F_{t1}\tan\alpha = -F_{r2}$ （10-5）

法向力 $\qquad F_{n1} = \dfrac{F_{t1}}{\cos\alpha} = -F_{n2}$ （10-6）

式中 T_1——小齿轮上的转矩，$T_1 = 9.55\times10^6\dfrac{P_1}{n_1}$（N·mm），其中 P_1 为小齿轮传递的功率（kW）；

d_1——小齿轮的分度圆直径（mm）；

α——分度圆上的压力角。

图 10-10 直齿圆柱齿轮传动时的受力分析

圆周力 F_t 的方向，在主动轮上与圆周速度方向相反，在从动轮上与圆周速度方向相同。径向力 F_r 的方向对两轮都是由作用点指向轮心。

2. 计算载荷

上述受力分析是在载荷沿齿宽均匀分布的理想条件下进行的。但实际运转时，由于齿轮、轴、支承等存在制造、安装误差，以及受载时产生变形等，使载荷沿齿宽不是均匀分布，造成载荷局部集中。轴和轴承的刚度越小、齿宽 b 越宽，载荷集中越严重。此外，由于各种原动机和工作机的特性不同（如机械的起动和制动、工作机构速度的突然变化和过载等），还将在齿轮传动中引起附加动载荷。因此在齿轮强度计算时，通常用计算载荷 KF_n 代替名义载荷 F_n。K 为载荷系数，其值由表 10-3 查取。

$$F_{nc} = KF_n \tag{10-7}$$

式中　K——载荷系数，由表 10-3 查取；

　　　F_n——受力分析中的计算载荷。

表 10-3　载荷系数 K

原动机	工作机特性		
	工作平稳	中等冲击	较大冲击
电动机、汽轮机	1~1.2	1.2~1.5	1.5~1.8
多缸内燃机	1.2~1.5	1.5~1.8	1.8~2.1
单缸内燃机	1.6~1.8	1.8~2.0	2.1~2.4

注：斜齿圆柱齿轮、圆周速度低、精度高、齿宽系数小时取小值；直齿圆柱齿轮、圆周速度高、精度低、齿宽系数大时取大值。齿轮在两轴承之间对称布置时取小值，不对称布置及悬臂布置时取较大值。

二、齿面接触疲劳强度计算

为避免齿面发生点蚀，应限制齿面的接触应力。齿轮传动在节点处多为一对轮齿啮合，而且实践证明，齿面点蚀通常首先发生在齿根部分靠近节线处。因此选择齿轮传动的节线处作为接触应力的计算部位。

将一对齿轮在节线处的啮合，近似地看成半径分别为 ρ_1、ρ_2 的两圆柱体沿齿宽压紧（图 10-11），齿面接触应力的计算是以两圆柱体接触时的最大接触应力为基础进行的。在载荷作用下接触区产生的最大接触应力可根据弹性力学的赫兹公式导出，即

$$\sigma_H = Z_E \sqrt{\frac{F_n}{b}\left(\frac{1}{\rho_1} \pm \frac{1}{\rho_2}\right)} \tag{10-8}$$

式中　F_n——作用在圆柱体上的载荷；

　　　b——接触长度；

　　　"+"——用于外接触；

　　　"−"——用于内接触；

　　　Z_E——材料的弹性系数，其值与两齿轮的材料有关，见表 10-4；

　　　ρ_1、ρ_2——两圆柱体接触处的半径。

节点处的齿廓曲率半径分别为

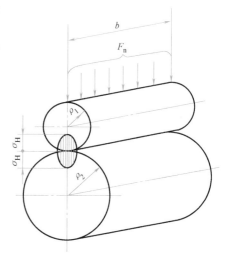

图 10-11　两圆柱体接触时的接触应力

$$\rho_1 = N_1 C = \frac{d_1}{2}\sin\alpha, \rho_2 = N_2 C = \frac{d_2}{2}\sin\alpha$$

设大、小齿轮的齿数分别为 z_1、z_2，则齿数之比 $i=z_2/z_1=d_2/d_1$，于是有

$$\frac{1}{\rho_1}\pm\frac{1}{\rho_2}=\frac{\rho_1\pm\rho_2}{\rho_1\rho_2}=\frac{2(d_1\pm d_2)}{d_1 d_2\sin\alpha}=\frac{2}{d_1\sin\alpha}\left(\frac{i\pm 1}{i}\right)$$

令节点区域系数 $Z_H=\sqrt{\dfrac{2}{\sin\alpha\cos\alpha}}$，则齿面接触疲劳强度校核式为

$$\sigma_H=Z_E Z_H\sqrt{\frac{2KT_1}{bd_1^2}\left(\frac{i\pm 1}{i}\right)}\leqslant[\sigma_H] \qquad (10\text{-}9)$$

对于标准直齿圆柱齿轮传动，当 $\alpha=20°$ 时 $Z_H=2.5$，则齿面接触强度的校核式为

$$\sigma_H=Z_E Z_H\sqrt{\frac{2KT_1}{bd_1^2}\left(\frac{i\pm 1}{i}\right)}=2.5Z_E\sqrt{\frac{2KT_1}{bd_1^2}\left(\frac{i\pm 1}{i}\right)}\leqslant[\sigma_H] \qquad (10\text{-}10)$$

式中　Z_E——材料弹性系数，由表 10-4 查取；

　　　T_1——主动齿轮的转矩；

　　　b——轮齿有效接触宽度。

轮齿有效接触宽度 b，通常取 $b=b_2$，$b_1=b+5\sim10\text{mm}$，b_1、b_2 分别是大、小齿轮齿宽；将宽度系数 $\psi_d=b/d_1$ 代入式（10-10），按齿面接触强度确定小齿轮分度圆直径 d_1 的公式

$$d_1\geqslant\sqrt[3]{\left(\frac{Z_E Z_H}{[\sigma_H]}\right)^2\frac{2KT_1}{\psi_d}\left(\frac{i\pm 1}{i}\right)} \qquad (10\text{-}11)$$

对于标准直齿圆柱齿轮传动，当 $\alpha=20°$ 时 $Z_H=2.5$，则齿面接触强度的校核式为

$$d_1\geqslant 2.32\sqrt[3]{\left(\frac{Z_E}{[\sigma_H]}\right)^2\frac{KT_1}{\psi_d}\left(\frac{i\pm 1}{i}\right)}$$

式中　Z_E——材料弹性系数，由表 10-4 查取；

　　　T_1——主动齿轮的转矩；

　　　b——轮齿有效接触宽度。

表 10-4　材料的弹性系数 Z_E　　　　　　　　　　（单位：$\sqrt{\text{MPa}}$）

大齿轮材料		钢	铸钢	球墨铸铁	灰铸铁
小齿轮材料	钢	189.8	188.9	181.4	165.4
	铸钢	—	188.0	180.5	161.4
	球墨铸铁	—	—	173.9	156.6
	灰铸铁	—	—	—	146.0

三、齿根弯曲疲劳强度计算

为了防止齿轮在工作时发生轮齿折断，应限制在轮齿根部的弯曲应力。

进行轮齿弯曲应力计算时，假定全部载荷由一对轮齿承受且作用于齿顶处，这时齿根所受的弯曲力矩最大。计算轮齿弯曲应力时，将轮齿看作宽度为 b 的悬臂梁（图 10-12）。

其危险截面可用 30°切线法确定，即作与轮齿对称中心线成 30°夹角并与齿根圆角过渡曲线相切的斜线，两切点的连线是危险截面位置。设法向力 F_n 移至轮齿中线并分解成相互垂直的两个分力，即 $F_1=F_n\cos\alpha_F$，$F_2=F_n\sin\alpha_F$，其中 F_1 使齿根产生弯曲应力，F_2 则产生压缩应力。因压应力数值较小，为简化计算，在计算轮齿弯曲强度时只考虑弯曲应力。危险截面的弯曲应力为

$$\sigma_F=\frac{M}{W}=\frac{F_n h_F\cos\alpha_F}{bS_F^2/6}$$

以计算载荷 $F_{nc} = \dfrac{2KT_1}{d_1\cos\alpha}$ 代替 F_n，经整理得

$$\sigma_F = \frac{2KT_1\,6(h_F/m)\cos\alpha_F}{bd_1 m(S_F/m)^2\cos\alpha} \qquad (10\text{-}12)$$

令

$$Y_{Fa} = \frac{6(h_F/m)\cos\alpha_F}{(S_F/m)^2\cos\alpha}$$

Y_{Fa} 被称为齿形系数，它只与齿形有关，而与模数 m 无关，正常齿制标准齿轮的 Y_{Fa} 值，可参考图 10-13。

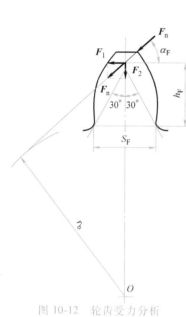

图 10-12 轮齿受力分析

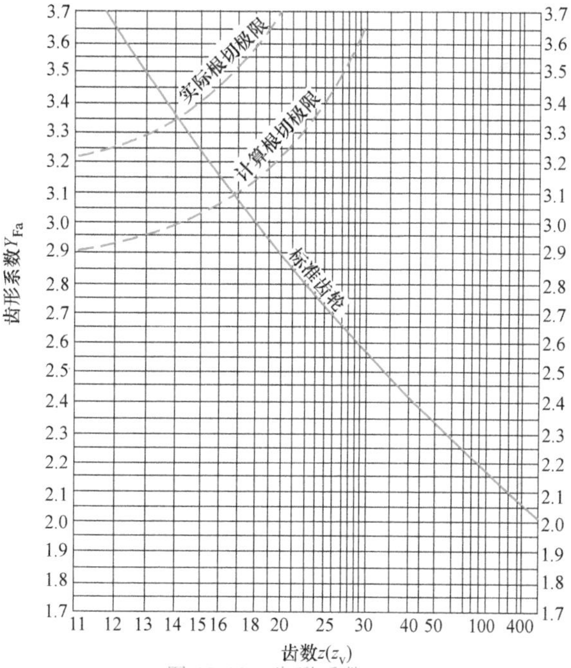

图 10-13 齿形系数 Y_{Fa}

由于齿根过渡处的应力集中、切应力和压应力的影响，引入应力修正系数 Y_{Sa}，如图 10-14 所示。将 $d_1 = mz_1$ 代入式（10-12），可得轮齿弯曲强度的校核公式为

$$\sigma_F = \frac{2KT_1}{bm^2 z_1} Y_{Fa} Y_{Sa} \leqslant [\sigma_F] \qquad (10\text{-}13)$$

式中　T_1——小齿轮传递转矩（N·mm）；

　　　K——载荷系数；

　　　z_1——小齿轮齿数。

令 $Y_{FS} = Y_{Fa} Y_{Sa}$，Y_{FS} 称为复合齿形系数，见表 10-5。可得轮齿弯曲强度的校核公式

$$\sigma_F = \frac{2KT_1}{bm^2 z_1} Y_{FS} \leqslant [\sigma_F] \qquad (10\text{-}14)$$

对于传动比 $i \neq 1$ 的齿轮传动，由于 $z_1 \neq z_2$，因此 $Y_{F1} \neq Y_{F2}$，而且两齿轮的材料、热处

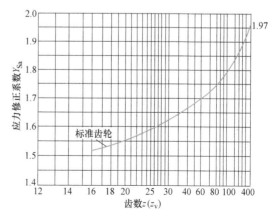

图 10-14 应力修正系数

理方法和硬度也不相同，则 $[\sigma_{F1}] \neq [\sigma_{F2}]$，因此，应分别验算两个齿轮的弯曲强度。

表 10-5　复合齿形系数 Y_{FS}

$z(z_v)$	17	18	19	20	21	22	23	24	25	26	27	28	29
Y_{FS}	4.51	4.45	4.41	4.36	4.33	4.30	4.27	4.24	4.21	4.19	4.17	4.15	4.13
$z(z_v)$	30	35	40	45	50	60	70	80	90	100	150	200	∞
Y_{FS}	4.12	4.06	4.04	4.02	4.01	4.00	3.99	3.98	3.97	3.96	4.00	4.03	4.06

在式（10-14）中，令 $\psi_d = \dfrac{b}{d_1}$，则得轮齿弯曲强度设计式为

$$m \geqslant \sqrt[3]{\frac{2KT_1 Y_{FS}}{\psi_d z_1^2 [\sigma_F]}} \qquad\qquad (10\text{-}15)$$

式中　ψ_d——齿宽系数；

　　　b——齿宽。

轻型减速器可取 $\psi_d = 0.2 \sim 0.4$，中型减速器可取 $\psi_d = 0.4 \sim 0.6$，重型减速器可取 $\psi_d = 0.8$，当 $\psi_d > 0.4$ 时，通常用于斜齿或人字齿。

式（10-15）中的 $\dfrac{Y_{FS}}{[\sigma_F]}$ 应代入 $\dfrac{Y_{FS1}}{[\sigma_{F1}]}$ 和 $\dfrac{Y_{FS2}}{[\sigma_{F2}]}$ 中的较大者，算得的模数应按表 6-1 圆整为标准值。对于传递动力的齿轮，为了防止意外断齿，其模数应大于 1.5mm。在满足弯曲强度的条件下，应尽量增加齿数使传动的重合度增大，以改善传动平稳性和载荷分配。在中心距 a 一定时，齿数增加则模数减小，齿顶高和齿根高都随之减小，能节约材料和减少金属切削量。

四、齿轮传动设计参数的选择与设计准则

齿轮传动设计一般除了已知所要传递的功率、主动轮的转速、传动比、原动机的工作特性等条件外，还会受到轮廓尺寸、中心距、使用寿命、可靠性要求和维修条件等因素的限制。

齿轮传动设计的要求是：确定齿轮传动的主要参数、几何尺寸、齿轮结构和精度等级，并绘制出工作图。

1. 参数的选择

（1）齿数　在一对齿轮传动过程中，若中心距 a 不变，齿数越多，重合度就越大，传动就越平稳。还可以减小模数，降低齿高，从而减少金属切削量，节省制造费用。降低齿高还能减小齿廓间的相对滑动速度，减轻磨损和胶合。但减小模数，则齿厚减薄，齿轮的弯曲强度就会降低。

对于闭式齿轮传动中，传动尺寸主要取决于齿面接触强度，在保证分度圆直径不变并满足轮齿弯曲强度的前提下，齿数可取多些，这样有利于增大重合度，使得传动平稳。通常取 $z_1 = 20 \sim 40$。

对于开式或半开式齿轮传动中，由于轮齿主要为磨损失效，传动尺寸主要取决于轮齿的弯曲疲劳强度，故常采用较少的齿数，使得模数、齿厚增加，同时为了避免根切，通常取 $z_1 = 17 \sim 20$。

（2）模数　一般在满足轮齿抗弯曲疲劳强度的条件下，尽可能取小模数，但为了避免轮齿意外折断，$m \geqslant 1.5 \sim 2\text{mm}$。

（3）齿宽系数　齿宽系数 $\psi_d = \dfrac{b}{d_1}$，齿宽 $b = \psi_d d_1$，并加以圆整。一对相互啮合的齿轮，为了防止齿轮因装配后轴向稍有错位而导致啮合齿宽减小，通常大齿轮的齿宽 $b_2 = b = \psi_d d_1$，

小齿轮齿宽 $b_1=b_2+(5\sim10)\,\mathrm{mm}$。

增大齿宽 b 可缩小齿轮的径向尺寸，但齿宽越大，载荷沿齿宽分布越不均匀。通常非金属材料齿宽系数 $\psi_\mathrm{d}\approx0.5\sim1.2$，金属材料齿宽系数 $\psi_\mathrm{d}=\dfrac{b}{d_1}$，可按表 10-6 选取。

表 10-6 齿宽系数 ψ_d

齿轮相对于轴承的位置	齿面硬度	
	软齿面（齿面硬度≤350HBW）	硬齿面（齿面硬度>350HBW）
对称布置	0.8~1.4	0.4~0.9
非对称布置	0.6~1.2	0.3~0.6
悬臂布置	0.3~0.4	0.2~0.25

（4）传动比 传动比 $i=\dfrac{n_1}{n_2}=\dfrac{z_2}{z_1}$。为了避免传动装置的结构尺寸过大，且使两个齿轮轮齿应力循环次数差别缩小，所以一对齿轮传动比 i 不宜过大，一般取直齿圆柱齿轮传动比 $i\leqslant5$，斜齿圆柱齿轮 $i\leqslant6\sim7$。当传动比较大时，可以采用两级或多级齿轮传动。

2. 齿轮传动的设计准则

齿轮传动的设计准则是以失效形式确定的，齿轮在具体的工作情况下，必须具有足够的工作能力，保证在整个工作寿命期间内不发生失效。但是对于齿面磨损、塑性变形等，尚未形成相应的设计准则，所以目前在齿轮传动设计中，通常只按保证齿根弯曲疲劳强度和齿面接触疲劳强度进行计算。而对于高速重载齿轮传动，还要按保证齿面抗胶合能力的准则进行计算（参阅 GB/Z 6413.2—2003）。

1）在闭式齿轮传动中，对于软齿面（≤350HBW）齿轮，其抗点蚀能力比较差，一般先按接触疲劳强度进行设计，再校核其弯曲疲劳强度；对于闭式硬齿面（>350HBW）齿轮传动，其抗点蚀能力较强，一般先按弯曲疲劳强度进行设计，再校核其接触疲劳强度。

2）在开式齿轮传动中，主要失效形式是齿面磨粒磨损和轮齿折断，由于目前齿面磨损目前还没有可靠的计算方法，所以一般只计算齿根的弯曲疲劳强度，无须计算其齿面接触疲劳强度。同时考虑磨损会使得齿厚变薄，从而降低轮齿的弯曲疲劳强度，计算时常将计算出的模数增大 10%~15%，然后再取标准值。

例 10-1 设计减速器上的一单级直齿圆柱齿轮传动。已知传递的功率 $P=10\mathrm{kW}$，输入轴转速 $n_1=750\mathrm{r/min}$，传动比 $i=4$，单向运转，载荷平稳，双班工作制，每年工作 300 天，预期使用寿命 8 年，原动机采用电动机。

解 由于题目对于减速器的传动尺寸无特殊限制，所以可以采用软齿面传动。小齿轮选用 45 钢调质，齿面平均硬度 240HBW；大齿轮选用 45 钢正火，齿面平均硬度 200HBW。这是闭式软齿面齿轮传动，故可先按接触疲劳强度设计，再校核其弯曲疲劳强度。

计算与说明	主要结果
（1）按齿面接触疲劳强度设计 1）许用接触应力。由小齿轮 45 钢调质，齿面平均硬度 240HBW,查图 10-6c 在 MQ 与 ML 之间取一值,得小齿轮接触疲劳极限 $\sigma_{\mathrm{Hlim1}}=560\mathrm{MPa}$。 由大齿轮选用 45 钢正火,齿面平均硬度 200HBW,查图 10-6b 得大齿轮接触疲劳极限 $\sigma_{\mathrm{Hlim2}}=380\mathrm{MPa}$。 安全系数按表 10-2 查取 $S_\mathrm{H}=1$。 应力循环次数为	

计算与说明	主要结果

$$N_1 = 60 n_1 jt = 60 \times 750 \times 1 \times 16 \times 300 \times 8 = 1.728 \times 10^9$$

$$N_2 = \frac{N_1}{i} = 4.32 \times 10^8$$

接触疲劳寿命系数由图 10-7 查得 $K_{HN1} = 0.92$，$K_{HN2} = 0.96$。

许用接触应力为

$$[\sigma_{H1}] = \frac{[\sigma_{Hlim1}]}{S_H} K_{HN1} = \frac{560}{1} \times 0.92 \text{MPa} = 515.20 \text{MPa}$$

$$[\sigma_{H2}] = \frac{[\sigma_{Hlim2}]}{S_H} K_{HN2} = \frac{380}{1} \times 0.96 \text{MPa} = 364.80 \text{MPa}$$

得到 $[\sigma_{H1}] > [\sigma_{H2}]$。

取两者中较小者，得 $[\sigma_H] = 364.80 \text{MPa}$。

2）计算小齿轮分度圆直径。小齿轮转矩为

$$T_1 = 9.55 \times 10^6 \times \frac{P}{n_1} = 9.55 \times 10^6 \times \frac{10}{750} \text{N} \cdot \text{mm} = 1.27 \times 10^5 \text{N} \cdot \text{mm}$$

齿宽系数：齿轮相对轴承对称布置，工作平稳，软齿面齿轮，由表 10-6 取 $\psi_d = 1$。

载荷系数：查表 10-3 得 $K = 1.2$。

节点区域系数：标准直齿圆柱齿轮传动 $Z_H = 2.5$。

弹性系数：由表 10-4 查取 $Z_E = 189.8 \sqrt{\text{MPa}}$。

小齿轮计算直径为

$$d_1 \geqslant 2.32 \times \sqrt[3]{\left(\frac{Z_E}{[\sigma_H]}\right)^2 \frac{KT_1}{\psi_d}\left(\frac{i \pm 1}{i}\right)}$$

$$d_1 \geqslant \sqrt[3]{\left(\frac{Z_E Z_H}{[\sigma_H]}\right)^2 \frac{2KT_1}{\psi_d}\left(\frac{i+1}{i}\right)}$$

$$\geqslant \sqrt[3]{\left(\frac{189.8 \times 2.5}{364.8}\right)^2 \times \frac{2 \times 1.2 \times 1.27 \times 10^5}{1} \times \frac{4+1}{4}}$$

$$\geqslant 86.40 \text{mm}$$

（2）确定几何尺寸 闭式齿轮传动，$z_1 = 24 \sim 40$，取 $z_1 = 28$。

$$z_2 = iz_1 = 4 \times 28 = 112$$

模数 $m = \dfrac{d_1}{z_1} = \dfrac{86.40}{28} \text{mm} = 3.08 \text{mm}$，查表 6-1 取标准模数 $m = 3 \text{mm}$。

分度圆直径

$$d_1 = mz_1 = 3 \times 28 \text{mm} = 84 \text{mm}$$

$$d_2 = mz_2 = 3 \times 112 \text{mm} = 336 \text{mm}$$

中心距

$$a = \frac{1}{2}(d_1 + d_2) = \frac{1}{2} \times (84 + 336) \text{mm} = 210 \text{mm}$$

齿宽

$$b = \psi_d d_1 = 1 \times 84 \text{mm} = 84 \text{mm}$$

取 $b_2 = b$，$b_1 = b + (5 \sim 10) \text{mm}$，在此取 $b_1 = 90 \text{mm}$

（3）校核齿根弯曲疲劳强度

1）许用齿根应力。小齿轮，45 钢调质，齿面平均硬度 240HBW，查图 10-8c 得小齿轮弯曲疲劳极限 $\sigma_{Flim1} = 485 \text{MPa}$；大齿轮，45 钢正火，齿面平均硬度 200HBW，查图 10-8b 得大齿轮弯曲疲劳极限 $\sigma_{Flim2} = 320 \text{MPa}$。

安全系数由表 10-2 取 $S_F = 1.4$。

弯曲疲劳寿命系数由图 10-9 查得 $K_{FN1} = 0.88$，$K_{FN2} = 0.92$。

许用弯曲应力 $[\sigma_F] = \dfrac{\sigma_{Flim}}{S_F} K_{FN}$，得到

小齿轮的许用弯曲疲劳极限为 $[\sigma_{F1}] = 304.85 \text{MPa}$。

大齿轮的许用弯曲疲劳极限为 $[\sigma_{F2}] = 210.29 \text{MPa}$。

2）验算齿根应力。复合齿形系数由表 10-5 采用线性插值法得到

$$Y_{FS1} = 4.05, Y_{FS2} = 4.00$$

齿根应力为

主要结果栏：

$[\sigma_{H1}] = 515.20 \text{MPa}$

$[\sigma_{H2}] = 364.80 \text{MPa}$

$[\sigma_H] = 364.80 \text{MPa}$

$T_1 = 1.27 \times 10^5 \text{N} \cdot \text{mm}$

$\psi_d = 1$

$K = 1.2$

$Z_H = 2.5$

$Z_E = 189.8 \sqrt{\text{MPa}}$

$d_1 = 86.40 \text{mm}$

$z_1 = 28$

$z_2 = 112$

$m = 3 \text{mm}$

$d_1 = 84 \text{mm}$

$d_2 = 336 \text{mm}$

$a = 210 \text{mm}$

$b = 84 \text{mm}$

$b_2 = 84 \text{mm}$

$b_1 = 90 \text{mm}$

$\sigma_{Flim1} = 485 \text{MPa}$

$\sigma_{Flim2} = 320 \text{MPa}$

$S_F = 1.4$

$[\sigma_{F1}] = 304.85 \text{MPa}$

$[\sigma_{F2}] = 210.29 \text{MPa}$

$Y_{FS1} = 4.05$

$Y_{FS2} = 4.00$

（续）

机械设计基础

（续）

计算与说明	主要结果
$\sigma_{F1} = \dfrac{2KT_1}{bm^2 z_1} Y_{FS1} = \dfrac{2\times1.2\times1.27\times10^5\times4.05}{90\times3^2\times30}\text{MPa} = 50.80\text{MPa}$ $\sigma_{F2} = \dfrac{2KT_1}{bm^2 z_1} Y_{FS2} = \dfrac{2\times1.2\times1.27\times10^5\times4.00}{90\times3^2\times30}\text{MPa} = 50.17\text{MPa}$	$\sigma_{F1} = 50.80\text{MPa}$ $\sigma_{F2} = 50.17\text{MPa}$ 弯曲疲劳强度足够
由于 $\sigma_{F1} < [\sigma_{F1}]$，$\sigma_{F2} < [\sigma_{F2}]$，故弯曲疲劳强度足够。 （4）齿轮结构设计（略）	

第四节　斜齿圆柱齿轮传动

斜齿轮传动的强度计算方法与直齿轮相似，由于斜齿轮轮齿的倾斜性，导致其轮齿的受力情况及应力分析方面不同于直齿轮，除此之外，要特别注意斜齿轮螺旋角，端面、轴面重合度对轮齿强度的影响。

一、斜齿圆柱齿轮的受力分析

如图 10-15 所示，作用在斜齿圆柱齿轮轮齿上的法向力 F_n 可以分解为三个互相垂直的分力，即圆周力 F_t、径向力 F_r 和轴向力 F_a。由图可得三个分力的计算公式为

$$
\left.\begin{array}{ll}
\text{圆周力} & F_t = \dfrac{2T_1}{d_1} \\[3mm]
\text{径向力} & F_r = \dfrac{F_t \tan\alpha_n}{\cos\beta} \\[3mm]
\text{轴向力} & F_a = F_t \tan\beta
\end{array}\right\} \qquad (10\text{-}16)
$$

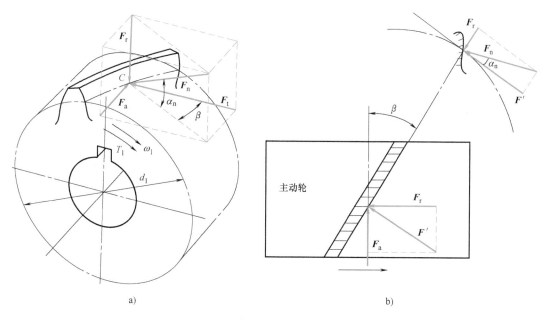

a)　　　　　　　　　　　　　　　　b)

图 10-15　轮齿上的受力分析

圆周力 F_t 和径向力 F_r 的方向判别方法与直齿圆柱齿轮相同；轴向力 F_a 的方向取决于轮齿螺旋线的方向和齿轮的转动方向。确定主动轮的轴向力方向可利用左、右手定则，如对于主动右旋齿轮，以右手四指弯曲方向表示它的旋转方向，则大拇指的指向表示它所受轴向力的方向。从动轮上所受各力的方向与主动轮相反，但大小相等。

二、斜齿圆柱齿轮轮齿的强度计算

与直齿圆柱齿轮传动相比，斜齿轮传动的重合度较大，相互啮合齿数较多，轮齿的接触线是倾斜的，在法向上斜齿轮的当量齿轮的分度圆直径比实际分度圆直径大，所以在实际分度圆直径相同的条件下，斜齿轮传动强度大于直齿轮传动强度。一对斜齿圆柱齿轮的传动强度与其当量直齿圆柱齿轮传动的强度相近。

一对钢制标准斜齿轮传动的齿面接触应力及强度条件为

$$\sigma_H = Z_E Z_H Z_\beta \sqrt{\frac{2KT_1}{bd_1^2} \frac{i \pm 1}{i}} \leq [\sigma_H] \tag{10-17}$$

$$d_1 \geq \sqrt[3]{\frac{2KT_1}{\psi_d} \frac{i \pm 1}{i} \left(\frac{Z_E Z_H Z_\beta}{[\sigma_H]} \right)^2} \tag{10-18}$$

式中　Z_E——材料的弹性系数，由表 10-4 查取；

　　　T_1——主动轮的转矩；

　　　Z_H——节点区域系数，对于标准直齿圆柱齿轮 $Z_H = 2.5$；

　　　Z_β——螺旋角系数，$Z_\beta = \sqrt{\cos\beta}$。

一对钢制标准斜齿轮传动的齿根弯曲疲劳强度条件为

$$\sigma_F = \frac{2KT_1}{bd_1 m_n} Y_{FS} \leq [\sigma_F] \tag{10-19}$$

$$m_n \geq \sqrt[3]{\frac{2KT_1}{\psi_d} \frac{Y_{FS}}{z_1^2 [\sigma_F]} \cos^2\beta} \tag{10-20}$$

式中　Y_{FS}——复合齿形系数，按当量齿数 $z_v = \dfrac{z}{\cos^3\beta}$ 由表 10-5 查取。

例 10-2　设计某开式单级斜齿圆柱齿轮传动。已知传递的功率 $P = 5kW$，输入轴转速 $n_1 = 328r/min$，传动比 $i = 3.5$，双向传动，载荷有中等冲击，要求结构紧凑，单班制工作，每年工作 300 天，预期使用寿命 8 年，原动机采用电动机。

解：由于要求减速器的传动尺寸紧凑，所以采用硬齿面齿轮传动。小齿轮选用 20CrMnTi 渗碳淬火，齿面硬度为 56 ~ 62HRC，查图 10-8d 得 $\sigma_{Flim1} = 620MPa$；大齿轮选用 20Cr 渗碳淬火，齿面平均硬度为 56 ~ 62HRC，查图 10-8d 得 $\sigma_{Flim2} = 620MPa$。这是开式硬齿面齿轮传动，故可按弯曲疲劳强度计算，无须计算其接触疲劳强度。

计算与说明	主要结果
（1）弯曲疲劳强度设计计算　开式传动按齿根弯曲疲劳强度设计,由式(10-20)求模数,即 $$m_n \geq \sqrt[3]{\frac{2KT_1}{\psi_d} \frac{Y_{FS}}{z_1^2[\sigma_F]} \cos^2\beta}$$ 载荷系数由表 10-3 查取 $K = 1.2$。 小齿轮上的转矩为	

（续）

计算与说明	主要结果
$$T_1 = 9.55 \times 10^6 \times \frac{P}{n_1} = 9.55 \times 10^6 \times \frac{5}{328} \mathrm{N \cdot mm} = 1.46 \times 10^5 \mathrm{N \cdot mm}$$	$T_1 = 1.46 \times 10^5 \mathrm{N \cdot mm}$

齿宽系数取 $\psi_d = 0.4$，初选螺旋角 $\beta = 15°$。　　　　　　　　　　　　　$\beta = 15°$

确定齿数：通常开式硬齿面齿轮传动 $z_1 = 17 \sim 20$，取 $z_1 = 18$，则　　　$z_1 = 18$

$$z_2 = i z_1 = 3.5 \times 18 = 63$$　　　　　　　　　　　　　　　$z_2 = 63$

当量齿数

$$z_v = \frac{Z}{\cos^3 \beta}$$

$$z_{v1} = 19.97, \quad z_{v2} = 69.08$$

齿形系数：由 $z_{v1} = 19.97, z_{v2} = 69.08$ 查图 10-13 得 $Y_{Fa1} = 2.98, Y_{Fa2} = 2.30$

由 $z_{v1} = 19.97, z_{v2} = 69.08$ 查图 10-14 得 $Y_{Sa1} = 1.54, Y_{Sa2} = 1.74$。

弯曲疲劳极限应力 $\sigma_{Flim1} = 620 \mathrm{MPa}, \sigma_{Flim2} = 620 \mathrm{MPa}$。

应力循环次数为

$$N_1 = 60 n_1 j t = 60 \times 328 \times 1 \times 300 \times 8 \times 8 = 3.779 \times 10^8$$

$$N_2 = \frac{N_1}{i} = 1.080 \times 10^8$$

弯曲疲劳寿命系数由图 10-9 查得，$K_{FN1} = 0.93, K_{FN2} = 0.95$。

安全系数取 $S_F = 1.4$。

$$[\sigma_{F1}] = \frac{0.7 \sigma_{Flim1}}{S_F} K_{FN1} = \frac{0.7 \times 620}{1.4} \times 0.93 \mathrm{MPa} = 288.30 \mathrm{MPa}$$

$$[\sigma_{F2}] = \frac{0.7 \sigma_{Flim2}}{S_F} K_{FN2} = \frac{0.7 \times 620}{1.4} \times 0.95 \mathrm{MPa} = 294.50 \mathrm{MPa}$$

计算大、小齿轮的 $\dfrac{Y_{Fa} Y_{Sa}}{[\sigma_F]}$

$$\frac{Y_{Fa1} Y_{Sa1}}{[\sigma_F]_1} = \frac{2.98 \times 1.54}{288.30} = 0.0159$$

$$\frac{Y_{Fa2} Y_{Sa2}}{[\sigma_F]_2} = \frac{2.30 \times 1.74}{294.50} = 0.0136$$

因 $\dfrac{Y_{Fa1} Y_{Sa1}}{[\sigma_F]_1} > \dfrac{Y_{Fa2} Y_{Sa2}}{[\sigma_F]_2}$，故应以 $\dfrac{Y_{Fa1} Y_{Sa1}}{[\sigma_F]_1} = \dfrac{Y_{FS}}{[\sigma_F]}$ 代入下式：

$$m_n \geqslant \sqrt[3]{\frac{2KT_1}{\psi_d z_1^2} \frac{Y_{FS}}{[\sigma_F]} \cos^2 \beta} = \sqrt[3]{\frac{2 \times 1.2 \times 1.46 \times 10^5}{0.4 \times 18^2} \times 0.0159 \cos^2 15°} \mathrm{mm}$$

$$= 3.42 \mathrm{mm}$$

开式传动，模数加大 $10\% \sim 15\%$，查表 6-1 取模数为 $m_n = 4 \mathrm{mm}$。

（2）计算主要几何尺寸　分度圆直径　　　　　　　　　　　　　　$m_n = 4 \mathrm{mm}$

$$d_1 = \frac{m_n z_1}{\cos 15°} = \frac{4 \times 18}{0.966} \mathrm{mm} = 74.53 \mathrm{mm}$$　　　　$d_1 = 74.53 \mathrm{mm}$

$$d_2 = \frac{m_n z_2}{\cos 15°} = \frac{4 \times 63}{0.966} \mathrm{mm} = 260.87 \mathrm{mm}$$　　　$d_2 = 260.87 \mathrm{mm}$

中心距　　$a = \dfrac{1}{2}(d_1 + d_2) = \dfrac{1}{2} \times (74.53 + 260.87) \mathrm{mm} = 167.7 \mathrm{mm}$　　$a = 167.7 \mathrm{mm}$

齿宽　　$b = \psi_d d_1 = 0.4 \times 74.53 \mathrm{mm} = 29.81 \mathrm{mm}$　　　　　　$b_2 = 30 \mathrm{mm}$

圆整取　　$b_2 = b = 30 \mathrm{mm}$　　　　　　　　　　　　　　　$b_1 = 35 \sim 40 \mathrm{mm}$

$$b_1 = b + (5 \sim 10) \mathrm{mm} = 35 \sim 40 \mathrm{mm}$$

第五节　直齿锥齿轮传动

本节只讨论轴交角 $\Sigma = \delta_1 + \delta_2 = 90°$ 直齿锥齿轮的强度计算。

一、直齿锥齿轮受力分析

由于锥齿轮的轮齿厚度和高度向锥顶方向逐渐减小，故轮齿各剖面上的弯曲强度都不相同，为简化起见，通常假定载荷集中作用在齿宽中部的节点上。法向力 F_{n1}（图 10-16）可分解为三个分力：

$$\left.\begin{array}{l}\text{圆周力 } F_{t1} = \dfrac{2T_1}{d_{m1}} \\[2mm] \text{径向力 } F_{r1} = F_{t1}\tan\alpha\cos\delta_1 \\[2mm] \text{轴向力 } F_{a1} = F_{t1}\tan\alpha\sin\delta_1\end{array}\right\} \qquad (10\text{-}21)$$

式中　δ_1——主动轮分度圆锥角。

$$d_{m1} = d_1 - b\sin\delta_1 = d_1\left(1 - \frac{b}{2R}\right)$$

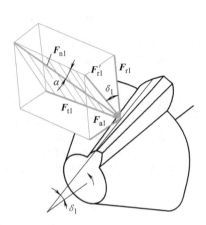

图 10-16　直齿锥齿轮轮齿受力

式中　d_{m1}——小齿轮齿宽中点的分度圆直径（mm）；

　　　d_1——小锥齿轮分度圆直径（mm）；

　　　b——齿宽（mm）；

　　　R——锥距（mm）。

圆周力 F_t 和径向力 F_r 的方向判断方法与直齿圆柱齿轮的相同。轴向力 F_a 的方向对两个齿轮都是背着锥顶。

当两轴交角 $\Sigma = 90°$ 时，因 $\sin\delta_1 = \cos\delta_2$，$\cos\delta_1 = \sin\delta_2$，故

$$\left.\begin{array}{l}F_{r1} = -F_{a2} \\ F_{a1} = -F_{r2} \\ F_{t1} = -F_{t2}\end{array}\right\} \qquad (10\text{-}22)$$

二、强度计算

一对直齿锥齿轮传动的承载能力，可以近似地看作和位于齿宽中点的一对当量直齿圆柱齿轮传动的强度相当。因此，可以按当量直齿圆柱齿轮导出直齿锥齿轮的强度计算式。

1. 齿面接触强度计算

校核式　　　　　$$\sigma_H = Z_E Z_H \sqrt{\frac{4KT_1}{\phi_R(1-0.5\phi_R)^2 d_1^3 i}} \leqslant [\sigma_H] \qquad (10\text{-}23)$$

设计式　　　　　$$d_1 \geqslant \sqrt[3]{\frac{4KT_1}{\phi_R(1-0.5\phi_R)^2 i}\left(\frac{Z_E Z_H}{[\sigma_H]}\right)^2} \qquad (10\text{-}24)$$

式中　T_1——小锥齿轮的转矩（N·mm）；

　　　K——载荷系数，由表 10-3 查取；

　　　i——齿数比，为使大锥齿轮尺寸不至于过大，通常 $i < 5$；

　　　ϕ_R——齿宽系数，$\phi_R = \dfrac{b}{R}$，b 为齿宽，R 为锥距，一般取 $\phi_R = 0.25 \sim 0.3$；

　　　Z_E——弹性系数，由表 10-4 查取；

$[\sigma_H]$——许用接触疲劳应力（MPa），选取方法与圆柱齿轮相同。

2. 齿根弯曲疲劳强度计算

校核式
$$\sigma_F = \frac{2KT_1}{bm^2 z_1 (1-0.5\phi_R)^2} Y_{Fa} Y_{Sa} \leqslant [\sigma_F] \tag{10-25}$$

设计式
$$m \geqslant \sqrt[3]{\frac{4KT_1}{\phi_R z_1^2 (1-0.5\phi_R)^2 \sqrt{i^2+1}} \left(\frac{Y_{Fa} Y_{Sa}}{[\sigma_F]}\right)} \tag{10-26}$$

式中　m——大端模数（mm）；

Y_{Fa}——齿形系数，按当量齿数 z_v 查图 10-13，$z_v = \dfrac{z}{\cos\delta}$；

Y_{Sa}——应力修正系数，按当量齿数 z_v 查图 10-14；

$[\sigma_F]$——许用弯曲疲劳应力（MPa），选取方法与圆柱齿轮相同。

第六节　齿轮的结构

齿轮强度计算和几何尺寸计算，主要是确定齿轮的模数、分度圆直径、齿顶圆直径、齿根圆直径、齿宽等；而轮缘、轮辐和轮毂等结构尺寸和结构形式，则需通过结构设计来确定。齿轮的结构有锻造、铸造、焊接齿轮等结构形式，具体的结构应根据工艺要求及经验公式确定。齿轮因直径不同结构也会不同。

1. 锻造齿轮

当齿顶圆直径 $d_a \leqslant 400\text{mm}$ 时，一般都用锻造的方法来制造齿轮毛坯。当齿顶圆直径 $d_a \leqslant 200\text{mm}$ 时，齿轮机构一般都选实心式（图 10-17）。

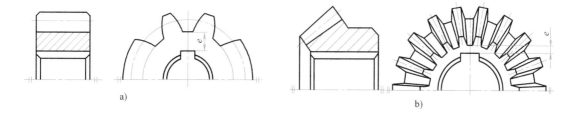

a)　　　　　　　　　　　　　　　　　　b)

图 10-17　实心式齿轮

在图 10-17 中，当圆柱齿轮 $e \leqslant (2\sim2.5)m_n$，锥齿轮 $e \leqslant (1.6\sim2)m$ 时，常将齿轮与轴做成一个零件，称为齿轮轴（图 10-18）。

当齿顶圆直径 $d_a = 200\sim500\text{mm}$ 时，为减轻质量，可采用腹板式齿轮结构（图 10-19）。

圆柱齿轮的结构尺寸如图 10-19a 所示。

$$D_1 = 1.6d_h, L = (1.2\sim1.5)d_h, C = (0.2\sim0.3)d_h, \delta_0 = (2.5\sim4)m, 且 \delta_0 \geqslant 8\sim10\text{mm},$$

$$D_0 = 0.5(D_1+D_2), d_0 = 15\sim25\text{mm}, n = 0.5m_n。$$

锥齿轮的结构尺寸如图 10-19b 所示。

$$D_1 = 1.6d_h, L = (1.0\sim1.5)d_h, C = (0.1\sim0.17)R, \delta_0 = (3\sim4)m_n, 且 \delta_0 \geqslant 10\text{mm},$$

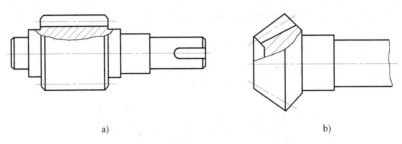

a)　　　　　　　　　　b)

图 10-18　齿轮轴

D_0 与 d_0 由结构而定。

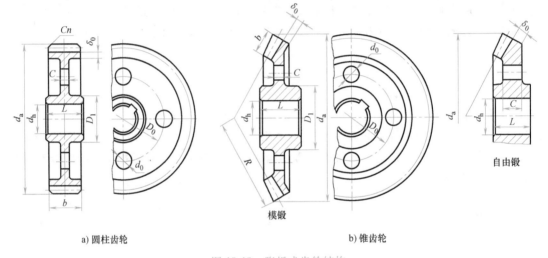

a) 圆柱齿轮　　　　　　　　　　b) 锥齿轮

图 10-19　腹板式齿轮结构

2. 铸造齿轮

当圆柱齿轮 $d_a > 400$mm，锥齿轮 $d_a > 300$mm 时，一般采用铸造齿轮（图 10-20）。

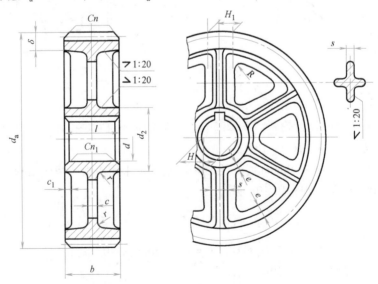

图 10-20　铸造齿轮结构

3. 焊接齿轮

对于单件或小批量生产的大型齿轮，可做成焊接结构的齿轮（图10-21）。

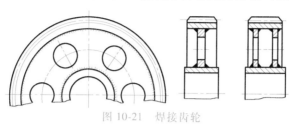

图 10-21 焊接齿轮

第七节 齿轮传动的润滑与维护

一、齿轮传动的润滑

半开式及开式齿轮传动，或速度较低的闭式齿轮传动，可采用人工定期添加润滑油或润滑脂进行润滑。

闭式齿轮传动通常采用油润滑，其润滑方式根据齿轮的圆周速度 v 确定，当 $v \leq 12\text{m/s}$ 时可用油浴式（图10-22），大齿轮浸入油池一定的深度，齿轮转动时把润滑油带到啮合区。齿轮浸油深度可根据齿轮的圆周速度大小而定，对圆柱齿轮通常不宜超过一个齿高；对锥齿轮应浸入全齿宽，至少应浸入齿宽的一半。多级齿轮传动中，当几个大齿轮直径不相等时，可采用惰轮的油浴润滑（图10-23）。当齿轮的圆周速度 $v > 12\text{m/s}$ 时，应采用喷油润滑（图10-24），用油泵以一定的压力供油，借喷嘴将润滑油喷到齿面上。

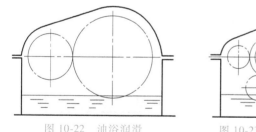
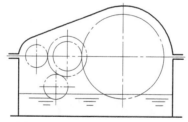
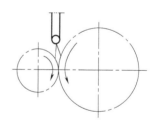

图 10-22 油浴润滑　　　图 10-23 采用惰轮的油浴润滑　　　图 10-24 喷油润滑

二、齿轮传动的维护

1）齿轮传动在起动、加载、换档及制动过程中力求应力平稳，尽量减少冲击载荷的产生，防止轮齿折断。

2）经常检查润滑系统的工作状况，定期补充油量或更换规定牌号的润滑油。

3）注意监测齿轮传动的工作状况，注意齿轮工作的声音或箱体过热现象。润滑不良和装配不符合要求是齿轮失效的重要原因。

思 考 题

10-1　斜齿圆柱齿轮的齿数 z 与其当量齿数 z_v 有什么关系？在下列几种情况下应分别采

用哪一种齿数？

1）计算斜齿圆柱齿轮传动的传动比。

2）用仿形法加工斜齿轮时选盘形齿轮铣刀。

3）计算斜齿轮的分度圆直径。

4）进行弯曲强度计算时查取齿形系数 Y_F。

10-2 若一对齿轮的传动比和中心距保持不变而改变其齿数，试问这对于齿轮的接触强度和弯曲强度各有何影响？

10-3 有一直齿圆柱齿轮传动，原设计传递功率 P，主动轴转速 n_1，若其他条件不变，轮齿的工作应力也不变，当主动轴转速提高一倍，即 $n_1' = 2n_1$ 时，该齿轮传动能传递的功率 P' 应为多少？

10-4 某开式二级斜齿圆柱齿轮传动中，齿轮 4 转动方向如图 10-25 所示，已知 Ⅰ 轴为输入轴，齿轮 4 为右旋齿。若使中间轴 Ⅱ 所受的轴向力抵消一部分，试在图中标出：

1）各齿轮的轮齿螺旋方向；

2）各齿轮轴向力 F_{a1}、F_{a2}、F_{a3}、F_{a4} 的方向。

10-5 图 10-26 中所示的直齿锥齿轮—斜齿圆柱齿轮组成的双级传动装置，动力由 Ⅰ 轴输入，小锥齿轮 1 的转向 n_1 如图所示，试分析：

1）为使中间轴 Ⅱ 所受的轴向力可抵消一部分，确定斜齿轮 3 和斜齿轮 4 的轮齿旋向。（可画在图上）。

2）在图中分别画出锥齿轮 2 和斜齿轮 3 所受的圆周力 F_t，径向力 F_r，轴向力 F_a 的方向（垂直于纸面向外的力用⊙表示，垂直于纸面向内的力用⊗表示）。

10-6 已知单级斜齿轮传动 $P = 10\text{kW}$，$n_1 = 1210\text{r/min}$，$i = 4.1$，电动机驱动，双向传动，有中等冲击，设小齿轮用 35SiMn 调质，大齿轮用 45 钢调质，$z_1 = 23$，试设计此单级斜齿轮传动。

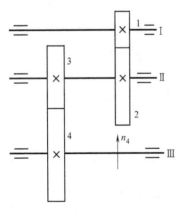
图 10-25 题 10-4 图

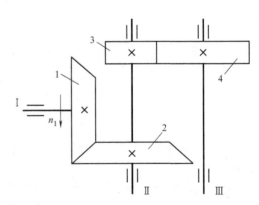
图 10-26 题 10-5 图

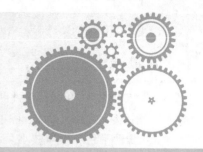

第十一章

蜗杆传动

重点学习内容

1）蜗杆传动的特点、类型。

2）蜗杆传动的主要参数和主要几何尺寸的计算。

3）蜗杆传动的失效形式与工作能力计算。

4）蜗杆蜗轮的材料与结构。

5）蜗杆传动的效率、润滑和热平衡计算。

第一节　蜗杆传动的特点与类型

一、蜗杆传动的特点

蜗杆传动的主要特点是：

1）蜗杆传动常用于空间交错成 90°的两轴之间传递运动和动力。蜗杆传动用于万能铣床工作台来实现工作台的回转，如图 11-1 所示。

a) 蜗杆传动

圆柱蜗杆传动

b) 万能铣床工作台

c) 万能铣床工作台的拆开图

图 11-1　蜗杆传动

2）结构紧凑，单级传动可得到很大的传动比，一般 $i = 8 \sim 80$，在分度机构中可以高达 1000 以上。蜗杆传动也用于插床，除了可以实现插床工作台的回转外，还可以实现插齿时的分度。

3）传动平稳，噪声较小。由于蜗杆上的齿是连续不断的螺旋齿，在传动时，蜗杆与蜗轮同时啮合的齿数较多，又是逐渐进入啮合，逐渐退出啮合的，所以传动平稳，噪声较小。

4）当蜗杆导程角 γ 小于啮合面的当量摩擦角时，蜗杆传动可以实现反行程自锁。可用于某些手动的简单起重设备中，可防止起吊的重物因自重而坠落。

5）传动效率低，发热量大，长期连续工作时必须考虑散热问题。由于蜗杆与蜗轮啮合时具有较大的相对滑动速度，所以发热量大，传动效率低。蜗杆传动效率一般为 $0.7 \sim 0.8$，当蜗杆传动具有自锁性时，效率小于 0.5。

6）传动功率小，一般不超过 50kW。

7）蜗轮齿圈常需用较贵重的青铜制造，制造成本高。

二、蜗杆传动的类型

按照蜗杆分度曲面形状的不同，蜗杆传动分为圆柱蜗杆传动、环面蜗杆传动和锥蜗杆传动（图 11-2）。环面蜗杆和锥蜗杆制造困难，安装要求较高，应用不如圆柱蜗杆广泛。

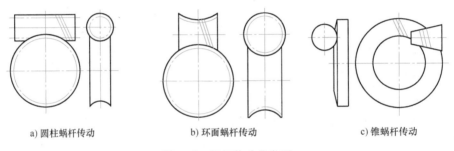

a) 圆柱蜗杆传动　　　　　　b) 环面蜗杆传动　　　　　　c) 锥蜗杆传动

图 11-2　蜗杆传动的类型

圆柱蜗杆是蜗杆分度曲面为圆柱面的蜗杆。根据蜗杆螺旋面的形状，圆柱蜗杆可分为阿基米德蜗杆（图 11-3）、法向直廓蜗杆（图 11-4）和渐开线蜗杆（图 11-5）等多种形式。

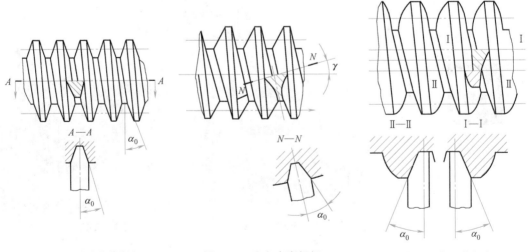

图 11-3　阿基米德蜗杆　　　　图 11-4　法向直廓蜗杆　　　　图 11-5　渐开线蜗杆

1. 阿基米德蜗杆（ZA 型）

如图 11-3 所示，阿基米德蜗杆的螺旋齿侧面是阿基米德螺旋面。通过蜗杆轴线的 A—A 剖面内齿廓是直线，在其端面和垂直于轴线的剖面内齿廓是阿基米德螺旋线，其他剖面内齿廓都是曲线。阿基米德蜗杆比较容易加工制造，通常在车床上用压力角 $\alpha_0 = 20°$ 的车刀车制而成。由于难以用砂轮磨削出精确的齿形，得到齿的精度和质量不高，蜗杆头数较多时，车削又比较困难，所以阿基米德蜗杆常用于传动精度不高，传动效率低的场合，也用于头数较少，载荷小、低速或不太重要的传动中。

2. 法向直廓蜗杆（ZN 型）

如图 11-4 所示，法向直廓蜗杆可以在车床上加工，加工时车刀的切削刃位于齿槽或齿厚中线处螺旋线的法向 N—N 剖面内，其端面齿廓为延伸渐开线。法向直廓蜗杆还可以用面铣刀或小直径盘铣刀加工，加工较简便，有利于多头蜗杆加工，还可用砂轮磨齿，可以获得较高的加工精度和表面质量，常用于机床的多头精密蜗杆传动。

3. 渐开线蜗杆（ZI 型）

如图 11-5 所示，渐开线蜗杆是齿面为渐开线螺旋面的圆柱蜗杆。用车刀加工时，刀具切削刃平面与基圆柱面相切，端面齿廓为渐开线。渐开线蜗杆还可以用滚刀滚切，可简单经济地用单面砂轮磨齿，故制造精度、表面质量、传动精度和传动效率都较高，适用于批量生产和大功率、高速、精密传动，是目前多数国家普遍采用的一种蜗杆传动。

第二节　蜗杆传动的主要参数与几何尺寸

一、蜗杆传动的主要参数

1. 模数 m 和压力角 α

通过蜗杆轴线并与蜗轮轴线垂直的平面，称为中间平面，如图 11-6 所示。在中间平面

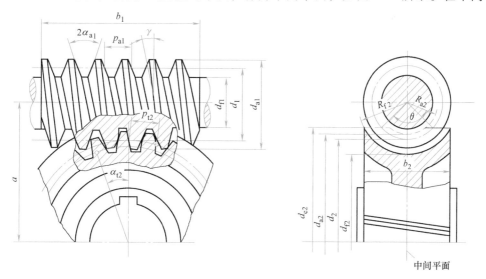

图 11-6　蜗杆传动的中间平面

内蜗杆啮合传动应满足正确啮合的条件：在中间平面内蜗杆轴向齿距（$p_{a1}=\pi m_{a1}$）等于蜗轮端面齿距（$p_{t2}=\pi m_{t2}$），蜗杆轴向压力角α_{a1}等于蜗轮端面压力角α_{t2}，即

$$\left.\begin{array}{c}m_{a1}=m_{t2}=m\\\alpha_{a1}=\alpha_{t2}=\alpha\end{array}\right\}\qquad(11\text{-}1)$$

为了方便加工，规定在中间平面内蜗杆的轴向模数m_{a1}和蜗轮的端面模数m_{t2}都取标准模数m，见表11-1。

阿基米德蜗杆的轴向压力角α_a取标准值，$\alpha_a=20°$。法向直廓蜗杆、渐开线蜗杆的法向压力角α_n取标准值，$\alpha_n=20°$。

表 11-1　圆柱蜗杆的标准模数 m 和蜗杆分度圆直径 d_1（摘自 GB/T 10085—1988）

m /mm	d_1 /mm	z_1	m^2d_1 /mm³	m /mm	d_1 /mm	z_1	m^2d_1 /mm³	m /mm	d_1 /mm	z_1	m^2d_1 /mm³
1	18	1	18		40	1,2,4,6	640	10	160	1	16000
1.25	20	1	31	4	(50)	1,2,4	800		(90)	1,2,4	14063
	22.4	1	35		71	1	1136	12.5	112	1,24	17500
1.6	20	1,2,4	51		(40)	1,2,4	1000		(140)	1,2,4	21875
	28	1	72	5	50	1,2,4,6	1250		200	1	31250
	(18)	1,2,4	72		(63)	1,2,4	1575		(112)	1,2,4	28672
2	22.4	1,2,4,6	90		90	1	2250	16	140	1,2,4	35840
	(28)	1,2,4	112		(50)	1,2,4	1985		(180)	1,2,4	46080
	35.5	1	142	6.3	63	1,2,4,6	2500		250	1	64000
	(22.4)	1,2,4	140		(80)	1,2,4	3175		(140)	1,2,4	56000
2.5	28	1,2,4,6	175		112	1	4445	20	160	1,2,4	64000
	(35.5)	1,2,4	222		(63)	1,2,4	4032		(224)	1,2,4	89600
	45	1	281	8	80	1,2,4,6	5120		315	1	126000
	(28)	1,2,4	278		(100)	1,2,4	6400		(180)	1,2,4	112500
3.15	35.5	1,2,4,6	352		140	1	8960	25	200	1,2,4	125000
	(45)	1,2,4	447		(71)	1,2,4	7100		(280)	1,2,4	17500
	56	1	556	10	90	1,2,4,6	9000		400	1	250000
4	(31.5)	1,2,4	504		(112)	1,2,4	11200				

注：没有括号的数值优先选择。

2. 蜗杆头数 z_1、蜗轮齿数 z_2 和传动比 i

根据螺旋方向的不同，蜗杆分为左旋与右旋蜗杆，除有特殊要求外，一般多采用右旋蜗杆。蜗杆螺旋旋向的判别方法与斜齿轮的相同。

根据蜗杆头数的不同，蜗杆分为单头与多头。蜗杆头数 z_1 通常为 1、2、4 和 6。蜗杆头数越多，传递效率越高。若要得到大的传动比且要求自锁时，常取 $z_1=1$；若要得到较高的传动效率，常取 $z_1=2$、4 或 6，见表11-2。

蜗轮齿数 $z_2=iz_1$，为了避免蜗轮轮齿发生根切，z_2 不应小于27，但不宜大于80。因为 z_2 过大，会使结构尺寸增大，蜗杆长度也随之增加，致使蜗杆刚度降低而影响啮合精度。

对于蜗杆为主动件的蜗杆传动，其传动比为

$$i=\frac{n_1}{n_2}=\frac{z_2}{z_1}\qquad(11\text{-}2)$$

式中　n_1——蜗杆的转速（r/min）；

　　　n_2——蜗轮的转速（r/min）；

z_1——蜗杆头数；

z_2——蜗轮齿数。

普通圆柱蜗杆减速器的传动比常取标准系列公称值。

表 11-2 不同传动比时推荐蜗杆头数 z_1

传动比	5 ~ 8	7 ~ 16	15 ~ 32	30 ~ 83
蜗杆头数 z_1	6	4	2	1

3. 蜗杆导程角 λ 和分度圆直径 d_1

蜗杆螺旋面和分度圆柱的交线是螺旋线（图 11-7），λ 为蜗杆分度圆柱上的螺旋线导程角。为了正确啮合，蜗杆的导程角 λ 应等于蜗轮的螺旋角 β，且两者的螺旋线方向相同，即 λ = β（螺旋线方向相同）。

蜗杆轴向齿距为 $p_{a1} = \pi m$，由图 11-7 可得

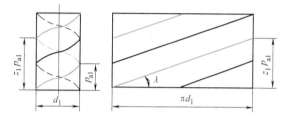

图 11-7 双头蜗杆展开图

$$\tan\lambda = \frac{p_{a1}z_1}{\pi d_1} = \frac{mz_1}{d_1} \qquad (11\text{-}3)$$

蜗杆传动过程，导程角 λ 越大，蜗杆传递的效率就越高。要求效率高的传动常取 λ = 15°~30°，且多采用多头蜗杆；一般认为 λ ≤ 3°30′，$z_1 = 1$，蜗杆传动可以实现反行程自锁。由式（11-3）知，当 d_1 较小，头数 z_1 较大时，λ 增大，效率 η 随之提高。蜗杆导程角的推荐范围见表 11-3。

由式（11-3）可以得到蜗杆分度圆直径为

$$d_1 = \frac{mz_1}{\tan\lambda} \qquad (11\text{-}4)$$

当模数 m 一定时，蜗杆头数和导程角中任一参数发生变化，蜗杆的分度圆直径也会随之变化。在加工蜗轮的过程中，滚刀的参数（m、α、z_1）和分度圆直径 d_1 必须与相应的蜗杆相同，故 d_1 不同的蜗杆，必须采用不同的滚刀。为减少滚刀数量并便于刀具的标准化，制定了蜗杆分度圆直径的标准值（表 11-1）。

表 11-3 蜗杆导程角的推荐范围

蜗杆头数 z_1	1	2	4	6
蜗杆导程角	3°~8°	8°~16°	16°~30°	28°~33.5°

4. 中心距 a

蜗杆传动的标准中心距为

$$a = \frac{1}{2}(d_1 + d_2) \qquad (11\text{-}5)$$

式中　d_1——蜗杆分度圆直径（mm）；

　　　d_2——蜗轮分度圆直径（mm）。

为了减少箱体类型，GB/T 10085—1988 中规定了在标准化、系列化、大批量生产的圆柱蜗杆减速装置的中心距 a(mm) 的推荐值为：40、50、63、80、100、125、160、（180）、

200、(225)、250、(280)、315、(355)、400、(450)、500，其中括号内数字尽量不用。

二、蜗杆传动的几何尺寸计算

圆柱蜗杆传动的参数和各部分的几何尺寸如图 11-6 所示，其值可参考表 11-4 所列公式计算。

表 11-4 标准圆柱蜗杆传动的几何尺寸计算

名称	代号	计算公式及说明
模数	m	按照强度条件或经验类比选用表 11-1 中的标准值
蜗杆头数	z_1	常取 $z_1 = 1,2,4,6$
蜗轮齿数	z_2	$z_2 = i z_1$，传动比 $i = \dfrac{n_1}{n_2}$
压力角	α	ZA 型 $\alpha_a = 20°$，其余 $\alpha_n = 20°$，$\tan\alpha_n = \tan\alpha_a \cos\lambda$
分度圆直径	d_1	$d_1 = \dfrac{mz_1}{\tan\lambda}$
蜗杆轴向齿距	p_{a1}	$p_{a1} = \pi m$
顶隙	c	$c = c^* m = 0.2m$，其中 $c^* = 0.2$（正常齿）
齿顶高	h_a	$h_a = h_a^* m$，其中 $h_a^* = 1$（正常齿）
齿根高	h_f	$h_f = (h_a^* + c^*) m = 1.2m$，其中 $c^* = 0.2$（正常齿）
全齿高	h	$h = h_a + h_f = 2.2m$（正常齿）
蜗杆分度圆直径	d_1	$d_1 = \dfrac{mz_1}{\tan\lambda}$
蜗杆齿顶圆直径	d_{a1}	$d_{a1} = d_1 + 2h_a = m\left(\dfrac{z_1}{\tan\lambda} + 2\right)$
蜗杆齿根圆直径	d_{f1}	$d_{f1} = d_1 - 2h_f = m\left(\dfrac{z_1}{\tan\lambda} - 2.4\right)$
蜗杆齿宽	b_1	$b_1 \approx 2m\sqrt{z_2+1}$
蜗轮分度圆直径	d_2	$d_2 = mz_2$
蜗轮喉圆直径	d_{a2}	$d_{a2} = d_2 + 2h_a = m(z_2+2)$
蜗轮齿根圆直径	d_{f2}	$d_{f2} = d_2 - 2h_f = m(z_2 - 2.4)$
蜗轮外圆直径	d_{e2}	当 $z_1 = 1$ 时，$d_{e2} \le d_{a2} + 2m$；当 $z_1 = 2\sim3$ 时，$d_{e2} \le d_{a2} + 1.5m$；当 $z_1 = 4\sim6$ 时，$d_{e2} \le d_{a2} + m$；或由结构设计确定
蜗轮齿宽	b_2	当 $z_1 \le 1\sim2$ 时，$b_2 \le 0.75 d_{a1}$；当 $z_1 \le 4\sim6$ 时，$b_2 \le 0.67 d_{a1}$
蜗轮齿宽角	θ	一般 $\theta = 90° \sim 100°$
蜗轮齿顶圆弧半径	R_{a2}	$R_{a2} = \dfrac{d_1}{2} - m$
蜗轮齿根圆弧半径	R_{f2}	$R_{f2} = \dfrac{d_{a1}}{2} + 0.2m$
标准中心距	a	$a = (d_1 + d_2)/2 = m\left(\dfrac{z_1}{\tan\lambda} + z_2\right)\Big/ 2$

第三节 蜗杆传动的失效形式与工作能力计算

一、蜗杆传动的受力分析

蜗杆传动的受力分析与斜齿圆柱齿轮相似。齿面上的法向力 $\boldsymbol{F}_n$ 可分解为三个相互垂直的分力：圆周力 F_t、径向力 F_r 和轴向力 F_a，如图 11-8 所示。
由于蜗杆轴与蜗轮轴交错成 90°角，所以蜗杆圆周力 F_{t1} 等于
蜗轮轴向力 F_{a2}，蜗杆轴向力 F_{a1} 等于蜗轮圆周力 F_{t2}，蜗杆径
向力 F_{r1} 等于蜗轮径向力 F_{r2}，即

$$\left.\begin{array}{c} F_{t1} = -F_{a2} = \dfrac{2T_1}{d_1} \\[2mm] F_{t2} = -F_{a1} = \dfrac{2T_2}{d_2} \\[2mm] F_{r1} = -F_{r2} = F_{t2}\tan\alpha_{t2} \end{array}\right\} \qquad (11\text{-}6)$$

式中　T_1、T_2——作用于蜗杆和蜗轮上的转矩（N·mm）。

$$T_2 = T_1 i\eta, \quad T_1 = 9.55 \times 10^6 \frac{P_1}{n_1}。$$

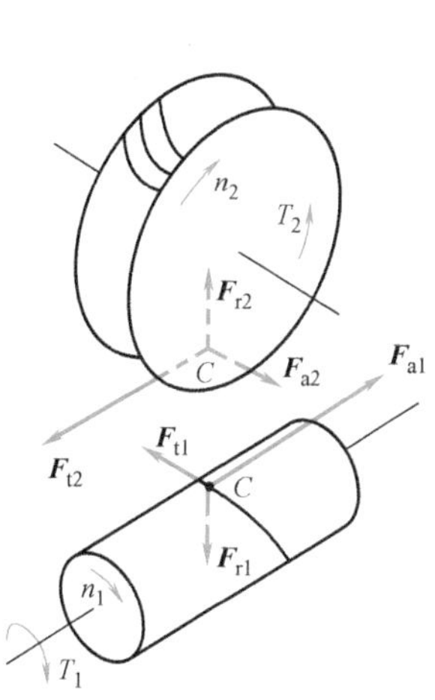

图 11-8　蜗杆与蜗轮的作用力

　　　　η——蜗杆传动啮合效率；

　d_1、d_2——蜗杆和蜗轮的节圆直径（mm）；

　　　α_{t2}——蜗轮的端面压力角；

　　　α_n——蜗轮的法向压力角，$\tan\alpha_n = \tan\alpha_{t2}\cos\lambda$。

蜗杆和蜗轮轮齿上的作用力（圆周力、径向力、轴向力）方向的判别方法，与斜齿圆
柱齿轮相似。

二、蜗杆传动的失效形式

与齿轮传动的失效形式相类似，点蚀、磨损、胶合和轮齿折断等失效形式在蜗杆传动中
也会发生。由于通常情况下蜗杆与蜗轮选用的材料性能有差异，蜗杆螺旋部分的强度、硬度
一般总是高于蜗轮轮齿的强度、硬度，所以失效常发生在蜗轮轮齿上，因此轮齿强度计算是
针对蜗轮进行的。蜗杆传动的相对滑动速度大，因摩擦引起的发热量大、效率低，故在闭式
传动中主要失效形式为疲劳点蚀或齿面胶合，在开式传动中主要失效形式为齿面磨损和齿面
折断。

三、蜗杆传动的工作能力计算

对于蜗杆传动的胶合和磨损，还没有成熟的计算方法。由于相对滑动速度越大，越容易引起
齿面胶合，蜗杆传动对闭式传动还应进行热平衡计算，除了采取合适的润滑方式外，同时在箱体
外侧加设散热片或采用强制冷却装置。齿面接触疲劳应力是引起齿面胶合和磨损的重要因素，因
此仍以齿面接触疲劳强度计算为蜗杆传动的基本计算，当 $z_2 \geqslant 90$ 时，才需要验算轮齿的弯曲疲劳
强度。一般蜗杆齿不易损坏，故通常主要针对蜗轮进行的齿面接触强度和齿根弯曲强度的计算，
必要时应验算蜗杆轴的强度和刚度，蜗杆轴本身的强度与刚度计算方法与轴相同。

蜗轮轮齿接触疲劳强度和热平衡计算限定了蜗轮的承载能力，通常蜗轮轮齿的弯曲疲劳
强度都能满足。只有对于受强烈冲击、振动的传动，或蜗轮采用脆性材料时，才需要考虑蜗
轮轮齿的弯曲疲劳强度。

1. 蜗轮齿面接触疲劳强度计算

与齿轮传动相似，在进行蜗杆传动强度计算时也应考虑载荷系数 K，则计算载荷 F_{nc} 为

$$F_{nc} = KF_n \qquad (11\text{-}7)$$

一般取 $K=1 \sim 1.4$，当载荷平稳，滑动速度 $v_s \leqslant 3\text{m/s}$ 时取小值，否则取大值。

蜗轮齿面的接触疲劳强度计算与斜齿轮相似，以蜗杆蜗轮在节点处啮合的相应参数代入赫兹公式，可得青铜或铸铁蜗轮轮齿齿面接触疲劳强度的校核公式为

$$\sigma_H = 480 \sqrt{\frac{KT_2 \cos\lambda}{m^2 d_1 z_2^2}} \leqslant [\sigma_H] \qquad (11\text{-}8)$$

而设计公式为

$$m^2 d_1 \geqslant \left(\frac{480}{z_2 [\sigma_H]}\right)^2 KT_2 \cos\lambda \qquad (11\text{-}9)$$

式中　$[\sigma_H]$——蜗轮材料的许用接触应力（MPa），$[\sigma_H]$ 值见表 11-5 和表 11-6；

　　　σ_H——齿面接触应力（MPa）；

　　　K——载荷系数；

　　　λ——蜗杆导程角；

　　　T_2——蜗轮转矩（N·mm）。

设计计算时可按 $m^2 d_1$ 值由表 11-1 确定模数 m 和蜗杆分度圆直径 d_1，最后按表 11-2 计算出蜗杆和蜗轮的主要几何尺寸及中心距。

表 11-5　锡青铜蜗轮的许用接触应力 $[\sigma_H]$　　　（单位：MPa）

蜗轮材料	铸造方法	适用滑动速度 v_s/(m/s)	蜗杆齿面硬度		许用弯曲应力 $[\sigma_F]$	
			≤350HBW	>45HRC	一侧受载	两侧受载
			许用接触应力 $[\sigma_H]$			
ZCuSn10Pb1	砂型	≤12	180	200	51	32
	金属型	≤25	200	220	70	40
ZCuSn5Pb5Zn5	砂型	≤10	110	125	33	24
	金属型	≤12	135	150	40	29
ZCuAl10Fe3	砂型	≤10			82	84
	金属型		见表 11-6		90	80
ZCuAl10Fe3Mn2	砂型	≤10			—	—
	金属型				100	90
ZCuZn38Mn2Pb2	砂型	≤10			62	56
	金属型				—	—
HT150	砂型	≤2			40	25
HT200	砂型	≤2~5			48	30
HT250	砂型	≤2~5			56	35

表 11-6　铝青铜、锰黄铜及铸铁的许用接触应力 $[\sigma_H]$　　　（单位：MPa）

蜗轮材料	蜗杆材料	滑动速度 v_s/(m/s)							
		0.25	0.5	1	2	3	4	6	8
		许用接触应力 $[\sigma_H]$							
ZCuAl10Fe3 ZCuAl10Fe3Mn2	淬火钢	—	250	230	210	180	160	120	90
ZCuZn38Mn2Pb2	淬火钢	—	215	200	180	150	135	95	75
HT150、HT200（120~150HBW）	渗碳钢	160	130	115	90	—	—	—	—
HT150（120~150HBW）	调质钢或淬火钢	140	110	90	70	—	—	—	—

注：蜗杆如未经淬火，其 $[\sigma_H]$ 值需降低 20%。

2. 蜗轮齿根弯曲强度计算

蜗轮齿形复杂，常按斜齿圆柱齿轮齿根弯曲强度计算方法做条件性计算，简化后得到蜗轮齿根弯曲强度的校核公式为

$$\sigma_F = \frac{1.56KT_2}{md_1d_2}Y_{Fa} \leqslant [\sigma_F] \qquad (11\text{-}10)$$

将 $d_2 = mz_2$ 代入式（11-10）得

$$m^2 d_1 \geqslant \frac{1.56KT_2}{z_2[\sigma_F]}Y_{Fa} \qquad (11\text{-}11)$$

式中　　σ_F——蜗轮齿根弯曲应力（MPa）；

$\quad Y_{Fa}$——蜗轮的齿形系数，用当量齿数 $z_{v2} = \dfrac{z_2}{\cos^3\lambda}$，按表 11-7 选取；

$\quad [\sigma_F]$——蜗轮齿根弯曲应力（MPa），按表 11-1 选取相应的标准 m 和 d_1 值。

表 11-7　蜗轮齿形系数 Y_{Fa}

z_v	Y_{Fa}	z_v	Y_{Fa}	z_v	Y_{Fa}	z_v	Y_{Fa}
20	2.24	30	1.99	40	1.76	80	1.52
24	2.12	32	1.94	45	1.68	100	1.47
26	2.10	35	1.86	50	1.64	150	1.44
28	2.04	37	1.82	60	1.59	300	1.40

第四节　蜗杆蜗轮的材料与结构

一、蜗杆传动的常用材料

为了避免胶合和减缓磨损，蜗杆传动的材料必须具备减摩、耐磨和抗胶合的性能。蜗杆一般用碳素钢或合金钢制造。对于高速重载的蜗杆，可用 15Cr、20Cr、20CrMnTi 和 20MnVB 等，经渗碳淬火至硬度为 56~63HRC，也可用 40、45、40Cr、40CrNi 等经表面淬火至硬度为 45~50HRC。对于不太重要的传动及低速中载蜗杆，常用 45、40 等钢经调质或正火处理，硬度为 220~230HBW。

蜗轮常用锡青铜、无锡青铜或铸铁制造。锡青铜用于滑动速度 $v_s > 3m/s$ 的传动，常用牌号有 ZCuSn10P1 和 ZCuSn5Pb5Zn5；无锡青铜一般用于 $v_s \leqslant 4m/s$ 的传动，常用牌号为 ZCuAl10Fe3；铸铁用于滑动速度 $v_s < 2m/s$ 的传动，常用牌号有 HT150 和 HT200 等。近年来，随着塑料工业的发展，也可用尼龙或增强尼龙来制造蜗轮。

二、蜗杆和蜗轮的结构

蜗杆通常与轴做成一体，除螺旋部分的结构尺寸取决于蜗杆的几何尺寸外，其余的结构尺寸可参考轴的结构尺寸而定。图 11-9a 所示为铣制蜗杆，在轴上直接铣出螺旋部分，刚性较好。图 11-9b 所示为车制蜗杆，刚性稍差。

蜗轮的结构有整体式和组合式两类。图 11-10c 所示为整体式结构，多用于铸铁蜗轮或尺寸很小的青铜蜗轮。为了节省非铁金属，尺寸较大的青铜蜗轮一般制成组合式结构，为防

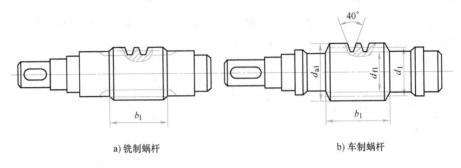

a) 铣制蜗杆   b) 车制蜗杆

图 11-9 蜗杆的结构形式

止齿圈和轮心因发热而松动，常在接缝处再拧入 4~6 个螺钉，以增强连接的可靠性（图 11-10a），或采用螺栓连接（图 11-10b），也可在铸铁轮心上浇注青铜齿圈（图 11-10d）。

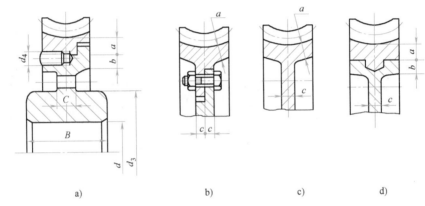

图 11-10 蜗轮的结构形式

$a \approx 1.6m + 1.5mm, c \approx 1.5m, B = (1.2 \sim 1.8)d, b = a,$
$d_3 = (1.6 \sim 1.8)d, d_4 = (1.2 \sim 1.5)m, l_1 = 3d_4(m$ 为蜗轮模数$)$

第五节　蜗杆传动的效率、润滑及热平衡计算

一、蜗杆传动的效率

闭式蜗杆传动工作时，功率的损耗有三部分：轮齿啮合损耗、轴承摩擦损耗和箱体内润滑油搅动的损耗。所以闭式蜗杆传动的总效率为

$$\eta = \eta_1 \eta_2 \eta_3 \qquad (11\text{-}12)$$

式中　η_1——轮齿啮合效率；

　　　η_2——轴承效率，每对滚动轴承 $\eta_2 = 0.98 \sim 0.995$，每对滑动轴承 $\eta_2 = 0.97 \sim 0.99$；

　　　η_3——搅油损耗的效率，$\eta_3 = 0.94 \sim 0.99$。

上述三部分效率中，最主要的是轮齿啮合效率 η_1，当蜗杆主动时，η_1 可近似按螺旋副的效率计算，即

$$\eta_1 = \frac{\tan\lambda}{\tan(\lambda + \rho_v)} \tag{11-13}$$

式中　ρ_v——当量摩擦角，由表 11-8 查取。

由式（11-13）可知，η_1 随 ρ_v 的减小而增大，而 ρ_v 与蜗杆蜗轮的材料、表面质量、润滑油的种类、啮合角以及齿面相对滑动速度 v_s 有关，并随 v_s 的增大而减小。在一定范围内，η_1 随蜗杆导程角 λ 增大而增大，故动力传动常用多头蜗杆以增大 λ，但 λ 过大时，蜗杆制造困难，效率提高很少，故通常取 $\lambda<30°$。

表 11-8　蜗杆传动的当量摩擦角 ρ_v

蜗杆材料		锡青铜		铝青铜	灰铸铁	
钢蜗杆齿面硬度		≥45HRC	其他情况	≥45HRC	≥45HRC	其他情况
滑动速度 v_s/(m/s)	0.01	6°17′	6°51′	10°12′	10°12′	10°45′
	0.05	5°09′	5°43′	7°58′	7°58′	9°05′
	0.10	4°34′	5°09′	7°24′	7°24′	7°58′
	0.25	3°43′	4°17′	5°43′	5°43′	6°51′
	0.50	3°09′	3°43′	5°09′	5°09′	5°43′
	1.0	2°35′	3°09′	4°00′	4°00′	5°09′
	1.5	2°17′	2°52′	3°43′	3°43′	4°34′
	2.0	2°00′	2°35′	3°09′	3°09′	4°00′
	2.5	1°43′	2°17′	2°52′	—	—
	3.0	1°36′	2°00′	2°35′	—	—
	4	1°22′	1°47′	2°17′	—	—
	5	1°16′	1°40′	2°00′	—	—
	8	1°02′	1°29′	1°43′	—	—
	10	0°55′	1°22′	—	—	—
	15	0°48′	1°09′	—	—	—
	24	0°45′	—	—	—	—

注：蜗杆螺旋表面粗糙度 Ra 值为 0.4~1.6μm。

二、蜗杆传动的相对滑动速度

如图 11-11 所示，蜗杆传动即使在节点 C 处啮合，齿廓之间也有较大的相对滑动。设蜗杆的圆周速度为 v_1，蜗轮的圆周速度为 v_2，v_1 和 v_2 成 90°角，而使齿廓之间产生很大的相对滑动，相对滑动速度 v_s 为

$$v_s = \sqrt{v_1^2 + v_2^2} = \frac{v_1}{\cos\lambda} \tag{11-14}$$

由图 11-11 可见，相对滑动速度 v_s 沿蜗杆螺旋线方向。齿廓之间的相对滑动引起磨损和发热，导致传动效率降低。

三、蜗杆传动的润滑

由于蜗杆传动的相对滑动速度 v_s 大，效率低，发热量大，会带来剧烈的磨损，甚至产生胶合，进一步导致效率大幅降低。为了防止胶合和减缓磨损，蜗杆传动应选择合适的润滑方式。除极少数情况外，蜗杆传动多数采用油润滑，一般速度较低时选择浸油润滑，速度较高时选择喷油润滑。蜗杆传动的润滑方法和润滑油黏度的选择可参考图 11-12 和表 11-9。

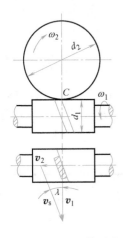

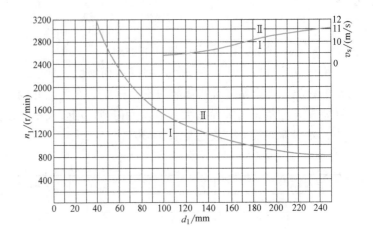

图 11-11　蜗杆传动的
相对滑动速度

图 11-12　蜗杆传动润滑方式的选择

Ⅰ—浸油润滑区　　Ⅱ—喷油压力润滑区

表 11-9　蜗杆传动润滑油黏度及润滑方法

滑动速度 v_s/(m/s)	<1	<2.5	<5	5~10	10~15	15~25	>25
工作条件	重载	重载	中载	—	—	—	—
运动黏度 ν/(mm²/s),40℃	900	500	350	220	150	100	80
润滑方式	浸油润滑			浸油润滑或喷油润滑	用压力喷油润滑		

四、蜗杆传动的热平衡计算

由于蜗杆传动的效率较低，工作时将产生大量的热。若散热不良，会引起温升过高而降低油的黏度，使润滑不良，导致蜗轮齿面磨损和胶合。所以对连续工作的闭式蜗杆传动要进行热平衡计算。

在闭式传动中，热量由箱体散逸，要求箱体内的油温 t 和周围空气温度 t_0 之差 Δt 不超过允许值，即

$$\Delta t = t - t_0 = \frac{1000 P_1 (1-\eta)}{\alpha_s A} \leq [\Delta t] \tag{11-15}$$

式中　P_1——蜗杆传递功率（kW）；

　　　η——传动效率；

　　　α_s——散热系数，通常取 $\alpha_s = 10 \sim 17 W/(m^2 \cdot ℃)$；

　　　A——散热面积（m^2）；

$[\Delta t]$——温差允许值，一般为 60~70℃。

若计算的温差超过允许值，可采取以下措施来改善散热条件：

1）在箱体上加散热片以增大散热面积。

2）在蜗杆轴上装风扇进行吹风冷却（图 11-13a）。

3）在箱体油池内装设蛇形水管，用循环水冷却（图 11-13b）。

4）用循环油冷却（图 11-13c）。

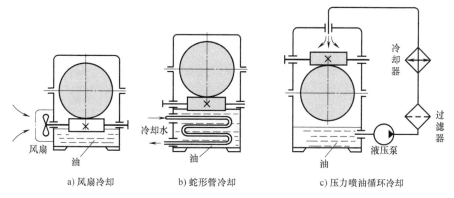

图 11-13 蜗杆传动的散热

a) 风扇冷却   b) 蛇形管冷却   c) 压力喷油循环冷却

例 11-1 已知一传递动力的蜗杆传动，蜗杆为主动件，它所传递的功率 $P = 3\text{kW}$，转速 $n_1 = 960\text{r/min}$，$n_2 = 70\text{r/min}$，载荷平稳，若取散热系数为 $\alpha_s = 15\text{W/(m}^2 \cdot \text{°C)}$，散热面积 $A \approx 1.1\text{m}^2$，试设计此蜗杆传动。

解: 由于蜗杆传动的强度计算是针对蜗轮进行的，而且对载荷平稳的传动，蜗轮轮齿接触强度和热平衡计算所限定的承载能力，通常都能满足弯曲强度的要求，因此，本题只需进行接触强度和热平衡计算。

(1) 蜗轮轮齿齿面接触强度计算

1) 选材料，确定许用接触应力 $[\sigma_H]$，蜗杆用 45 钢，表面淬火 45~50HRC；蜗轮用 ZCuSn10Pb1 砂型铸造。由表 11-5 查得 $[\sigma_H] = 200\text{MPa}$。

2) 选蜗杆头数 z_1，确定蜗轮齿数 z_2，传动比 $i = n_1/n_2 = 960/70 = 13.71$，因传动比不算大，为了提高传动效率，可选 $z_1 = 2$，则 $z_2 = iz_1 = 13.71 \times 2 = 27.42$，取 $z_2 = 27$。

3) 确定作用在蜗轮上的转矩 T_2，因 $z_1 = 2$，故初步选取 $\eta = 0.80$，则

$$T_2 = 9.55 \times 10^6 \times \frac{P_2}{n_2} = 9.55 \times 10^6 \times \frac{P_1 \eta}{n_2}$$

$$= 9.55 \times 10^6 \times \frac{3 \times 0.8}{70} \text{N} \cdot \text{mm} = 3.27 \times 10^5 \text{N} \cdot \text{mm}$$

4) 确定载荷系数 K，因载荷平稳，速度较低，取 $K = 1.1$。

因为通常取 $\lambda < 30°$，所以可以取 $\lambda = 15°$。由式 (11-9) 得

$$m^2 d_1 \geq \left(\frac{480}{z_2 [\sigma_H]}\right)^2 KT_2 \cos 15° = \left(\frac{480}{27 \times 200}\right)^2 \times 1.1 \times 3.27 \times 10^5 \times 0.966 \text{mm}^3 = 2.75 \times 10^3 \text{mm}^3$$

由表 11-1，取 $m = 8\text{mm}$，$d_1 = 80\text{mm}$。

5) 计算主要几何尺寸。

蜗杆分度圆直径 $d_1 = 80\text{mm}$

蜗轮分度圆直径 $d_2 = mz_2 = 8 \times 27\text{mm} = 216\text{mm}$

中心距 $a = \frac{1}{2}(d_1 + d_2) = 0.5 \times (80 + 216)\text{mm} = 148\text{mm}$

(2) 热平衡计算   由式 (11-15) 得

$$\Delta t = t - t_0 = \frac{1000 P_1 (1-\eta)}{A \alpha_s}$$

取 $\alpha_s = 15 W/(m^2 \cdot \text{℃})$；散热面积 $A \approx 1.1 m^2$；效率 $\eta = 0.8$，则

$$\Delta t = t - t_0 = \frac{1000 \times 3 \times (1-0.8)}{1.1 \times 15} \text{℃} = 36.36 \text{℃} < [\Delta t] = 60 \sim 70 \text{℃}$$

故满足热平衡要求。

（3）其他几何尺寸计算（略）

（4）绘制蜗杆和蜗轮零件工作图（略）

思　考　题

11-1　如图 11-14 所示的蜗杆传动中，蜗杆为主动件，$T_1 = 20 N \cdot m$，$m = 4 mm$，$z_1 = 2$，$d_1 = 50 mm$，蜗轮齿数 $z_2 = 50$，传动的啮合效率 $\eta = 0.75$，试确定：

1）该蜗杆传动的传动比 i_{12}。

2）该蜗杆传动正确啮合的条件。

3）该蜗杆传动的主要几何尺寸。

4）蜗杆与蜗轮上作用力的大小和方向。

5）蜗轮的转向。

11-2　蜗杆传动有哪些基本特点？

11-3　蜗杆传动以哪一个平面内的参数和尺寸为标准？这样有什么好处？

11-4　蜗杆传动的正确啮合条件是什么？

11-5　蜗杆传动的传动比是否等于蜗轮与蜗杆的节圆直径之比？

11-6　与齿轮传动相比，蜗杆传动的失效形式有何特点？为什么？

11-7　蜗杆传动的设计计算中有哪些主要参数？如何选择这些参数？为何规定蜗杆分度圆直径 d_1 为标准值？

11-8　图 11-15 所示为蜗杆传动和锥齿轮传动的组合。已知输出轴上的锥齿轮 z_4 的转向 n。

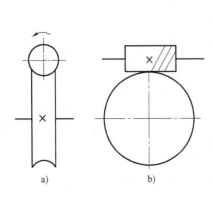

图 11-14　题 11-1 图

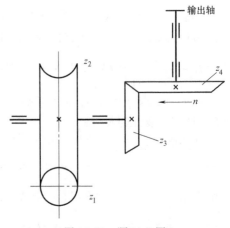

图 11-15　题 11-8 图

1）欲使中间轴上的轴向力能部分抵消，试确定蜗杆传动的螺旋线方向和蜗杆的转向。

2）在图中标出各轮轴向力的方向。

11-9　设计一个由电动机驱动的单级圆柱蜗杆减速器，电动机功率为 7kW，转速为 1440r/min，蜗轮轴转速为 80r/min，载荷平稳，单向传动，蜗轮材料选 ZCuSn10Pb1 锡青铜，砂型；蜗杆选用 40Cr，表面淬火。

第 十 二 章

轮系与减速器

重点学习内容

1）轮系、定轴轮系、周转轮系等概念。

2）定轴轮系传动比的计算。

3）周转轮系、混合轮系传动比的计算。

4）轮系功用。

5）减速器类型与简介。

由一系列相互啮合的齿轮组成的传动系统称为轮系。图 12-1 所示为一种输送机的传动系统简图，当电动机通电旋转之后，通过减速器内的轴 1、轴 2、轴 3 上的一系列齿轮传动将电动机的旋转运动传递给滚筒，再通过滚筒与传动带之间的摩擦驱动传动带运动来实现输送物料的目的。这里，轴 1、轴 2、轴 3 上的一系列齿轮传动系统就是一个轮系。

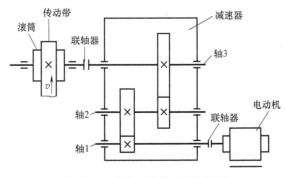

图 12-1　输送机的传动系统简图

第一节　轮系的分类

根据轮系中各齿轮的几何轴线是否固定，轮系可分为定轴轮系和周转轮系两大类。

（1）定轴轮系　当轮系运转时，各齿轮的几何轴线位置保持不变，则该轮系为定轴轮系，如图 12-2 所示。

（2）周转轮系　当轮系运转时，若轮系中至少有一个齿轮的几何轴线绕另一几何轴线转动，则该轮系为周转轮系，如图 12-3 所示，齿轮 2 的几何轴线 O_2 的位置是变化的，当 H 杆转动时，O_2 将绕齿轮 1 的几何轴线 O_1 转动。

定轴轮系

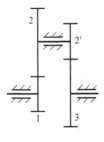

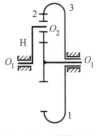

周转轮系

图 12-2　定轴轮系　　图 12-3　周转轮系

第二节 定轴轮系及其传动比

轮系的传动比是输入轴与输出轴的角速度 ω 或者转速 n 之比，如图 12-1 所示的减速器内的齿轮系的传动比 i_{13} 计算公式为

$$i_{13} = n_1/n_3 = \omega_1/\omega_3$$

其中，下标 1、3 分别为输入轴、输出轴的代号。齿轮传动比是矢量之比，它的值不仅有大小，而且还有方向。大小反映输入轴与输出轴的相对转速大小关系，而方向反映输入轴与输出轴的相对转动方向关系。

一、单级齿轮传动比计算

图 12-4 所示的单级齿轮传动的传动比大小计算公式为

$$i_{12} = n_1/n_2 = z_2/z_1$$

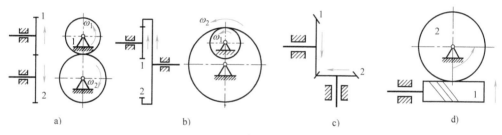

图 12-4 单级齿轮传动

齿轮传动比是矢量之比，当其大小可用齿数比来计算时，还需要确定两轮相对转向关系，一般可用图示的箭头法或符号法来表示。若输入轴、输出轴平行，两轮相对转向关系既可用箭头法又可用符号法表示。若输入轴、输出轴轴线不平行，则两轮相对转向关系只能用箭头法表示。图 12-4a 所示的平行轴外啮合齿轮传动，可用图示的箭头法表示，两轮对应箭头相对，表示两轮转向相反。用符号法表示时，其传动比为 $i_{12} = n_1/n_2 = -z_2/z_1$，前面冠以"–"，表示两轮转向相反。图 12-4b 所示平行轴内啮合齿轮传动，两轮对应箭头相同，表示两轮转向相同。用符号法表示时，其传动比 $i_{12} = n_1/n_2 = +z_2/z_1$，前面冠以"+"，两轮转向相同，"+"可以省略。图 12-4c 所示锥齿轮传动，只能用箭头法表示两轮的转向关系，表示转向的箭头同时指向节点，或同时背离节点。图 12-4d 所示蜗杆传动也只能用箭头法表示两轮的转向关系，可按前面章节所述的方法画出蜗轮和蜗杆的转动方向。

二、定轴轮系传动比计算

计算图 12-5 所示的定轴轮系传动比，设齿轮 1 为输入轮，这里也称为主动轮 1，齿轮 4 为输出轮，这里也称为从动轮 4，轮系中各轮的齿数分别为 z_1、z_2、z_3、$z_{3'}$、z_4。主动轮 1 到从动轮 4 之间的传动，通过三对齿轮依次啮合传动来实现。计算各级的传动比为

$$i_{12} = \frac{n_1}{n_2} = -\frac{z_2}{z_1}$$

$$i_{23} = \frac{n_2}{n_3} = -\frac{z_3}{z_2}$$

$$i_{3'4} = \frac{n_{3'}}{n_4} = \frac{z_4}{z_{3'}}$$

将以上各式两边分别连乘后得

$$i_{12}i_{23}i_{3'4} = \frac{n_1 n_2 n_{3'}}{n_2 n_3 n_4} = (-1)^2 \frac{z_2 z_3 z_4}{z_1 z_2 z_{3'}}$$

因为 $n_3 = n_{3'}$，所以

$$i_{14} = i_{12}i_{23}i_{3'4} = \frac{n_1}{n_4} = (-1)^2 \frac{z_3 z_4}{z_1 z_{3'}}$$

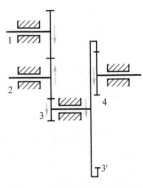

图 12-5 定轴轮系传动比

根据上面的计算结果，推广定轴轮系的传动比计算方法。设定轴轮系中，n_N 为主动轮的转速，n_M 为从动轮的转速，从主动轮到从动轮之间有 m 对外啮合齿轮，则轮系主动轮到从动轮的传动比的一般表达式为

$$i_{NM} = \frac{n_N}{n_M} = (-1)^m \frac{\text{轮系中各级从动轮齿数的连乘积}}{\text{轮系中各级主动轮齿数的连乘积}} \tag{12-1}$$

说明：1）定轴轮系的传动比等于组成该轮系的各级啮合齿轮传动比的连乘积，其大小等于各级啮合齿轮中所有从动轮齿数的连乘积与所有主动轮齿数的连乘积之比。

2）当定轴轮系轴线是互相平行时，从动轮转动方向可根据齿轮外啮合的对数 m 确定，从动轮转向由 $(-1)^m$ 的正负性判定。若计算结果为正，说明与主动轮转向相同；若计算结果为负，说明与主动轮转向相反。如果定轴轮系的轴线是不平行时，齿轮的转动方向是空间矢量，从动轮的转动方向需要在用箭头法来确定。

3）轮系中的介轮的齿数不影响传动比数值大小，只起改变转向作用。如图 12-5 所示轮系中，齿轮 2 既是齿轮 1 和齿轮 2 之间的从动轮，又是齿轮 2 和齿轮 3 之间的主动轮，这种齿轮称为惰轮或介轮。

例 12-1 如图 12-6 所示轮系中，已知 $z_1 = 20$，$z_2 = 30$，$z_{2'} = 20$，$z_3 = 80$，$z_{3'} = 20$，$z_4 = 15$，$z_5 = 30$，主动轮 1 的转速大小 $n_1 = 1800 \text{r/min}$，转动方向如图中箭头所示，试求齿轮 5 的转速和转向。

解：此轮系是一个平行轴齿轮传动的定轴轮系，外啮合次数为 3，z_4 为介轮，轮系的传动比 i_{15} 为

$$i_{15} = \frac{n_1}{n_5} = (-1)^3 \frac{z_2 z_3 z_5}{z_1 z_{2'} z_{3'}} = -\frac{30 \times 80 \times 30}{20 \times 20 \times 20} = -9$$

从动轮 5 的转速为

$$n_5 = \frac{n_1}{i_{15}} = -\frac{1800}{9} \text{r/min} = -200 \text{r/min}$$

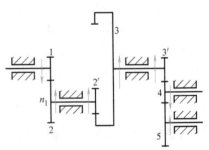

图 12-6 例 12-1 图

负号表示齿轮 5 的转向与齿轮 1 的转向相反；也可用图 12-6 所示的箭头法确定其方向。

例 12-2 如图 12-7 所示轮系中，已知各轮齿数 $z_1 = 36$，$z_2 = 72$，$z_{2'} = 40$，$z_3 = 160$，$z_{3'} = 40$，$z_4 = 36$，$z_5 = 60$，$z_{5'} = 30$，$z_6 = 60$，$z_{6'} = 2$（右旋），$z_7 = 60$，主动轮 1 的转速大小 $n_1 =$

3600r/min，转向如图所示，求蜗轮 7 的转速 n_7 的大小，并判断其转动方向。

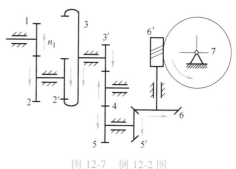

解：此轮系是一个含有锥齿轮传动和 蜗杆传动的空间定轴轮系，齿轮 4 为介轮，计算轮系的传动比 i_{17} 为

$$i_{17} = \frac{n_1}{n_7} = \frac{z_2 z_3 z_5 z_6 z_7}{z_1 z_{2'} z_{3'} z_{5'} z_{6'}} = \frac{72 \times 160 \times 60 \times 60 \times 60}{36 \times 40 \times 40 \times 30 \times 2} = 720$$

计算蜗轮的转速 $n_7 = \dfrac{3600}{720} = 5 \text{r/min}$，由箭头

法判断蜗轮的转向为逆时针方向。

图 12-7 例 12-2 图

第三节 周转轮系的传动比

一、周转轮系的组成

分析图 12-3 所示的周转轮系传动特点，轮系运转时，外齿轮 1、内齿轮 3 和构件 H 的轴线重合且几何位置固定，都绕轴线 O_1-O_1 转动；齿轮 2 空套在构件 H 上，绕自己的轴线 O_2-O_2 自转，同时又随构件 H 绕轴线 O_1-O_1 做公转，类似行星运动。因此，这类周转轮系中，把轴线位置固定的齿轮 1、3 称为太阳轮，既做自转又做公转的齿轮 2 称为行星轮，支持行星轮运转的构件 H 称为行星架或转臂，又称为系杆。这样，一个基本周转轮系由太阳轮、行星轮以及行星架组成。其中，太阳轮和行星架为周转轮系的基本构件，两者的几何轴线必须重合，否则周转轮系无法正常运转。

二、周转轮系的类型

根据其周转轮系所具有的自由度的数目不同，周转轮系可分为行星轮系和差动轮系。图 12-3 所示的周转轮系中，轮系的自由度为 2，即该轮系需要两个原动件才能有确定的运动输出，这种周转轮系称为差动轮系。图 12-8 中，固定太阳轮 3，轮系的自由度为 1，要使轮系有确定的运动，只需给定一个原动件，这种周转轮系称为行星轮系。

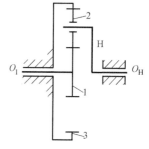

三、周转轮系的传动比计算

周转轮系中，由于行星轮既做公转又做自转，周转轮系的传动比不能直接用求解定轴轮系的传动比方法来计算。为计算周转轮系传动比，可将周转轮系转化成定轴轮来计算轮系的传动比。如图 12-9a 所示的周转轮系，设 n_1、n_2、n_3、n_H 分别为轮系的齿轮 1、2、3 及行星架 H 的转速。若给整个轮系加上一个公共

图 12-8 行星轮系

转速 "$-n_H$"，根据相对运动原理可知，各构件之间的相对运动关系并不改变，但是行星架的转速变为 $n_H^H = n_H - n_H = 0$，即行星架可视为静止不动。于是，周转轮系就转化成了图 12-9b 所示的定轴轮系，通常称这个假想的转化定轴轮系为周转轮系的转化轮系，这种转化方法称

为反转法。

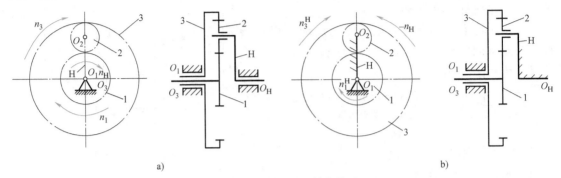

a)   b)

图 12-9　周转轮系的转化轮系

转化前后周转轮系各构件的转速见表 12-1。

表 12-1　转化前后轮系各构件转速

构件代号	原轮系中转速	转化轮系中的转速
1	n_1	$n_1^H = n_1 - n_H$
2	n_2	$n_2^H = n_2 - n_H$
3	n_3	$n_3^H = n_3 - n_H$
H	n_H	$n_H^H = n_H - n_H = 0$

表中 n_1^H、n_2^H、n_3^H、n_H^H 分别为齿轮 1、2、3 及行星架 H 在转化轮系中的转速。这样，可以按照定轴轮系传动比的计算方法来计算该转化轮系的传动比。

由定轴轮系传动比公式计算齿轮 1 到齿轮 3 的传动比为

$$i_{13}^H = \frac{n_1^H}{n_3^H} = \frac{n_1 - n_H}{n_3 - n_H} = (-1)^1 \frac{z_2 z_3}{z_1 z_2} = -\frac{z_3}{z_1}$$

将以上分析推广到一般情形，设 n_G 和 n_K 为周转轮系中任意两个齿轮 G 和 K 的转速，n_H 为行星架 H 的转速，则转化轮系中 G 到 K 的传动比为

$$i_{GK}^H = \frac{n_G^H}{n_K^H} = \frac{n_G - n_H}{n_K - n_H} = (-1)^m \frac{\text{转化轮系从 G 到 K 所有从动轮齿数的连乘积}}{\text{转化轮系从 G 到 K 所有主动轮齿数的连乘积}} \tag{12-2}$$

在利用式（12-2）计算周转轮系传动比时，需要注意以下几个问题：

1）式中各轮的主从地位应按取 G 为输入构件、K 为输出构件这一假定去判别。

2）由于在两轴平行时，两轴转速才能代数相加，故此式仅适用于齿轮 G、K 和行星架 H 的轴线互相平行的场合。

例 12-3　如图 12-10 所示的周转轮系中，行星架 H 为原动件，轮 1 为从动件，齿轮 3 与机架固定在一起，已知 $n_H = 100000$ r/min（顺时针方向转动），$z_1 = 100$，$z_2 = 101$，$z_{2'} = 100$，$z_3 = 99$，求传动比 i_{H1} 和 n_1，并判断其转向。

解：此周转轮系是一个自由度为 1 的平行轴行星轮系，齿轮 3 与机架固定在一起，$n_3 = 0$，轮系有两次外啮合传动，依据式（12-2）得转化轮系的传动比为

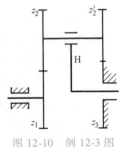

图 12-10　例 12-3 图

$$i_{13}^{H} = \frac{n_1^{H}}{n_3^{H}} = \frac{n_1 - n_H}{n_3 - n_H} = (-1)^2 \frac{z_2 z_3}{z_1 z_{2'}} = \frac{101 \times 99}{100 \times 100}$$

于是

$$\frac{n_1 - n_H}{-n_H} = 1 - \frac{n_1}{n_H} = \frac{101 \times 99}{100 \times 100}$$

最后可得

$$i_{H1} = \frac{n_H}{n_1} = 10000$$

当 $n_H = 100000 \text{r/min}$ 时，$n_1 = 10 \text{r/min}$，顺时针方向转动。

此轮系只有 4 个齿轮，但是由结果可知行星轮系的传动比非常大，即行星架转 10000 转，齿轮 1 才转 1 转，这在定轴轮系中是无法实现的。

第四节　混合轮系及其传动比

混合轮系是由定轴轮系和周转轮系组合而成的，在求传动比时，首先必须将各个基本轮系划分开来，然后分别列出计算这些基本轮系的方程式，最后联立解出所要求的传动比。其中，基本轮系是单一的定轴轮系或单一的周转轮系。在划分基本轮系时，首先要找出各个单一的周转轮系。找周转轮系时，先找行星轮，即那些几何轴线不固定而是绕其他轴线转动的齿轮，支持行星轮的构件就是行星架，然后找到几何轴线与行星架重合并与行星轮啮合的齿轮，即太阳轮。所有周转轮系确定后，剩余的那些由定轴齿轮所组成的部分就是定轴轮系。

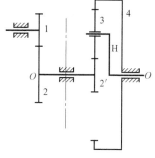

例 12-4　如图 12-11 所示的平行轴混合轮系中，已知各轮的齿数分别为：$z_1 = 20$，$z_2 = 40$，$z_{2'} = 20$，$z_3 = 25$，$z_4 = 80$。求轮系的传动比 i_{1H}。

解：此轮系为一混合轮系，先划分基本周转轮系。此轮系中的齿轮 3 几何轴线不固定，绕系杆 H 的轴线转动，因此为行星轮，系杆 H 为行星架，与系杆 H 轴线重合并与齿轮 3 啮合的齿轮 2′、4 为太阳轮。齿轮 3、系杆 H、齿轮 2′、4 便组成一个基本周转轮系，而剩下的齿轮 1、2 构成一个基本定轴轮系。

图 12-11　混合轮系

计算定轴轮系的传动比为

$$i_{12} = \frac{n_1}{n_2} = -\frac{z_2}{z_1} = -\frac{40}{20} = -2$$

计算周转轮系传动比，齿轮 4 为固定轮，3 为介轮，因此周转轮系传动比为

$$i_{2'4}^{H} = \frac{n_{2'} - n_H}{-n_H} = 1 - \frac{n_{2'}}{n_H} = -\frac{z_4}{z_{2'}}$$

化简得

$$i_{2'H} = \frac{n_{2'}}{n_H} = 1 + \frac{z_4}{z_{2'}} = 1 + \frac{80}{20} = 5$$

而

$$i_{12} i_{2'H} = \frac{n_1 n_{2'}}{n_2 n_H} = \frac{n_1}{n_H}$$

求得整个轮系的传动比为

$$i_{1H} = \frac{n_1}{n_H} = i_{12}i_{2'H} = -2 \times 5 = -10$$

式中的负号表示行星架 H 与齿轮 1 的转动方向相反。

第五节　轮系的功用

轮系在机器中应用十分广泛，其功用主要表现在以下几个方面。

一、实现中心距较大的传动

当两轴中心距离较大时，要求传动比准确，效率高，这时常常要选择轮系传动。如图 12-12 所示，两轴中心距较大，如果仅仅采用一对齿轮传动，那么齿轮的尺寸很大，结构不紧凑。如果改用轮系传动就可以避免这些问题，同时可缩小传动装置所占空间，使机构总体尺寸减小，节省材料，又给加工安装带来方便。

二、实现较大的传动比

一对齿轮传动时，其传动比一般不超过 8。齿轮传动比过大，两轮直径尺寸相差很大，小齿轮的磨损会加剧（图 12-13）。为避免这种现象，采用轮系传动，在实现大的传动比的同时，还可以使传动外廓尺寸减小。在传动比很大时，可采用行星轮系，只需要较少的齿轮，就能实现大的传动比，如例 12-3 的行星轮系的传动比可以达到 10000。

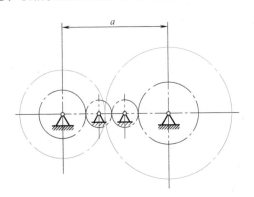

图 12-12　中心距较大的两轴传动

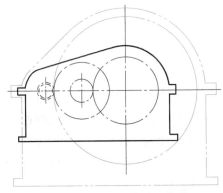

图 12-13　轮系大传动比传动

三、实现变速和换向传动

当主动轴匀速运动时，通过轮系传动从动轴可以获得多种工作速度轮系，这种传动称为变速传动。轮系还具有变向的功能，当主动轴转动方向不变时，通过轮系传动从动轴可以获得不同转动方向。如图 12-14 所示，在主动轮转速与转向不变的情况下，通过轮系传动和扳动手柄 a，使得从动轮 4 获得不同的转速和转向。

四、实现分路传动

当主动轴转速一定时，通过轮系传动可使多根从动轴获得不同的转速。如图 12-15 所示的钟表传动机构中，通过拧紧发条带动齿轮 1 转动，再通过轮系传动，使从动件 M、S、H 分别获得不同的转动速度。

五、实现运动的分解与合成

运动的合成是将两个输入运动合成为一个输出运动。如图 12-16 所示的加法机构中，输出构件行星桁架 2 的运动是两个输入构件齿轮 1 与 3 运动的合成。这种运动合成装置广泛地应用于机床、计算、补偿机构中。

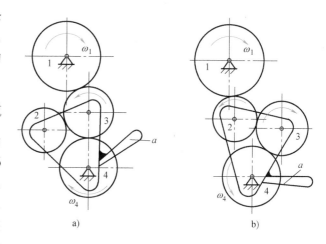

图 12-14　车床走刀丝杠的三星轮系机构

运动的分解是将一个输入运动分解为两个输出运动。图 12-17 所示的汽车后桥差速器中，当汽车转弯时，发动机将运动传给齿轮 5，齿轮 5 通过图中轮系将不同的速度分别传递给左、右车轮。

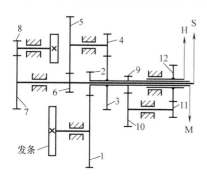

图 12-15　钟表传动机构

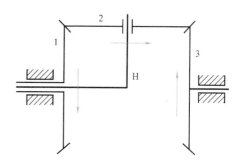

图 12-16　加法机构

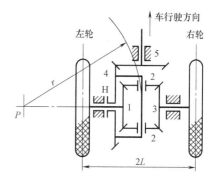

图 12-17　汽车后桥差速器

六、结构紧凑，可实现大功率传动

图 12-18 所示的周转轮系中，在轮系总体积没有变大的情况下，均布了三个行星轮，系

统得到了平衡,承载能力也得到了提高。

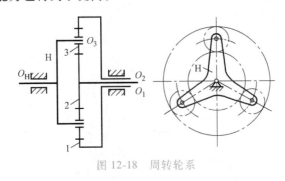

图 12-18 周转轮系

第六节 减 速 器

减速器是原动机和工作机之间的一个独立的闭式传动装置,用来将原动机的输出运动传递给工作机,一般起到降低转速和增大转矩的作用,以满足工作需要。减速器在某些场合也用于增速,此时称为增速器。

减速器的种类繁多,按照传动原理可分为普通减速器和行星减速器两大类。

一、普通减速器

普通减速器是全部由定轴轮系组成的减速器。普通减速器又可以进一步分类:按照传动类型可分为齿轮减速器、蜗杆减速器;按照传动级数不同可分为单级和多级减速器;按照齿轮形状可分为圆柱齿轮减速器、锥齿轮减速器和锥齿轮-圆柱齿轮减速器;按照传动的布置形式又可分为展开式、分流式和同轴式减速器。行星齿轮减速器和普通齿轮减速器相比,具有结构紧凑、体积小、质量轻、传动比大等优点,目前广泛应用于轻工机械、纺织机械、工程机械和起重运输机械等。

常用的普通减速器分类及特点见表 12-2。

表 12-2 常用的普通减速器分类及特点

名称		简　图	说　　明
圆柱齿轮减速器	一级		单级圆柱齿轮减速器的最大传动比一般为 8~10,主要为避免外廓尺寸过大
	二级展开式		二级圆柱齿轮减速器应用在传动比为 8~50 及高、低速级的中心距总和为 25~400mm 的情况下
	二级同轴式		输入轴、输出轴为同一轴线,二级大齿轮直径接近,有利于浸油润滑。具有结构紧凑、体积小、质量轻、承载能力大、传动效率高、使用可靠、寿命长、噪声低等优点

（续）

名称		简　图	说　明
圆柱齿轮减速器	二级分流式	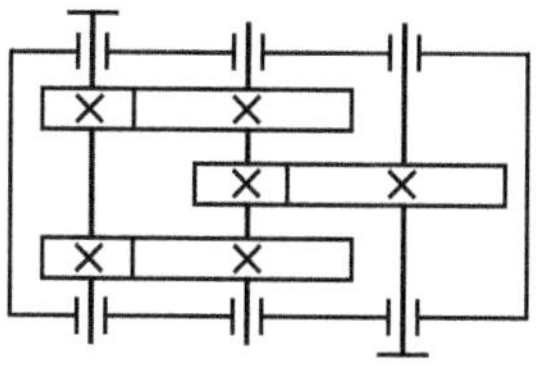	齿轮相对于轴承对称布置,载荷沿齿宽分布较均匀,受载情况较好,适于重载或变载荷的场合
	三级	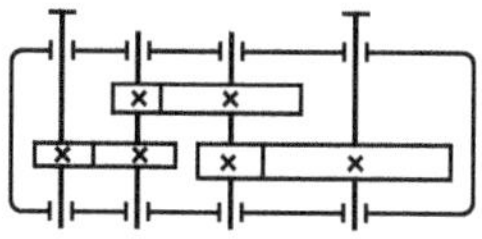	三级圆柱齿轮减速器,用于要求传动比较大的场合,一般 $i=40\sim400$
一级锥齿轮减速器		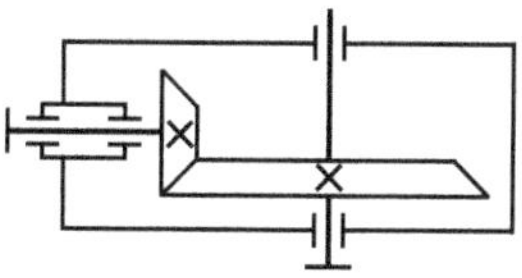	用于需要输入轴与输出轴成90°配置的传动中
二级锥齿轮-圆柱齿轮减速器		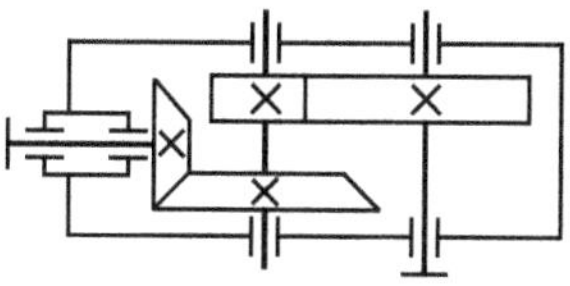	因大尺寸的锥齿轮较难精确制造,所以高速级采用锥齿轮传动,以减小其尺寸,提高制造精度
一级蜗杆减速器		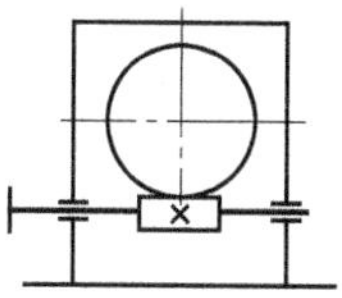 a) 蜗杆下置式 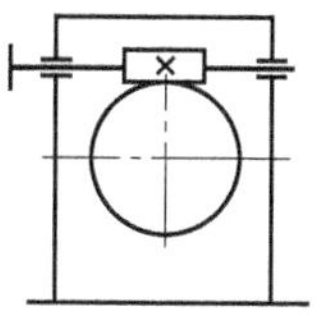　　b) 蜗杆上置式	在外廓尺寸不大的情况下可以获得很大的传动比,传动比范围一般为 $10\sim70$,同时工作平稳、噪声较小,但缺点是传动效率较低
蜗杆-齿轮减速器		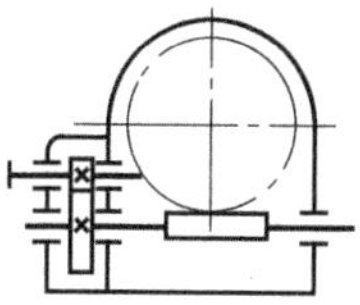 a) $i=35\sim150$ 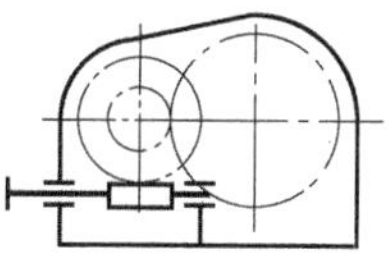　　b) $i=50\sim250$	通常将蜗杆传动作为高速级,因为高速时蜗杆的传动效率较高。它适用的传动比范围视布置形式而定,a)图 $i=35\sim150$,b)图 $i=50\sim250$

二、行星减速器

行星齿轮减速器与普通减速器相比，具有结构紧凑、体积小、质量小、传动比大、效率高、传动平稳、抗冲击力强等优点。目前，行星齿轮减速器已广泛应用于轻工机械、纺织机械、工程机械、石油化工机械、起重运输机械。行星减速器的传动结构与机构运动简图如图12-19所示，行星减速器的机构运动简图中蓝色线框的部分，齿轮1、2、2′、3以及系杆H一起构成了行星轮系，按其啮合特点系属于NGW型，其特点是内齿轮3与太阳轮1和公用的行星轮2相啮合。当太阳轮3做高速旋转时，行星轮2在太阳轮和内齿轮1之间既做自转运动，又绕太阳轮做公转运动，行星转架H则将行星轮的低速公转运动输出。按照上述结构原理，若反过来，当以行星转架作为输入轴时，即为行星增速器，用于增速场合。

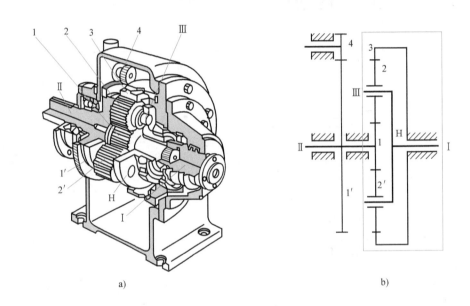

a)   b)

图 12-19 行星轮系减速器结构图与机构运动简图

1、3—太阳轮   2、2′—行星轮   1′、4—齿轮

Ⅰ—低速轴   Ⅱ—高速轴   Ⅲ—行星轮轴   H—行星架

行星齿轮减速器的类型很多，不同结构所能传递的功率范围、效率高低和传动比数值等列于表12-3中。

表 12-3 行星轮系类型及特点

类型	简图	特　　点
2K-H 型 （NGW）		$i = 2.8 \sim 13$,体积小,质量小,结构简单,效率高,传递功率范围大,工作平稳,可用各种工作条件

（续）

类型	简图	特　点
2K-H 型 （NW）	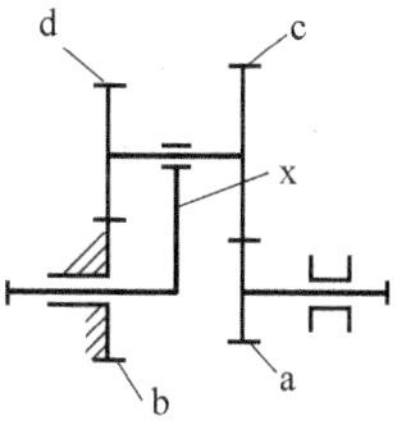	$i=7\sim21$,效率高,传递功率范围大,工作平稳,可用于各种工作条件,但双联齿轮制造、安装困难
2K-H 型 （WW）	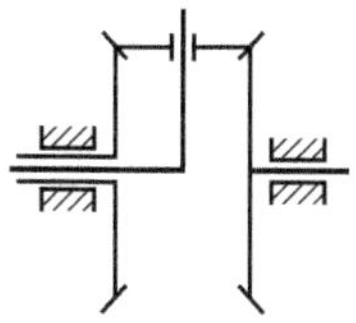	$i=1\sim2$,可实现运动的合成与分解,主要用于汽车等动力装置的差速器中
2K-H 型 （WW）	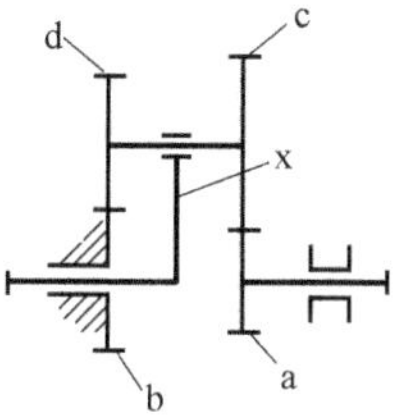	$i=1\sim$几千,传动比范围大,但效率差,制造困难,一般不用于传递动力
2K-H 型 （NN）	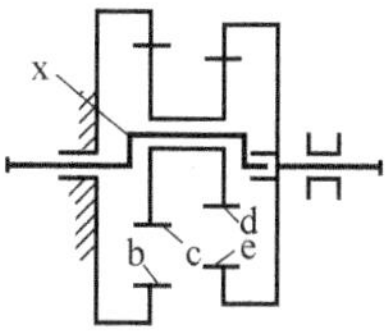	$i=30\sim100$,传动比范围大,但效率高于 WW 型,适用于短期工作情况
3K 型 （NGWN）	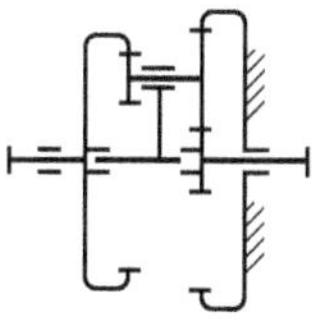	$i=20\sim100$,传动比范围大,但效率低于 NGW 型,适用于小功率或短期工作情况

三、其他行星传动简介

1. 渐开线少齿差行星传动

渐开线少齿差行星齿轮减速器是最近才发展起来的，其应用范围也在逐渐扩大，如起重运输机械、轻工业机械等。这种减速器的特点是结构较紧凑，因此体积小、质量轻、减速比较大。偏心少齿差行星减速器的传动原理图如图 12-20 所示。减速器的齿轮副由外齿轮 1 和

内齿轮 2 组成，外齿轮的齿数比内齿轮的齿数少 1、2 个齿或 3、4 个齿，所以称为少齿差。当高速偏心轴 3 转动时，迫使外齿轮（即行星轮）在内齿轮中做公转运动，同时由于内、外齿轮间存在少量齿数差，故当外齿轮公转时又产生了小量自转运动，通过平行轴间联轴器 4 将此低速自转运动传至低速轴 5 输出。目前常用输出机构的形式有浮动十字盘式、销轴式、十字滑块式等几种。

少齿差行星传动具有传动比大、结构简单紧凑、体积小、质量轻、加工装配维修方便、传动效率高等优点。但由于齿数差很少，又是内啮合传动，为避免产生齿廓重叠干涉，一般需采用啮合角很大的正传动，从而导致轴承压力增大。加之还需要一个输出机构，故使传递的功率受到一定限制，一般用于中、小功率传动。

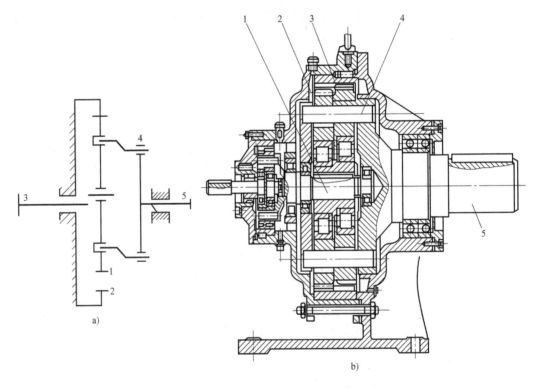

图 12-20　偏心少齿差行星减速器的传动原理图

1—外齿轮　2—内齿轮　3—高速偏心轴　4—平行轴间联轴器　5—低速轴

2. 摆线针轮行星传动

图 12-21 所示为摆线针轮行星传动的示意图，摆线针轮传动也属于一齿差的 K-H-V 型行星齿轮传动，所不同的是，其太阳轮的齿为一系列的针齿销，又称为针轮，而行星轮齿廓曲线为摆线，又称为摆线轮。摆线针轮行星传动具有减速比大、结构紧凑、传动效率高、传动平稳、承载能力高、使用寿命长等优点。此外，与渐开线少齿差行星传动相比，无齿顶相碰和齿廓重叠干涉等问题。因此，摆线针轮行星传动日益受到世界各国的重视，在军工、矿山、冶金、造船、化工等工业部门得到广泛应用，以其多方面的优点取代了一些笨重庞大的传动装置。其主要缺点是加工工艺复杂，制造成本较高。

3. 谐波齿轮传动

谐波齿轮传动的传动原理与普通齿轮传动不同，它依靠挠性构件的弹性变形来实现传动。图 12-22 所示为谐波齿轮传动的示意图，谐波齿轮传动主要由波发生器、柔轮和钢轮三个基本构件组成。波发生器的长度大于柔轮的直径，当波发生器旋转时，迫使柔轮由圆变形为椭圆，使长轴两端附近的齿进入啮合状态，而端轴附近的齿则脱开，其余不同区段上的齿有的处于逐渐进入啮合状态，而有的处于逐渐退出啮合状态，从而实现啮合传动。

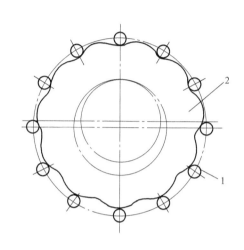

图 12-21　摆线针轮行星传动

1—针轮　2—摆线轮

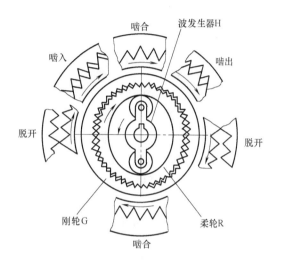

图 12-22　谐波齿轮减速器

谐波传动具有许多优点：传动比范围大；同时啮合的齿数多，使谐波传动的精度高，齿的承载能力大，进而实现大速比传动；小体积；运动平稳，无冲击，噪声小；传动效率高。由于具有其他传动无法比拟的诸多独特优点，近几十年来，它已被迅速推广到能源、通信、机床、仪器仪表、机器人、汽车、造船、纺织、冶金、常规武器、精密光学设备中。

例 12-5　如图 12-23 所示的齿轮减速系统，已知各个齿轮的齿数分别为 z_1、$z_{1'}$、$z_{1''}$、z_2、z_3、$z_{3'}$、$z_{3''}$。

1）分析轮系的类型。

2）计算轮系可以获得的传动比 $i_{13'}$。

3）分析轴Ⅱ上的齿轮 2 的类型和作用。

4）分析减速器的类型和轮系功用。

解：1）轮系类型判断：考虑齿轮的几何轴线是否固定不变，图 12-23 所示的齿轮减速系统属于定轴轮系。考虑齿轮轴线是否平行，图 12-23 所示的齿轮减速系统属于平行轴轮系。

2）轮系可以获得的传动比计算：图 12-23 所示的齿轮减速系统轴Ⅰ上的滑移齿轮处于最左位时，电动机与输出轴Ⅱ之间的传动比为 $-z_{3''}/z_{1'}$；轴Ⅰ上的滑移

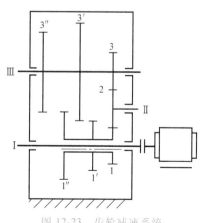

图 12-23　齿轮减速系统

185

齿轮处于中间位时,电动机与输出轴Ⅱ之间的传动比为$-z_3/z_1$;轴Ⅰ上的滑移齿轮处于最右位时,电动机与输出轴Ⅱ之间的传动比为z_3/z_1。

3)轴Ⅰ上的滑移齿轮处于最右位时,齿轮2称为惰轮,其作用是使轴Ⅲ获得反方向的转动。

4)减速器中滑移齿轮块(齿轮1、1'、1″)通过滑键或导向键与轴连接,齿轮块滑移到不同位置,可以分别与不同齿轮啮合,共可获得三种传动比。该减速器属于二级定轴轮系减速器。其中轮系的主要功能是实现变速与换向。

思 考 题

12-1 在图 12-24 所示轮系中,设齿轮 1 为输入轮,齿轮 4 为输出轮,已知各轮齿数分别为 z_1、z_2、z_3、z_4,求传动比 i_{14},如果齿轮 1 顺时针方向转动,判断齿轮 4 的转动方向。

12-2 在图 12-25 所示轮系中,已知各齿轮的齿数分别为 z_1、z_2、z_3、$z_{3'}$、z_4、$z_{4'}$、z_5,计算传动比 i_{15},如果齿轮 1 顺时针方向转动,判断齿轮 5 的转动方向。

12-3 在图 12-26 所示轮系中,设齿轮 1 为输入轮,齿轮 5 为输出轮,已知各齿轮的齿数 z_1、z_2、$\cdots$、z_5,求传动比 i_{15},如果齿轮 1 顺时针方向转动,判断齿轮 5 的转动方向。

12-4 在图 12-27 所示轮系中,已知:蜗杆为单头且右旋,转速 $n_1 = 1440\text{r/min}$,转动方向如图 12-27 所示,其余各齿轮齿数为:$z_2 = 40$,$z_{2'} = 20$,$z_3 = 30$,$z_{3'} = 18$,$z_4 = 54$,计算齿轮 4 的转速 n_4,并判断齿轮 4 的转动方向。

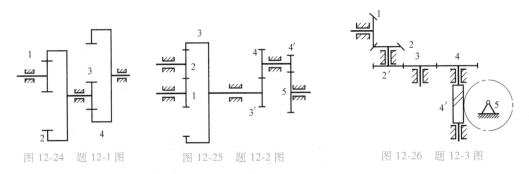

图 12-24 题 12-1 图   图 12-25 题 12-2 图   图 12-26 题 12-3 图

12-5 在图 12-28 所示轮系中,已知各轮齿数分别为 $z_1 = 32$,$z_2 = 34$,$z_3 = 36$,$z_4 = 64$,$z_5 = 32$,$z_6 = 17$,$z_7 = 24$。$n_1 = 1250\text{r/min}$,顺时针方向转动,求齿轮 n_7 的转速和方向。

12-6 在图 12-29 所示锥齿轮差动轮系中,已知 $z_1 = z_3$,若 n_1 为顺时针方向,n_H 的转动方向和 n_1 相反,n_1 和 n_H 都等于 10r/min,求 n_3,并判断方向。

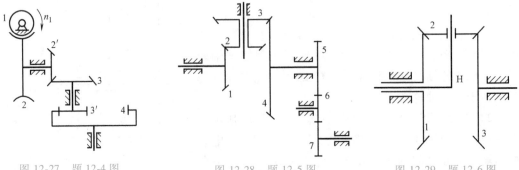

图 12-27 题 12-4 图   图 12-28 题 12-5 图   图 12-29 题 12-6 图

12-7 在图 12-30 所示周转轮系中，已知各齿轮齿数分别为 $z_1 = z_{2'} = 25$，$z_2 = z_3 = 20$，$z_H = 100$，$z_4 = 20$。求传动比 i_{14}。

12-8 在图 12-31 所示轮系中，各齿轮齿数分别为 $z_1 = 60$，$z_2 = 15$，$z_{2'} = 20$，$z_3 = 25$，$z_{3'} = 45$，$n_H = 1450\text{r/min}$，方向为顺时针方向，试求单头右旋蜗杆 4 的转速和方向。

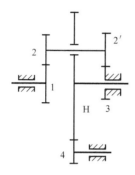

图 12-30 题 12-7 图

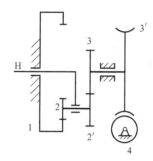

图 12-31 题 12-8 图

第十三章

轴

重点学习内容
1) 轴的分类与材料选择。
2) 轴的结构设计。
3) 轴的强度计算。

第一节　轴的分类

　　轴用于支承做回转运动或摆动的零件，使其有确定的工作位置，并传递运动与动力。它的结构和尺寸是由被它支承的零件和支承它的轴承的结构和尺寸决定的，轴是重要的非标准零件。

　　轴的分类方法很多。按照轴线形状，轴可分为直轴（图 13-1）、曲轴（图 13-2）和软轴（图 13-3）；按照外形，轴可分为光轴（图 13-1）和阶梯轴（图 13-4）；按照心部结构，轴可分为实心轴和空心轴。这里重点介绍按照承受载荷的不同对轴进行的分类。

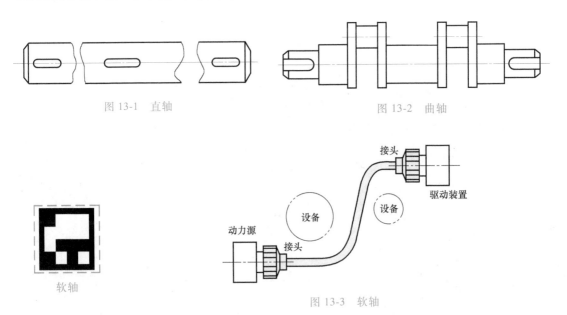

图 13-1　直轴

图 13-2　曲轴

软轴

图 13-3　软轴

　　（1）传动轴　只承受转矩、不承受弯矩或受很小弯矩的轴。如图 13-5 所示的汽车传动轴。

　　（2）心轴　通常指只承受弯矩而不承受转矩的轴。心轴按其是否转动可分为转动心轴

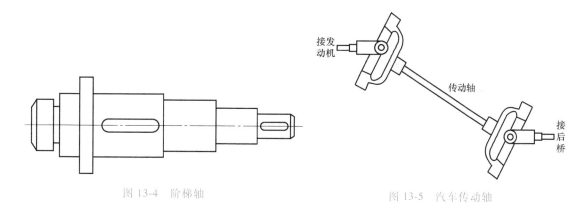

图 13-4 阶梯轴

图 13-5 汽车传动轴

和固定心轴。

图 13-6a 所示为滑轮的转动心轴；图 13-6b 所示为另一滑轮的固定心轴。在静载荷作用下，固定心轴产生静应力，转动心轴产生对称循环变应力。

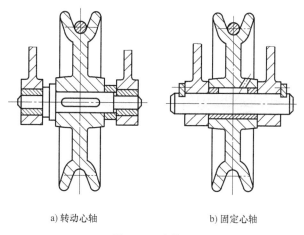

a) 转动心轴   b) 固定心轴

图 13-6 心轴

（3）转轴 转轴是既承受弯矩又承受转矩的轴。转轴在各种机器中最为常见，如齿轮轴。图 13-7 所示齿轮减速器中的轴都是转轴。

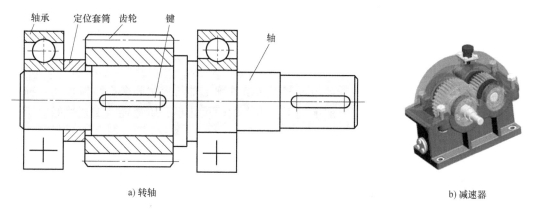

a) 转轴   b) 减速器

图 13-7 减速器中的转轴

第二节　轴 的 材 料

轴在使用过程中长期承受交变应力作用，疲劳破坏是轴的主要失效形式。因此，轴的材料要求具有较好的强度、韧性，与轴上零件有相对滑动的部位还应具有较好的耐磨性。

（1）碳素钢　工程中广泛采用 35、45、50 等优质碳素钢，对于轻载和不重要的轴也可采用 Q235、Q275 等普通碳素钢。

（2）合金钢　常用于高温、高速、重载以及结构要求紧凑的轴，有较高的力学性能，但价格较贵，对应力集中敏感，所以在结构设计时必须尽量减少应力集中。

（3）球墨铸铁　耐磨、价格低，但可靠性较差，一般用于形状复杂的轴。

轴的常用材料及其力学性能见表 13-1。

表 13-1　轴的常用材料及其力学性能

材料	牌号	热处理	毛坯直径 /mm	硬度		力学性能/MPa			备注
				HBW	HRC（表面淬火）	抗拉强度 R_m	屈服强度 R_{eL}	弯曲疲劳强度 σ_{-1}	
碳素结构钢	Q235					440	240	200	用于受载较小或不重要的轴
	Q275					580	280	230	
优质结构钢	45	正火	25	≤241	55~61	600	360	260	应用最广泛。用于要求强度较高、韧性中等的轴，通常调质或正火后使用
		正火	≤100	170~217		600	300	275	
		回火	≤100~300	162~217		580	290	270	
		调质	≤200	217~255		650	360	300	
合金钢	20Cr	渗碳淬火回火	15		表面56~62	835	540	375	用于强度与韧性要求都较高的轴
			≤60			650	400	280	
	20CrMnTi		15		表面56~62	1080	835	525	
	35SiMn	调质	25		45~55	885	735	460	性能接近于40Cr，用于中小型轴
			≤100	229~286		800	520	400	
			>100~300	217~269		750	450	350	
	40Cr	调质	25		48~55	980	785	500	用于载荷较大且无很大冲击的重要的轴
			≤100	241~266		750	550	350	
			>100~300	241~266		700	550	340	
球墨铸铁	QT400-18			130~180		400	250	145	用于形状复杂的轴
	QT600-3			190~270		600	370	215	

第三节　轴的结构设计与轴上零件定位

轴的结构设计就是根据轴的受载情况和工作条件确定轴的形状和全部结构尺寸。轴结构设计的总原则是：在满足工作能力的前提下，力求轴的尺寸小，质量轻，工艺性好。

一、轴的各部分名称

如图 13-8 所示，轴上被轴承支承部分称为轴颈（1 和 5 处）；与传动零件（带轮、齿轮、联轴器）轮毂配合部分称为轴头（4 和 7 处）；连接轴颈和轴头的非配合部分称为轴身（6 处）。阶梯轴上直径变化处称为轴肩，起轴向定位作用。图中 6 与 7 间的轴肩使联轴器在轴上定位；1 与 2 间的轴肩使左端滚动轴承定位。3 处为轴环。

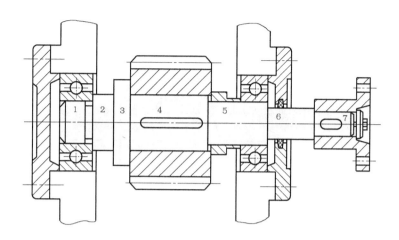

图 13-8　轴的组成

1、5—轴颈　2、6—轴身　3—轴环　4、7—轴头

二、轴上零件的轴向固定

轴上零件的轴向固定是为了防止在工作中零件沿轴向窜动。零件的轴向固定可采用轴肩、轴环、套筒、圆螺母、轴端挡圈、弹性挡圈、紧定螺钉等方式，其结构形式、特点与应用见表 13-2。

表 13-2　轴上零件的轴向固定方法、结构形式、特点及应用

序号	固定方法	简　图	特点及应用
1	轴肩、轴环		固定简单可靠，不需要附加零件，能承受较大轴向力。广泛应用于各种轴上零件的固定。但这种方法会使轴径增大，阶梯处形成应力集中。为了使轴上零件与轴肩贴合，轴上圆角半径 r 应小于配合零件的圆角半径 R 或倒角高度 C，同时还需保证轴肩高度大于配合零件的圆角半径 R 或倒角高度 C。一般取轴肩高度 $a \approx (0.07 \sim 0.1)d + (1 \sim 2)$ mm，轴环宽度 $b \approx 1.4a$
2	套筒		简单可靠，简化了轴的结构且不削弱轴的强度。常用于轴上两个近距离零件间的相对固定，不宜用于高速转轴。为了使轴上零件与套筒紧紧贴合，轴头应较轮毂长度短 $1 \sim 2$mm

（续）

序号	固定方法	简　图	特点及应用
3	圆螺母		固定可靠,可承受较大的轴向力,能实现轴上零件的间隙调整。用于固定轴中部的零件时,可避免采用过长的套筒,以减轻质量。但轴上须切制螺纹和退刀槽,应力集中较大,故常用于轴端零件固定。为减小对轴强度的削弱,常用细牙螺纹。为防止松动,须加止动垫圈或使用双螺母
4	圆锥面和轴端挡圈		用圆锥面配合装拆方便,且可兼作周向固定,能消除轴和轮毂间的径向间隙,能承受冲击载荷,只用于轴端零件固定,常与轴端挡圈联合使用,实现零件的双向固定 　轴端挡圈(又称压板),用于轴端零件的固定,工作可靠,能承受较大轴向力,应配合止动垫圈等防松措施使用
5	弹性挡圈		结构简单紧凑,装拆方便,但轴向承受力较小,且轴上切槽将引起应力集中。可靠性差,常用于轴承的轴向固定。轴用弹性挡圈的结构尺寸参见 GB 894.1—1986
6	轴端挡板		适于心轴轴端零件的固定,只能承受较小的轴向力
7	挡环、紧定螺钉		挡环用紧定螺钉与轴固定,结构简单,但不能承受大的轴向力 　紧定螺钉适用于轴向力很小、转速很低或仅为防止偶然轴向滑移的场合。同时可起周向固定的作用
8	销联接		结构简单,但轴的应力集中较大,用于受力不大,同时需要轴向和周向固定的场合

三、各轴段直径和长度的确定

（1）各轴段直径的确定原则　轴的各段直径通常是在根据轴所传递的转矩初步估算出最小直径的基础上,考虑轴上零件的安装及固定等因素逐一确定的。确定轴的直径时应遵循的原则是：

1）轴头的直径取标准尺寸（表 13-3）。

2）安装滚动轴承的轴颈，应按滚动轴承标准规定的内孔直径选取。

3）定位轴肩，其高度 a 按表 13-2 给定的原则确定；非定位轴肩是为了便于轴上零件的安装而设置的工艺轴肩（如图 13-8 中轴段 5 与轴段 6 间的轴肩），其高度可以很小，一般取 $1 \sim 2$mm 即可。

滚动轴承的定位轴肩高度必须低于轴承内圈端面厚度（表 13-2 中的序号 3 中的图），以便于轴承的拆卸，具体数值查相应的轴承标准。

4）轴中装有过盈配合零件时（图 13-8 中的轴段 5），该零件毂孔与装配时需要通过的其他轴段（轴段 6、轴段 7）之间应留有间隙，以便于安装。

表 13-3　轴头的直径标准尺寸（摘自 GB/T 2822—2005）

R10	R'10	R20	R'20	R40	R'40	R10	R'10	R20	R'20	R40	R'40
10.0	10	10.0	10							37.5	38
		11.2	11			40.0	40	40.0	40	40.0	40
12.5	12	12.5	12	12.5	12					42.5	42
				13.2	13			45.0	45	45.0	45
		14.0	14	14.0	14					47.5	48
				15.0	15	50.0	50	50.0	50	50.0	50
16.0	16	16.0	16	16.0	16					53.0	53
				17.0	17			56.0	56	56.0	56
		18.0	18	18.0	18					60.0	60
				19.0	19	63	63	63.0	63	63.0	63
20.0	20	20.0	20	20.0	20					67.0	67
				21.2	21			71.0	71	71.0	71
		22.4	22	22.4	22					75.0	75
				23.6	24	80.0	80	80.0	80	80.0	80
25.0	25	25.0	25	25.0	25					85.0	85
				26.5	26			90.0	90	90.0	90
		28.0	28	28.0	28					95.0	95
				30.0	30	100.0	100	100.0	100	100.0	100
31.5	32	31.5	32	31.5	32					106	105
				33.5	34			112	110	112	110
		35.5	36	35.5	36					118	120

注：1. 本标准规定的尺寸适用于直径、长度、高度等。对已有专用标准规定的尺寸，应按专用标准选用，如螺纹、滚动轴承等。

　　2. R'系列为 R 系列相应各项优先数的化整值。选择系列及单个尺寸时，应首先在优先数系 R 系列中选用标准尺寸，优选顺序为 R10、R20、R40。如果必须将数值圆整，可在相应的 R'系列中选用标准尺寸，其优选顺序为 R'10、R'20、R'40。

（2）各轴段长度的确定原则　轴的各段长度主要是根据轴上零件的轴向尺寸及轴系结构的总体布置来确定，设计时应满足的要求是：

1）轴与传动件轮毂相配合的部分（图 13-8 中 4 和 7）的长度，一般应比轮毂长度短 $2 \sim 3$mm，以保证传动件能得到可靠的轴向固定。轮毂长 $L \approx (1 \sim 1.5) d$。

2）安装滚动轴承的轴颈长度取决于滚动轴承的宽度。

3）其余段的轴段长度，可根据总体结构的要求（如零件间的相对位置、拆装要求、轴承间隙的调整等）在结构设计中确定。

四、影响轴结构的一些因素

轴的结构设计应满足以下准则：轴上零件相对于轴必须有可靠的轴向固定和周向固定；轴的结构要便于加工，轴上零件要便于装拆；轴的结构要有利于提高轴的疲劳强度。

1. 轴的加工工艺性

为使轴具有良好的加工工艺性，应注意以下几点：

1）轴直径变化尽可能小，并尽量限制轴的最小直径与各段直径差，这样既可以节省材料又可以减少切削加工量。

2）轴上有磨削或需切螺纹处，应留砂轮越程槽和螺纹退刀槽，如图 13-9 所示，以保证加工完整。

3）应尽量使轴上同类结构要素（如过渡圆角、倒角、键槽、越程槽、退刀槽及中心孔等）的尺寸相同，并符合标准和规定；如数个轴段上有键槽，应将它们布置在同一母线上，以便于加工。

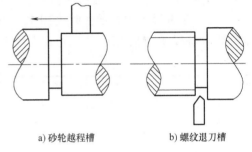

a) 砂轮越程槽　　　　b) 螺纹退刀槽

图 13-9　砂轮越程槽与螺纹退刀槽

2. 轴的装配工艺性

为使轴具有良好的装配工艺性，常采取以下措施：

1）为了便于轴上零件的装拆和固定，常将轴设计成阶梯形。如图 13-8 所示的阶梯轴，轴上装有联轴器和齿轮，并用滚动轴承支承。如果将轴设计成光轴，虽然便于加工，但轴上齿轮装拆困难，而且齿轮和联轴器的轴向位置不便于固定。

2）为了便于装配，轴端应加工出 45°或 30°（60°）的倒角，过盈配合零件装入端常加工出导向锥面。

3）改善轴的受力状况，减小应力集中，合理布置轴上零件可以改善轴的受力状况。

在图 13-10b 中，大齿轮和卷筒连成一体，转矩经大齿轮直接传给卷筒，故卷筒轴只受弯矩而不传递转矩，在起重同样载荷 W 时，轴的直径可小于图 13-10a 所示的结构。

在图 13-11 中，给定轴的两种布置方案，当动力从几个轮输出时，为了减少轴上载荷，应将输入轮布置在中间（图 13-11b），这时轴的最大转矩为 T_1-T_2，而在图 13-11a 中最大转矩为 T_1。

改善轴的受力状况的另一重要方面就是减少应力集中。应力集中常常是产生疲劳裂纹的根源。为了提高轴的疲劳强度，应从结构设计、加工工艺等方面采取措施，减少应力集中，对于合金钢轴尤其应注意这一要求（以下仅从结构方面讨论）。

1）要尽量避免在轴上（特别是应力较大的部位）安排应力集中严重的结构，如螺纹、

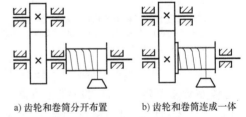

a) 齿轮和卷筒分开布置　　b) 齿轮和卷筒连成一体

图 13-10　起重机卷筒图

横孔、凹槽等。例如，表 13-2 中 3 序号图所示螺纹及退刀槽引起的应力集中都比较大，改用 2 序号图所示套筒后既简化了轴的结构，又减少了应力集中。

2）当应力集中不可避免时，应采取减少应力集中的措施，如适当增大阶梯轴轴肩处圆角半径、在轴上或轮毂上设置卸载槽（图13-12a、b）等。由于轴上零件的端面应与轴肩定位面靠紧，使得轴的圆角半径常常受到限制，这时可采用凹切圆槽（图13-12c）或过渡肩环（图13-12d）等结构。

3）键槽端部与轴肩距离不宜过小，以避免损伤过渡圆角，减少多种应力集中源重合的机会。

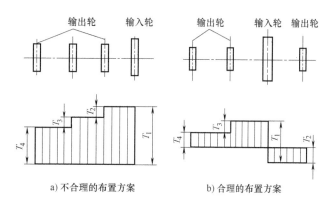

图 13-11 轴的两种方案布置比较

不同受力类型的轴，强度计算的方法是不同的。其中传动轴按扭转强度计算；心轴按弯曲强度计算；转轴按弯扭合成强度计算。

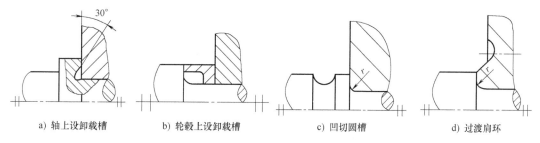

图 13-12 减少应力集中的结构

第四节 轴的设计计算

一、传动轴的强度计算

传动轴工作时只承受转矩，由材料力学可知，实心圆截面轴的强度条件为

$$\tau_{\mathrm{T}} = \frac{T}{W_{\mathrm{T}}} = \frac{16T}{\pi d^3} \approx \frac{9.55 \times 10^6 P}{0.2 d^3 n} \leqslant [\tau_{\mathrm{T}}] \tag{13-1}$$

式中 τ_{T}——轴受扭时危险截面上的切应力（MPa）；

T——轴传递的转矩（N·mm）；

W_{T}——轴的抗扭截面系数（mm³）；

P——轴传递的功率（kW）；

n——轴的转速（r/min）；

d——轴的直径（mm）；

$[\tau_{\mathrm{T}}]$——轴材料的许用切应力（MPa），见表13-4。

表 13-4　轴常用材料的 $[\tau_T]$ 值和 C 值

轴的材料	Q235,20	35	45	40Cr,35SiMn,38SiMnMo
$[\tau_T]$/MPa	12~20	20~30	30~40	40~52
C	160~135	135~118	118~107	107~98

注：1. 当弯矩作用相对于转矩很小或只传递转矩时， $[\tau_T]$ 取较大值，C 取较小值；反之，$[\tau_T]$ 取较小值，C 取较大值。
　　2. 当材料选用 35SiMn 钢时，$[\tau_T]$ 取较小值，C 取较大值。

二、心轴的强度计算

在一般情况下，作用在轴上的载荷方向不变，故心轴的抗弯强度条件为

$$\sigma_w = \frac{M}{W_Z} = \frac{32M}{\pi d^3} \approx \frac{M}{0.1 d^3} \leqslant [\sigma_w] \tag{13-2}$$

计算轴的直径时，式（13-2）可以写成

$$d \geqslant \sqrt[3]{\frac{M}{0.1[\sigma_w]}} \tag{13-3}$$

式中　d——轴的计算直径（mm）；

　　　M——作用在轴上的弯矩（N·mm）；

　　　W_Z——轴的抗弯截面系数（mm³）；

　　　$[\sigma_w]$——轴材料的许用弯曲应力（MPa）。

对于转动心轴，取对称循环的许用弯曲应力 $[\sigma_{-1w}]$。对于固定心轴，载荷不变时取静应力下的许用弯曲应力 $[\sigma_{+1w}]$；载荷变化时取脉动循环的许用弯曲应力 $[\sigma_{0w}]$。$[\sigma_{0w}]$、$[\sigma_{-1w}]$、$[\sigma_{+1w}]$ 取值见表 13-5。

表 13-5　轴的许用弯曲应力　　　　　　　　　　　　　（单位：MPa）

材料	R_m	$[\sigma_{+1w}]$	$[\sigma_{0w}]$	$[\sigma_{-1w}]$	材料	R_m	$[\sigma_{+1w}]$	$[\sigma_{0w}]$	$[\sigma_{-1w}]$
碳素钢	400	130	70	40	合金钢	800	270	130	75
	500	170	75	45		900	300	140	80
	600	200	95	55		1000	330	150	90
	700	230	110	65		1200	400	180	110

三、转轴的强度计算与设计过程

1. 选择轴的材料，初估轴径

对于转轴，在开始设计轴时，通常还不知道轴上零件的位置及支点位置，弯矩值不能确定，因此，一般在进行轴的结构设计前，先按纯扭转对轴的结构进行估算。对于圆截面的实心轴，其直径

$$d \geqslant \sqrt[3]{\frac{9.55 \times 10^6}{0.2[\tau_T]}} \sqrt[3]{\frac{P}{n}} = C\sqrt[3]{\frac{P}{n}} \tag{13-4}$$

式中　C——与轴材料有关的系数，见表 13-4；

　　　T——转矩（N·mm）；

　　　P——传递的功率（kW）；

　　　n——轴的转速（r/min）。

由式（13-4）求出的直径值，需根据表 13-3 圆整成标准直径，并作为轴的最小直径。如轴上有一个键槽，可将该直径值增大 3%~5%，若有两个键槽则增大 7%~10%。

2. 转轴的结构设计

在进行轴的结构设计时，必须按比例绘制轴的结构草图。通常按以下步骤设计：

1）确定轴上零件的位置和固定方法。

2）确定各轴段的直径和长度。

3. 转轴的强度计算

转轴同时承受扭矩和弯矩，必须按弯曲和扭转组合强度进行计算。完成轴的结构设计后，作用在轴上外载荷（扭矩和弯矩）的大小、方向、作用点、载荷种类及支点反力等已确定，可按弯扭合成的理论进行轴危险截面的强度校核。进行强度计算时通常把轴当作置于铰链支座上的梁，作用于轴上零件的力作为集中力，其作用点取为零件轮毂宽度的中点。

支点反力的作用点一般可近似地取在轴承宽度的中点上。具体的计算步骤如下：

1）画出轴的空间力系图（图 13-13b）。将轴上作用力分解为水平面分力和垂直面分力，并求出水平面支点反力（图 13-13c）和垂直面上的支点反力（图 13-13e）。

2）计算水平面弯矩 M_H，并画出水平面弯矩图（图 13-13d）。

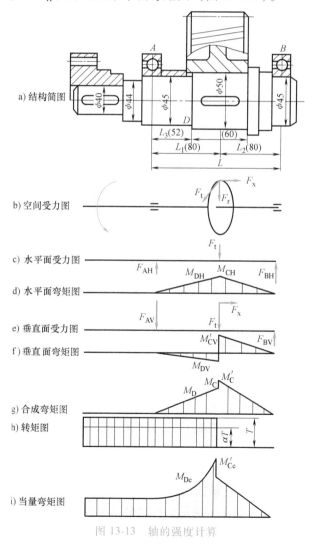

图 13-13　轴的强度计算

3）计算垂直面弯矩 M_V，并画出垂直面的弯矩图（图 13-13f）。

4）计算合成弯矩。$M = \sqrt{M_H^2 + M_V^2}$，画出合成弯矩图（图 13-13g）。

5）计算轴的转矩 T，画出转矩图（图 13-13h）。

6）计算当量弯矩。根据第三强度理论，当量弯矩 $M_e = \sqrt{M^2 + (\alpha T)^2}$。其中 α 是根据转矩性质而定的应力校正系数。对于不变的转矩，取 $\alpha = \dfrac{[\alpha_{-1w}]}{[\alpha_{+1w}]} \approx 0.3$；对于脉动循环的转矩，取 $\alpha = \dfrac{[\alpha_{-1w}]}{[\alpha_{0w}]} \approx 0.6$；对于对称循环的转矩，取 $\alpha = \dfrac{[\alpha_{-1w}]}{[\alpha_{-1w}]} = 1$。

7）校核轴的强度。由弯矩图和转矩图可初步判断轴的危险截面。根据危险截面上产生的弯曲应力 σ_w 和切应力 τ_T，可用第三强度理论求出钢制轴在复合应力作用下危险截面的当量弯曲应力 σ_{ew}，其强度条件为

$$\sigma_{ew} = \sqrt{\sigma_w^2 + 4\tau_T^2} \leqslant [\sigma_w] \qquad (13\text{-}5)$$

对于直径为 d 的实心轴，有 $W_T \approx 2W_Z$，由式（13-5）得

$$\sigma_{ew} = \frac{1}{W} \sqrt{M^2 + T^2} \leqslant [\sigma_w]$$

对于一般转轴，σ_w 为对称循环变应力；而 τ_T 的循环特性则随转矩 T 的性质而定。考虑弯曲应力与切应力变化情况的差异，将上式中的转矩 T 乘以校正系数 α，即

$$\sigma_{ew} = \frac{1}{W_Z} \sqrt{M^2 + (\alpha T)^2} = \frac{M_e}{W_Z} = \frac{32 M_e}{\pi d^3} \approx \frac{M_e}{0.1 d^3} \leqslant [\sigma_{-1w}] \qquad (13\text{-}6)$$

计算轴的直径时，式（13-6）可以写成

$$d \geqslant \sqrt[3]{\frac{M_e}{0.1 [\sigma_{-1w}]}} \qquad (13\text{-}7)$$

式中　d——轴的计算直径（mm）；

　　　M_e——当量弯矩（N·mm），$M_e = \sqrt{M^2 + (\alpha T)^2}$；

　　$[\sigma_{-1w}]$——对称循环下材料的许用弯曲应力（MPa）；

　　　σ_{ew}——计算得到的危险截面上的当量应力（MPa）。

综上所述，常用转轴的设计步骤是：先按照转矩估算轴径，作为轴上受扭转段的最细直径；再按照结构设计的要求，进行轴的初步结构设计，确定轴的外形和尺寸；然后按弯扭合成强度条件校核轴的直径。若初定轴的直径较小，不能满足强度要求，则需要修改结构设计，直到满足强度要求为止；若初定轴的直径较大，一般先不修改轴的设计，通常是在计算完轴承后再综合考虑是否修改设计。

对于一般用途的轴，按照上述方法设计计算即能满足使用要求。对于重要的轴，还需考虑应力集中、表面状态以及尺寸的影响，用安全系数法做进一步的强度校核，其计算方法见有关机械设计教材或参考书。

例 13-1　某单级斜齿圆柱齿轮减速器，经初步结构设计，确定输出轴的结构和尺寸如图 13-13a 所示，空间受力如图 13-13b 所示。已知轴上齿轮分度圆直径 $d = 280\text{mm}$，作用在齿轮上的切向力 $F_t = 5500\text{N}$，径向力 $F_r = 2072\text{N}$，轴向力 $F_x = 1474\text{N}$，传动不逆转，轴的材料为

45 钢，调质处理。试校核该轴的强度。

计算及说明	主要结果
解：1）求水平面的支反力（图 13-13c）。 $$F_{AH}=F_{BH}=\frac{F_t}{2}=\frac{5500}{2}N=2750N$$	$F_{AH}=F_{BH}=2750N$
2）求水平面内弯矩，绘制水平面弯矩图（图 13-13d）。 $$M_{CH}=F_{AH}L_1=2750\times80N\cdot mm=2.2\times10^5N\cdot mm$$	$M_{CH}=2.2\times10^5N\cdot mm$
3）求垂直面支反力（图 13-13e）。 由 $\sum M_A=0$ 得 $$F_rL_1+F_x\frac{d}{2}-F_{BV}L=0$$ $$F_{BV}=\frac{F_rL_1+F_x\dfrac{d}{2}}{L}=\frac{2072\times80+1474\times\dfrac{280}{2}}{160}N\approx2326N$$ 由 $\sum F_r=0$ 得 $$F_{BV}-F_r-F_{AV}=0$$ $$F_{AV}=F_{BV}-F_r=(2326-2072)N=254N$$	$F_{BV}=2326N$ $F_{AV}=254N$
4）绘制垂直面弯矩图（图 13-13f）。 $$M_{CV}=F_{AV}L_1=254\times80N\cdot mm=2.03\times10^4N\cdot mm$$ $$M'_{CV}=F_{BV}L_2=2326\times80N\cdot mm=1.86\times10^5N\cdot mm$$	
5）绘制合成弯矩图（图 13-13g）。 由 $M=\sqrt{M_H^2+M_V^2}$ 得 $$M_C=\sqrt{M_{CH}^2+M_{CV}^2}=\sqrt{(2.2\times10^5)^2+(2.03\times10^4)^2}N\cdot mm$$ $$=2.21\times10^5N\cdot mm$$ $$M'_C=\sqrt{M_{CH}^2+M'^2_{CV}}=\sqrt{(2.2\times10^5)^2+(1.86\times10^5)^2}N\cdot mm=2.88\times10^5N\cdot mm$$	$M_C=2.21\times10^5N\cdot mm$ $M'_C=2.88\times10^5N\cdot mm$
6）绘制转矩图（图 13-13h）。 $$T=F_t\frac{d}{2}=5500\times\frac{280}{2}N\cdot mm=7.7\times10^5N\cdot mm$$	$T=7.7\times10^5N\cdot mm$
7）绘制当量弯矩图（图 13-13i）。由当量弯矩图和轴的结构图知，C 和 D 处都有可能是危险截面，应分别计算其当量弯矩。此处可将轴的切应力视为脉动循环，取 $\alpha=0.6$，则 C 截面左侧： $$M_{Ce}=\sqrt{M_C^2+(\alpha T)^2}=\sqrt{(2.21\times10^5)^2+(0.6\times7.7\times10^5)^2}N\cdot mm$$ $$=5.12\times10^5N\cdot mm$$ C 截面右侧： $$M'_{Ce}=M'_C=2.88\times10^5N\cdot mm$$ 取大者计算： $$M_{Ce}=5.12\times10^5N\cdot mm$$ D 截面： $$M_{DH}=F_{AH}L_3=2750\times52N\cdot mm=1.43\times10^5N\cdot mm$$ $$M_{DV}=F_{AV}L_3=254\times52N\cdot mm=1.32\times10^4N\cdot mm$$ $$M_D=\sqrt{M_{DH}^2+M_{DV}^2}=1.44\times10^5N\cdot mm$$ $$M_{De}=\sqrt{M_D^2+(\alpha T)^2}=\sqrt{(1.44\times10^5)^2+(0.6\times7.7\times10^5)^2}N\cdot mm=4.84\times10^5N\cdot mm$$	$M_{Ce}=5.12\times10^5N\cdot mm$ $M_{De}=4.84\times10^5N\cdot mm$
8）校核危险截面的强度。查表 13-5 得 $[\sigma_{-1w}]=60MPa$，由式（13-6）得 C 截面和 D 截面轴的当量应力分别为 $$\sigma_{ew}\approx\frac{M_{Ce}}{0.1d^3}=\frac{5.12\times10^5}{0.1\times50^3}MPa=40.9MPa\leqslant[\sigma_{-1w}]，强度足够。$$ $$\sigma_{ew}\approx\frac{M_{De}}{0.1d^3}=\frac{4.84\times10^5}{0.1\times45^3}MPa=53.1MPa\leqslant[\sigma_{-1w}]，强度足够。$$	$\sigma_{ew}\leqslant[\sigma_{-1w}]$ 强度足够

思 考 题

13-1 举例说明传动轴、心轴和转轴的区别。

13-2 已知一传动轴的直径为 $d = 40\text{mm}$，工作转速 $n = 1400\text{r/min}$，轴的材料为 40Cr，经过正火处理，许用切应力不超过 50MPa。求该轴能传递的最大功率。

13-3 有一传动轴直径 $d = 40\text{mm}$，传递转矩 $T = 150\text{N·m}$。若将转矩提高 30%，材料和其他条件不变，求所需轴的直径。

13-4 指出图 13-14 所示轴系部件中的结构错误。

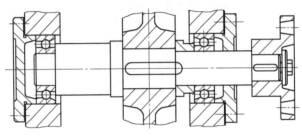

图 13-14 题 13-4 图

第十四章

轴　　承

1）滑动轴承的分类和结构。
2）滚动轴承的基本类型、结构、特点和代号。
3）滚动轴承的选择与校核。
4）滚动轴承的组合设计。

第一节　轴承的分类

轴承用来支承轴及轴上零件，保证轴的旋转精度。根据工作时的摩擦性质，轴承可分为滑动摩擦轴承（简称滑动轴承）和滚动摩擦轴承（简称滚动轴承）两大类。

在滑动摩擦轴承中，根据工作表面的摩擦状态不同，轴承分为液体摩擦滑动轴承和非液体摩擦滑动轴承。摩擦表面完全被润滑油隔开的轴承称为液体摩擦滑动轴承。液体摩擦滑动轴承的两工作表面不直接接触，摩擦阻力来自润滑油的内部摩擦。因润滑油的摩擦因数很小，所以避免了两表面的磨损。但是，要形成液体摩擦，滑动轴承必须满足一定的工作条件，且要有较高的制造精度。液体摩擦滑动轴承多用于高速、精度要求较高或低速重载的工作场合。摩擦表面不能被润滑油完全隔开的轴承，称为非液体摩擦滑动轴承。这种轴承因工作表面局部有接触，摩擦因数较大，故摩擦表面容易磨损，但该轴承的结构简单，制造精度要求较低，常用在一般低速、载荷不大和精度要求不高的场合。

滚动轴承的摩擦阻力较小，起动灵活，机械效率较高，对轴承的维护要求较低。但是，其径向尺寸较大，振动、噪声较大，承受冲击载荷的能力较差，高速、重载下寿命较低。广泛应用在中、低转速以及精度要求较高的场合。

第二节　滑　动　轴　承

一、径向滑动轴承的结构

工作时只承受径向载荷的滑动轴承，称为径向滑动轴承。这类轴承的结构形式有整体式、剖分式和调心式三种。

1. 整体式滑动轴承

图 14-1 所示为整体式滑动轴承结构，由轴承座和轴瓦组成，轴承座上部有油孔，轴瓦有油沟，分别用以加油和引油，进行润滑。这种轴承结构简单，价格低廉，但轴的装拆不方

便，磨损后轴承的径向间隙无法调整。因此，整体式滑动轴承只用于轻载、间歇工作且不重要的场合。

2. 剖分式滑动轴承

剖分式滑动轴承结构如图 14-2 所示，主要由上轴瓦 1、螺栓 2、轴承盖 3、轴承座 4、下轴瓦 5 等组成。剖分面可以制成水平式和斜开式两种。剖分式滑动轴承装拆方便，轴瓦磨损后可方便更换及调整间隙，因而应用广泛。

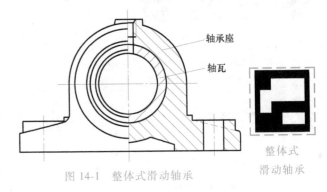

图 14-1　整体式滑动轴承

整体式
滑动轴承

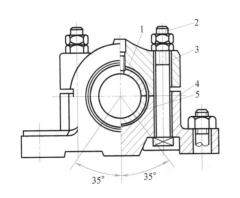
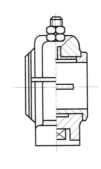
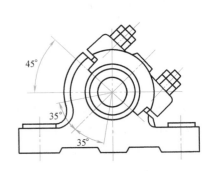

图 14-2　剖分式滑动轴承

1—上轴瓦　2—螺栓　3—轴承盖　4—轴承座　5—下轴瓦

3. 调心式滑动轴承

调心式滑动轴承结构如图 14-3 所示，其轴瓦外表面做成球面形状，与轴承支座孔的球状内表面相接触，能自动适应轴在弯曲时产生的偏斜，可以减少局部磨损。适用于轴承支座间跨距较大或轴颈较长的场合。

剖分式
滑动轴承

轴瓦是滑动轴承中直接与轴颈接触的重要零件。轴瓦有整体式（图 14-4）和剖分式（图 14-5）两种，分别用于整体式轴承和剖分式轴承。在轴瓦上做出油孔和油沟，以便于给轴承加注润滑油，使摩擦表面得到润滑。油孔与油沟的位置应设置在不承受载荷的区域内。为了使润滑油能均匀分布在整个轴颈上，油沟应有足够的长度，通常可取为轴瓦长度的 80%。剖分式轴瓦常用的油沟形式如图 14-6 所示。

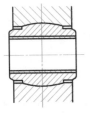
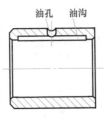

图 14-3　调心式滑动轴承　　图 14-4　整体式轴瓦　　图 14-5　剖分式轴瓦

调心式（自位式）滑动轴承

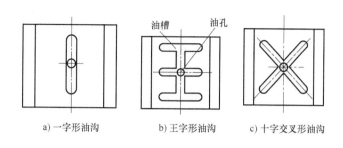

a) 一字形油沟　　　b) 王字形油沟　　　c) 十字交叉形油沟

图 14-6　油沟形式

二、推力滑动轴承的结构

工作时承受轴向载荷的滑动轴承称为推力滑动轴承。图 14-7 所示的推力滑动轴承主要由轴承座 1、衬套 2、径向轴瓦 3、止推轴瓦 4、销钉 5 等组成。轴的端面与止推轴瓦是轴承的主要工作部分，轴瓦的底部与轴承座为球面接触，可以自动调整位置，以保证轴承摩擦表面的良好接触。销钉是用来防止止推轴瓦随轴转动的。工作时润滑油从下部注入，从上油管导出。

推力滑动轴承轴颈的几种常见形式如图 14-8 所示，可分为三种形式：图 14-8a 所示为实心推力滑动轴承，轴颈端面的中部压强比边缘的大，润滑油不易进入，润滑条件差。图 14-8b 所示为空心推力滑动轴承，轴颈端面的中空部分能存油，压强也比较均匀，承载能力不大。图 14-8c 所示为多环推力滑动轴承，压强较均匀，能承受较大载荷。但各环承载不等，环数不能太多。

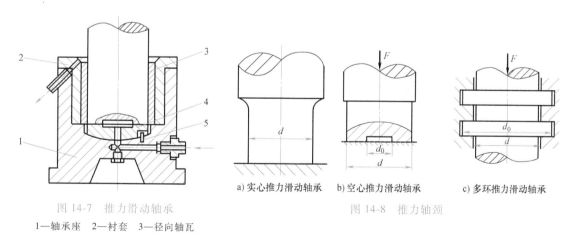

图 14-7　推力滑动轴承

1—轴承座　2—衬套　3—径向轴瓦
4—止推轴瓦　5—销钉

a) 实心推力滑动轴承　　b) 空心推力滑动轴承　　c) 多环推力滑动轴承

图 14-8　推力轴颈

三、轴承材料

轴承材料是指与轴颈直接接触的轴瓦或轴承衬的材料。滑动轴承工作时，轴瓦与轴颈的工作表面相互摩擦，因此滑动轴承的主要失效形式是轴瓦表面的磨损和胶合。但随着条件的变化也会产生其他失效形式，如在冲击载荷和变载荷下产生的疲劳破坏；在局部过高的单位

压力下产生的静强度破坏（塑性变形）；当润滑油中混入硬的微粒、铁屑或其他污物而划伤轴瓦表面；腐蚀性物质或润滑油变质而使轴瓦腐蚀、生锈等。

考虑轴承的这些失效形式，对轴承材料的要求如下：

1）足够的抗拉强度、疲劳强度和冲击能力。

2）良好的减摩性、耐磨性和抗胶合性。

3）良好的顺应性，嵌入性和磨合性。

4）良好的耐蚀性、热化学性能（传热性和热膨胀性）和对油的吸附能力。

5）良好的塑性，具有适应轴弯曲变形和其他几何误差的能力。

6）良好的工艺性和经济性等。

常用的轴承材料有以下几种：

（1）轴承合金　轴承合金又称为白合金，主要是锡、铅、锑或其他金属的合金，由于其耐磨性好、塑性高、磨合性能好、导热性好和抗胶合性好及对油的吸附性好，故适用于重载、高速情况下。轴承合金的强度较小，价格较贵，使用时必须浇注在青铜、钢或铸铁的轴瓦上，形成较薄的涂层。

（2）铜合金　铜合金具有较高的强度，较好的减摩性和耐磨性。青铜的性能比黄铜好，是常用的轴承材料。青铜有锡青铜、铅青铜和铝青铜等几种，其中锡青铜的减摩性最好，应用较广。但锡青铜比轴承合金硬度高，磨合性及嵌入性差，适用于重载及中速场合。铅青铜抗粘附能力强，适用于高速、重载轴承。铝青铜的强度及硬度较高，抗粘附能力较差，适用于低速、重载轴承。

（3）铝基轴承合金　铝基轴承合金有相当好的耐蚀性和较高的疲劳强度，摩擦性能也较好。这些品质使铝基合金在部分领域取代了较贵的轴承合金和青铜。铝基合金可以制成单金属零件（如轴套、轴承等），也可制成双金属零件，双金属轴瓦以铝基合金为轴承衬，以钢作衬背。

（4）灰铸铁及耐磨铸铁　普通灰铸铁或加有镍、铬、钛等合金成分的耐磨灰铸铁，或者球墨铸铁，都可以用作轴承材料。这类材料中的片状或球状石墨在材料表面上覆盖后，可以形成一层起润滑作用的石墨层，故具有一定的减摩性和耐磨性。此外，石墨能吸附碳氢化合物，有助于提高边界润滑性能，故采用灰铸铁作轴承材料时，应加润滑油。由于铸铁性脆、磨合性差，故只适用于轻载低速和不受冲击载荷的场合。

（5）多孔质金属材料　多孔质金属是一种粉末材料，它具有多孔组织，若将其浸在润滑油中，使微孔中充满润滑油，就变成了含油轴承材料，具有自润滑性能。多孔质金属材料的韧性小，只适用于平稳的无冲击载荷及中、慢速度情况下。

（6）轴承塑料　常用的轴承塑料有酚醛塑料、尼龙、聚四氟乙烯等，塑料轴承有较大的抗压强度和耐磨性，可用油和水润滑，也有自润滑性能，但导热性差。

常用轴承材料的性能和应用见表14-1。

表 14-1　常用轴承材料的性能和应用

材　　料		许用值			最高工作温度/℃	轴颈硬度HBW	应　　用
		$[p]$/MPa	$[pv]$/MPa·m·s^{-1}	$[v]$/m·s^{-1}			
锡锑轴承合金	ZSnSb11Cu6	平稳载荷		80	150	150	用于高速、重载下工作的重要轴承
		25	20				

（续）

材　料		许用值			最高工作温度/℃	轴颈硬度HBW	应　用
		$[p]$/MPa	$[pv]$/MPa·m·s^{-1}	$[v]$/m·s^{-1}			
锡锑轴承合金	ZSnSb8Cu4	冲击载荷		60	150	150	用于高速、重载下工作的重要轴承
		20	15				
铅锑轴承合金	ZPbSb16Sn16Cu2	15	10	12	150	150	用于中速、中等载荷的轴承，不易受显著冲击
	ZPbSb15Sn5Cu3	5	5	8			
锡青铜	ZCuSn10P1	15	15	10	280	300~400	用于中速、重载及受变载荷的轴承
	ZCuSn5Pb5Zn5	5	10	3			用于中速、中载的轴承
铅青铜	ZCuPb30	25	30	12	250~280	300	用于高速、重载轴承，能承受变载荷冲击
铝青铜	ZCuAl10Fe3	15	12	4	280	280	用于润滑良好的低速、重载轴承
灰铸铁	HT150~HT250	0.1~6	0.3~4.5	0.5~1	150	200~250	宜用于低速、轻载的不重要轴承，价廉

四、非液体摩擦滑动轴承的设计计算

大多数轴承实际处在混合润滑状态（边界润滑与液体润滑同时存在的状态），其可靠工作的条件是：维持边界油膜不受破坏，以减少发热和磨损（计算准则），并根据边界膜的机械强度和破裂温度来决定轴承的工作能力。但影响边界膜的因素很复杂，所以采用简化的条件性计算。

1. 径向滑动轴承的设计计算

设计时，一般已知轴颈直径 d、轴的转速 n 和径向载荷 F_R，其设计计算步骤如下：

1）根据工作条件和使用要求，选定轴承结构形式及轴瓦材料。

2）选定轴承宽径比 B/d，一般取 $B/d \approx 0.7 \sim 1.3$，确定轴承宽度。

3）验算轴承的工作能力。

① 轴承压强 p 的验算。为防止过度磨损，应限制轴承压强。

$$p = \frac{F_R}{dB} \leqslant [p] \tag{14-1}$$

式中　d——轴颈直径（mm）；

　　　B——轴颈宽度（mm）；

　　　F_R——径向载荷（N）；

　　　$[p]$——许用压强（MPa），见表 14-1。

对于低速（$v \leqslant 0.1\text{m/s}$）或间歇工作的轴承，当其工作时间不超过停歇时间时，仅需进行轴承压强的验算。

② pv 值的验算。轴承工作时摩擦发热量大，温升过高时，易产生粘附磨损。轴承单位投影面积单位时间内的发热量与 pv 成正比，因此要限制 pv 值。

$$pv = \frac{F_R}{dB} \frac{\pi dn}{60 \times 1000} = \frac{F_R n}{19100B} \leqslant [pv] \tag{14-2}$$

式中　n——轴颈转速（r/min）；

v——轴颈圆周线速度（m/s）；

$[pv]$——轴承材料许用 pv 值，见表 14-1。

③ 滑动速度 v 的验算。当压强 p 较小，p 与 pv 值都在许用范围内时，也可能由于滑动速度过高而加速轴承磨损，此时应限制滑动速度 v：

$$v = \frac{\pi dn}{60 \times 1000} \leqslant [v] \qquad (14\text{-}3)$$

式中 $[v]$——轴承材料的许用 v 值。

2. 推力滑动轴承的设计计算

推力滑动轴承的设计计算与径向滑动轴承类似，实心端面由于跑合时中心与边缘磨损不均匀，越接近边缘部分磨损越快，空心轴颈和环状轴颈可以克服此缺点。载荷很大时可以采用多环轴颈。

1）轴承压强 p 的验算。

$$p = \frac{F_a}{\frac{\pi}{4}(d_2^2 - d_1^2)} \leqslant [p] \qquad (14\text{-}4)$$

式中 F_a——轴向载荷（N）；

d_1——止推轴环直径（mm）；

d_2——轴承孔直径（mm）；

$[p]$——许用压强（MPa），见表 14-2。

表 14-2 推力轴承材料的 $[p]$ 与 $[pv]$ 值

轴的材料	未淬火钢			淬火钢		
轴承材料	铸铁	青铜	轴承合金	青铜	轴承合金	淬火钢
$[p]$/MPa	2~2.5	4~4.5	5~6	7.5~8	8~9	12~15
$[pv]$/MPa·m·s^{-1}	1~2.5					

2）pv_m 值的验算。

$$pv_m \leqslant [pv] \qquad (14\text{-}5)$$

式中 v_m——止推环平均直径处的圆周速度（m/s）；

$[pv]$——推力轴承材料的许用 pv 值（MPa·m·s^{-1}），见表 14-2。

例 14-1 设计一起重机卷筒的滑动轴承。已知轴承受径向载荷 $F_R = 100\text{kN}$，轴颈直径 $d = 90\text{mm}$，轴的工作转速 $n = 10\text{r/min}$。

解：

1）选择轴承类型和轴承材料。为装拆方便，轴承采用开式结构。由于轴承载荷大、速度低，由表 14-1 选取铝青铜 ZCuAl10Fe3 作为轴承材料，其 $[p] = 15\text{MPa}$，$[pv] = 12\text{MPa·m·s}^{-1}$。

2）选择轴承宽径比。选取 $B/d = 1.2$，则 $B = 1.2 \times 90\text{mm} = 108\text{mm}$。

3）验算轴承工作能力。

① 验算 p。

$$p = \frac{F_R}{Bd} = \frac{100000}{110 \times 90}\text{MPa} = 10.1\text{MPa} \leqslant [p]$$

② 验算 pv 值。

$$pv=\frac{F_R n}{19100B}=\frac{100000}{19100\times110}\text{MPa}\cdot\text{m}\cdot\text{s}^{-1}=0.476\text{MPa}\cdot\text{m}\cdot\text{s}^{-1}\leqslant[pv]$$

由以上计算可知，轴承 p、pv 值均未超过许用范围。故所设计的轴承满足工作能力要求。

<h2 style="text-align:center">第三节　轴承的润滑与密封</h2>

轴承润滑的目的是减少摩擦功率损耗、减轻磨损、冷却轴承、减振和防锈等。为了保证轴承的正常工作和延长使用寿命，必须正确地选择润滑剂和润滑装置。

一、润滑剂

润滑剂有液体润滑剂（主要为润滑油）、半液体润滑剂（润滑脂）、固体润滑剂和气体润滑剂。

1. 润滑油

润滑油的选择主要是考虑油的黏度。润滑油选择的一般原则是：低速、重载、工作温度高时，应选较高黏度的润滑油；反之，可选用较低黏度的润滑油。具体选择时，可按轴承压强、滑动速度和工作温度选择（表14-3）。当轴承工作温度较高时，选用润滑油的黏度应比表中的数值要高一些。此外，通常也可根据机器现有的成功使用经验，采用类比的方法来选择合适的润滑油。

表14-3　滑动轴承润滑油的选择（不完全流体润滑，工作温度<60℃）

轴颈圆周速度 v/(m/s)	平均压力 p<3MPa	轴颈圆周速度 v/(m/s)	平均压力 p 为 3~7.5MPa
<0.1	L-AN68、100、150	<0.1	L-AN6150
0.1~0.3	L-AN68、100	0.1~0.3	L-AN100、150
0.3~2.5	L-AN46、68	0.3~0.6	L-AN100
2.5~5.0	L-AN32、46	0.6~1.2	L-AN68、100
5.0~9.0	L-AN15、22、32	1.2~2.0	L-AN68
>9.0	L-AN7、10、15		

2. 润滑脂

润滑脂主要用于工作要求不高、难以经常供油的不完全油膜滑动轴承的润滑。选用润滑脂时，主要考虑其稠度（用针入度表示）和滴点。选用的一般原则是：①轻载高速时选针入度大的润滑脂，反之选针入度小的润滑脂；②所用润滑脂的滴点应比轴承的工作温度高约20~30℃；③在有水淋或潮湿的环境下应选择抗水性好的钙基脂或锂基脂；④温度高时应选用耐热性好的钠基脂或锂基脂。具体选用时可参考表14-4。

表14-4　滑动轴承润滑脂的选择

压力 p/MPa	轴颈圆周速度 v/(m/s)	最高工作温度/℃	选用的牌号
≤1.0	≤1	75	3号钙基脂
1.0~6.5	0.5~5	55	2号钙基脂
≥6.5	≤0.5	75	3号钙基脂
≤6.5	0.5~5	120	2号钙基脂
>6.5	≤0.5	110	1号钙基脂

（续）

压力 p/MPa	轴颈圆周速度 v/(m/s)	最高工作温度/℃	选用的牌号
1.0~6.5	≤1	−50~100	锂基脂
>6.5	0.5	60	2号压延基脂

3. 固体润滑剂

轴承在高温、低速、重载情况下工作，不宜采用润滑油或润滑脂时可采用固体润滑剂——在摩擦表面形成固体膜，常用的有石墨、聚四氟乙烯、二硫化钼、二硫化钨等。

使用方法：①调配到润滑油或润滑脂中使用；②涂敷或烧结到摩擦表面；③渗入轴瓦材料或成形镶嵌在轴承中使用。

二、润滑方式及装置

为了获得良好的润滑，除了正确选择润滑剂外，同时要考虑合适的润滑方法和相应的润滑装置。

1. 润滑油润滑

根据供油方式的不同，润滑油润滑可分为间断润滑和连续润滑。间断润滑只适用于低速、轻载和不重要的轴承。需要可靠润滑的轴承应采用连续润滑。

（1）人工加油润滑　在轴承上方设置油孔或油杯（图 14-9），人工用油壶或油枪定期向油孔或油杯供油，只能起到间断润滑的作用。供油方法简单，属于间歇式，适用于轻载、低速和不重要的场合。

（2）滴油润滑　图 14-10a 所示为针阀式滴油油杯。当手柄卧倒时，针阀受弹簧推压向下而堵住底部阀座油孔，如图 14-10b 所示；当手柄直立时便提起针阀，打开下端油孔，油杯中润滑油流进轴承，处于供油状态，如图 14-10c 所示。调节螺母可用来控制油的流量。定期提起针阀时也可用作间断润滑。

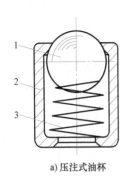

a) 压注式油杯

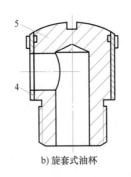

b) 旋套式油杯

图 14-9　油杯

1—钢球　2—杯体　3—弹簧
4—旋套　5—杯体

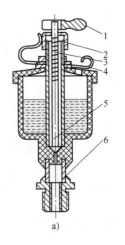

a)

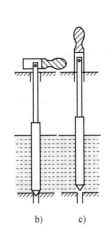

b)　　c)

图 14-10　针阀式滴油油杯

1—手柄　2—调节螺母　3—弹簧　4—油孔遮盖
5—针阀杆　6—观察孔

（3）油绳润滑 油绳润滑的润滑装置为油绳式油杯（图14-11）。油绳的一端浸入油中，利用毛细管作用将润滑油引到轴颈表面，其供油量不易调节。用于圆周速度小于 $4 \sim 5 \mathrm{m/s}$ 的轻载和中载轴承。

（4）油环润滑 如图14-12所示，轴颈上套一油环，该油环又称为甩油环或抛油环，在大型中慢速电动机上一般采用甩油环润滑，在中高速电动机上一般采用增压供油和甩油环复合润滑。当轴颈速度低于中速时宜采用甩油环润滑。这种装置只适用于轴水平布置且载荷中等、连续工作的轴承的润滑。甩油环一般用铜合金制造，其环径大于轴径，穿套于轴上，并由轴瓦上的瓦槽来限制其轴向位置，避免甩油环产生轴向移动。甩油环下部浸入油池内，靠轴颈摩擦力带动油环旋转，将油池里的润滑油带起，飞溅到轴瓦四周，带到轴颈表面，达到润滑和散热的效果。

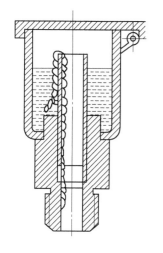

图14-11　油绳式油杯

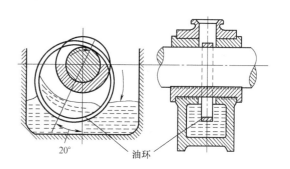

图14-12　油环润滑

（5）飞溅润滑 利用齿轮、曲轴等转动件，将润滑油由油池中溅到轴承上进行润滑。该方法简单可靠，连续均匀。但有搅油损失，易使油发热和氧化变质。适用于转速不高的齿轮传动、蜗杆传动等。

（6）压力循环润滑 利用油泵将润滑油经油管输送到各轴承中润滑，这种方式的润滑效果好，油循环使用，但装置复杂，成本高。适用于高速、重载或变载的重要轴承。

2. 润滑脂润滑

润滑脂润滑一般为间断供应，常用旋盖式油杯（图14-13）或黄油枪加脂，即定期旋转杯盖将杯内润滑脂压进轴承，或用黄油枪通过压注油杯（图14-9a）向轴承补充润滑脂。润滑脂润滑也可以集中供应，适用于多点润滑的场合，其供脂可靠，但组成设备比较复杂。

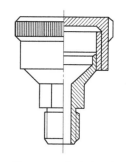

图14-13　旋盖式油杯

三、滚动轴承的密封

为了阻止润滑剂流失并防止外界灰尘、水分及其他杂物进入轴承，滚动轴承必须进行密

封。密封方法分接触式和非接触式两大类。

1. 接触式密封

接触式密封是在轴承盖内放置密封件与转动轴颈直接接触而起密封作用的。密封件主要用毛毡、橡胶圈或皮碗等软材料，也有用石墨、青铜、耐磨铸铁等硬材料的。这种密封结构简单，多用于转速不高的情况下。轴上与密封件直接接触的表面，要求表面硬度大于40HRC，表面粗糙度 Ra 值<0.8μm。

（1）毡圈密封　毡圈密封（图14-14），适用于环境清洁，轴颈圆周速度 $v<4～5m/s$ 的脂润滑。

（2）皮碗密封　如图14-14b所示，皮碗是标准件，用皮革或耐油橡胶做成，分有金属骨架和无金属骨架两种。为增强密封效果，用一环形螺旋弹簧压在皮碗的唇部。唇的方向朝向密封部位，唇朝里主要目的是防漏油，唇朝外主要目的是防灰尘，当采用两个皮碗背靠背放置时，可同时达到两个目的。这种密封安装方便、使用可靠，一般适用于轴颈圆周速度 $v<7m/s$ 的脂润滑或油润滑。

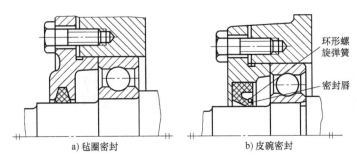

a) 毡圈密封　　　　b) 皮碗密封

图14-14　接触式密封

2. 非接触式密封

非接触式密封与轴不直接接触，多用于速度较高的情况。

（1）隙缝式密封　如图14-15a所示，在轴与轴承盖的孔壁间留有0.1～0.3mm的极窄缝隙，并在轴承盖上车出沟槽，在槽内充满润滑脂。这种形式结构简单，用于环境干燥清洁的脂润滑。

（2）迷宫式密封　如图14-15b所示，迷宫是靠旋转密封件与静止密封件间的曲折外形构成的，曲路中填入润滑脂起密封作用。此密封方式可用于在较为潮湿和污秽环境中工作的轴承，有较好的密封效果。

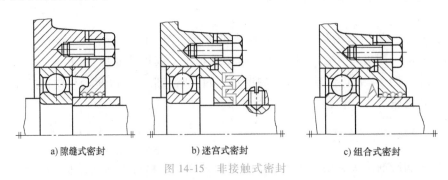

a)隙缝式密封　　　　b)迷宫式密封　　　　c)组合式密封

图14-15　非接触式密封

当密封要求较高时，可以将以上介绍的密封形式合理地组合使用，也称为组合式密封。图 14-15c 所示为油环式与隙缝式组合密封，这种密封形式在高速时密封效果好。

其他有关润滑、密封的方法及装置的知识，可参看有关手册。

第四节 滚 动 轴 承

滚动轴承是现代机器中广泛应用的零件之一，它是依靠主要元件间的滚动接触来支承转动零件的（如转动的齿轮与轴）。滚动轴承的特点是旋转精度高、起动力矩小、是标准件，设计时可根据载荷的大小与性质、转速高低、旋转精度等条件来选用。

一、滚动轴承的结构

如图 14-16 所示，滚动轴承一般由内圈 1、外圈 2、滚动体 3 和保持架 4 等组成。内圈装在轴颈上，外圈装在轴承座孔内。通常内圈随轴颈回转，外圈固定不动。但也可以使外圈回转而内圈不动或内、外圈分别按不同的转速回转。

滚动体是滚动轴承的重要零件，其形状、数量和大小的不同对滚动轴承的承载能力有很大影响。滚动体的形状有球形

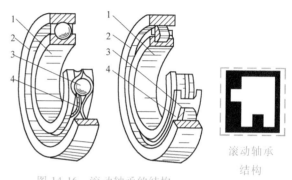

图 14-16 滚动轴承的结构
1—内圈 2—外圈 3—滚动体 4—保持架

（图 14-17a）、圆柱形（图 14-17b）、针形（图 14-17c）、圆锥形（图 14-17d）、鼓形（图 14-17e）等。内、外圈的滚道多为凹槽形，它起着限制滚动体轴向移动的作用。保持架的作用是避免相邻滚动体直接接触并保持均匀分布。

a) 球形　　b) 圆柱形　　　c) 针形　　　d) 圆锥形　　e) 鼓形

图 14-17　滚动体的类型

二、滚动轴承的类型、性能及特点

滚动轴承类型繁多，且可以按不同方法进行分类。

按滚动体的形状，可分为球轴承和滚子轴承两大类。球轴承的滚动体与内、外圈是点接触，运转时摩擦损耗小，但承载能力和抗冲击能力差；滚子轴承为线接触，承载能力和抗冲击能力大，但运转时摩擦损耗大。

按轴承所承受的载荷方向或公称接触角的不同，滚动轴承可分为向心轴承和推力轴承两大类。

1. 向心轴承

向心轴承主要承受径向载荷，0°≤α（公称接触角）≤45°。向心轴承又可分为：①径向

接触轴承，$\alpha = 0°$，只能承受径向载荷；②角接触向心轴承，$0° \leqslant \alpha \leqslant 45°$，主要承受径向载荷，随着 α 的增大，承受轴向载荷的能力随之增大。

2. 推力轴承

推力轴承主要承受轴向载荷，$45° < \alpha \leqslant 90°$。推力轴承又可分为：①轴向接触轴承，$\alpha = 90°$，只能承受轴向载荷；②角接触推力轴承，$45° < \alpha < 90°$，主要承受轴向载荷，随着 α 的增大，轴承承受径向载荷的能力随之减小。

综合以上两种分类方法，我国目前常用滚动轴承的基本类型名称及其代号见表 14-5。

表 14-5　常用滚动轴承的类型名称及其代号

代号	轴承类型	代号	轴承类型
0	双列角接触球轴承	6	深沟球轴承
1	调心球轴承	7	角接触球轴承
2	调心滚子轴承和推力调心滚子轴承	8	推力圆柱滚子轴承
3	圆锥滚子轴承	N	圆柱滚子轴承（双列或多列用 NN 表示）
4	双列深沟球轴承	U	外球面球轴承
5	推力球轴承	QJ	四点接触球轴承

表 14-6 列出了部分常用滚动轴承的类型、简图、性能、特点和应用范围，可供选择轴承类型时参考。

表 14-6　滚动轴承的类型、简图、性能、特点和应用范围

类型及代号	结构简图	承载方向	主要性能及应用
调心球轴承（1）			其外圈的内表面是球面，内、外圈轴线间允许角偏移为 2°～3°，极限转速低于深沟球轴承。可承受径向载荷及较小的双向轴向载荷。用于轴变形较大及不能精确对中的支承处
调心滚子轴承（2）			轴承外圈滚道是球面，主要承受径向载荷及一定的双向轴向载荷，但不能承受纯轴向载荷，允许角偏移 0.5°～2°。常用在长轴或受载荷作用后轴有较大变形及多支点的轴上
圆锥滚子轴承（3）			可同时承受较大的径向及轴向载荷，承载能力大于"7"类轴承。外圈可分离，装拆方便，成对使用
推力球轴承（5）			只能承受轴向载荷，而且载荷作用线必须与轴线相重合，不允许有角偏差，极限转速低
双向推力球轴承（5）			能承受双向轴向载荷。其余与推力轴承相同

（续）

类型及代号	结构简图	承载方向	主要性能及应用
深沟球轴承（6）		↕	可承受径向载荷及一定的双向轴向载荷。内外圈轴线间允许角偏移为 8′~16′
角接触球轴承（7） 7000C 型（α=15°） 7000AC 型（α=25°） 7000B 型（α=40°）	α	↑←	可同时承受径向及轴向载荷。承受轴向载荷的能力由接触角 α 的大小决定，α 大，承受轴向载荷的能力高。由于存在接触角 α，承受纯径向载荷时，会产生内部轴向力，使内、外圈有分离的趋势，因此这类轴承要成对使用。极限转速较高
推力滚子轴承（8） GB/T 4663—2017		↓	能承受较大的单向轴向载荷，极限转速低
圆柱滚子轴承（N）		↑	能承受较大的径向载荷，不能承受轴向载荷，极限转速也较高，但允许的角偏移很小，约 2′~4′。设计时，要求轴的刚度大，对中性好
滚针轴承（NA）		↑	不能承受轴向载荷，不允许有角度偏斜，极限转速较低。结构紧凑，在内径相同的条件下，与其他轴承比较，其外径最小。适用于径向尺寸受限制的部件中

三、滚动轴承的代号

由于滚动轴承类型繁多，各类型中又有不同的结构、尺寸、公差等级、技术要求等差别，为了便于组织生产和选用，国家标准 GB/T 272—2017 中规定了轴承代号的表示方法，它是由前置代号、基本代号和后置代号三部分构成的，见表 14-7。

表 14-7　滚动轴承代号的构成

前置代号	基本代号					后置代号								
	五	四	三	二	一									
		尺寸系列代号												
轴承的分部件代号	类型代号	宽度系列代号	直径系列代号	内径代号		内部结构代号	密封、防尘与外部形状代号	保持架及其材料代号	特殊轴承材料代号	公差等级代号	游隙代号	配置代号	振动及噪声代号	其他代号

1. 基本代号

基本代号表示轴承的内径、直径系列、宽度系列和类型，最多5位数字。

（1）轴承内径代号 用基本代号中右起第1、2位数字表示轴承内径。常用内径 $d = 20 \sim 480mm$ 的轴承，内径代号的这两位数字为轴承内径尺寸被5除的商，如08表示 $d = 40mm$。内径分别为10mm、12mm、15mm、17mm的轴承，内径代号分别为00、01、02、03。$d < 10mm$ 和 $d \geqslant 500mm$ 的轴承，内径代号标准中另有规定。

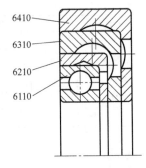

图 14-18　直径系列比较

（2）直径系列代号 轴承的直径系列表示相同直径的同类型轴承在外径和宽度方面的变化系列。如图14-18所示，以6类深沟球轴承为例，对各直径系列间轴承尺寸做了比较。直径系列代号用基本代号右起第3位数字表示，代号意义见表14-8。

（3）宽（高）度系列代号 轴承宽（高）度系列代号表示相同内径和外径的同类型轴承在宽（高）度方面的变化系列。宽（高）度系列代号用基本代号右起第4位数字表示。对向心轴承，宽度系列代号有：8（特窄），0（窄），1（正常），2（宽），3、4、5、6（特宽）；对推力轴承，高度系列代号有7（特低），9（低），1、2（正常，其中2专用于双向推力轴承）。当宽度系列代号为1、2时，多数轴承代号中可省略，但调心轴承和圆锥滚子轴承的轴承代号中的1、2应标出。

表 14-8　轴承直径系列代号

向心轴承							推力轴承					
超特轻	超轻	特轻	轻	中	重	特重	超轻	特轻	轻	中	重	特重
7	8,9	0,1	2	3	4	5	0	1	2	3	4	5

（4）轴承类型代号（表14-5） 用基本代号右起第5位数字或字母表示。当用字母表示时，应在类型代号和宽度系列间空半个汉字距，如 N 2200。

2. 前置代号

前置代号置于基本代号左边，表示轴承的分部件（轴承组件），用字母表示。

L——可分离轴承的可分离内圈或外圈，如 LN 207。

K——轴承的滚动体与保持架组件，如 K 81107。

R——不带可分离内圈或外圈的组件，如 RNU207。

F——带凸缘外圈的向心球轴承（仅适用于 $d \leqslant 10mm$），如 F 618/4。

WS、GS——分别为推力圆柱滚子轴承的轴圈和座圈，如 WS 81107、GS 81107。

3. 后置代号

后置代号置于基本代号右边，用字母或字母加数字表示，用于表达轴承的结构、公差、游隙及材料的特殊要求等，共9组代号，其各项代号排列顺序参见表14-6。下面介绍几个常用后置代号。

（1）内部结构代号 表示同一类轴承的不同内部结构。

如用 C、AC、B 分别代表角接触球轴承的公称接触角 $\alpha = 15°$、$25°$ 和 $40°$，E 代表为增大承载能力进行结构改进的加强型，如 7210B，7210AC，NU207E。

（2）公差等级代号 用代号/P2、/P4、/P5、/P6、/P6X、/PN，分别表示轴承公差等级符合标准规定的 2 级、4 级、5 级、6 级、6X 级和普通级，依次由高级到低级。其中 6X 级只用于圆锥滚子轴承；普通级在轴承代号中不必标出。

（3）游隙代号 用代号/C2、/C3、/C4、/C5 分别表示轴承径向游隙符合标准规定的 2、3、4、5 组游隙组别，游隙依次由小到大。标准中还有一个/CN 组游隙，介于 2 组和 3 组之间，最为常用，在轴承代号中省略不表示。

四、滚动轴承的类型的选用

选择滚动轴承类型时，应考虑轴承的工作载荷（大小、性质、方向）、转速及其他使用要求。

1）转速较高、载荷较小、要求旋转精度高时宜选用球轴承；转速较低、载荷较大或有冲击载荷时则选用滚子轴承。

2）轴承上同时受径向和轴向联合载荷，一般选用角接触球轴承或圆锥滚子轴承；若径向载荷较大、轴向载荷小，可选用深沟球轴承；而当轴向载荷较大、径向载荷小时，可采用推力角接触球轴承、四点接触球轴承或选用推力球轴承和深沟球轴承的组合结构。

3）各类轴承使用时内、外圈间的倾斜角应控制在允许角偏斜值之内，否则会增大轴承的附加载荷而降低寿命。

4）刚度要求较大的轴系，宜选用双列球轴承、滚子轴承或四点接触球轴承，载荷特大或有较大冲击力时可在同一支点上采用双列或多列滚子轴承。轴承系统的刚度高可提高轴的旋转精度、减少振动噪声。

5）为便于安装拆卸和调整间隙常选用内、外圈可分离的分离型轴承（如圆锥滚子轴承、四点接触球轴承）。

6）选轴承时应注意经济性。球轴承比滚子轴承便宜。同型号尺寸公差等级为 PN、P6、P5、P4、P2 的滚动轴承价格比约为 1：1.5：2：7：10。

五、滚动轴承的失效形式

1. 疲劳点蚀

由滚动轴承的载荷分析可知，滚动轴承工作时，滚动体与内、外圈接触处承受周期性变化的接触应力。这样，经过一定的运转周期后，工作表面上就会发生疲劳点蚀，导致轴承旋转精度降低和温升过高，引起振动和噪声，使机器丧失正常的工作能力。这是滚动轴承最主要的失效形式。

2. 塑性变形

在过大的静载荷或冲击载荷作用下，轴承元件间接触应力超过元件材料的屈服强度，导致元件上接触点处的塑性变形，形成凹坑，使轴承摩擦阻力矩增大、旋转精度下降及出现振动和噪声，直至失效。这种失效多发生在转速极低或做往复摆动的轴承中。

3. 磨损

由于密封不良或润滑油不纯净，以及多尘的环境下，轴承中进入了金属屑和磨粒性灰尘，使轴承发生严重的磨粒性磨损，从而导致轴承间隙增大及旋转精度降低而报废。

除上述失效形式外，轴承还可能发生胶合、元件锈蚀、断裂等失效形式。

六、滚动轴承的计算准则

针对上述失效形式，目前主要是通过强度计算以保证轴承可靠地工作，其计算准则如下。

1）对一般转速（$10\text{r/min} < n \leqslant 100\text{r/min}$）的轴承，主要是疲劳点蚀失效，故应进行疲劳寿命计算。

2）对于极慢转速（$n \leqslant 10\text{r/min}$）的轴承或做低速摆动的轴承，主要失效形式是表面塑性变形，应进行静强度计算。

3）对于转速较高的轴承，主要失效形式为由发热引起的磨损、烧伤，故应进行疲劳寿命计算和校验极限转速。

七、滚动轴承的寿命及载荷的计算

1. 轴承的寿命

单个轴承在工作过程中，其中一个套圈或滚动体的材料出现第一个疲劳扩展迹象之前，一个套圈相对于另一个套圈的转数或一定转速下的工作小时数，称为轴承的寿命。

大量试验表明，一批型号相同的轴承，即使是在相同的工作条件下，各个轴承的寿命也是相当离散的，有些相差可达几十倍。因此，绝不能以某一个轴承的寿命代表同型号一批轴承的寿命。计算轴承的寿命时，一定要与可靠度（或破坏率）相联系，即在讨论轴承寿命时，必须明确它是相对于某一可靠度时的寿命。

2. 轴承的基本额定寿命

一组在同一条件下运转的、近于相同的滚动轴承，10%的轴承发生疲劳点蚀破坏而90%的轴承未发生点蚀破坏前的转数或一定转速下的工作小时数，称为轴承的基本额定寿命，以 L_{10}（单位为 10^6r）及 L_{10h}（单位为 h）表示。

由于额定寿命与可靠度有关，所以实际上按额定寿命计算和选择出来的轴承，在额定寿命期内可能有10%的轴承提前发生疲劳点蚀，而90%的轴承在超过额定寿命期后还能继续工作，甚至相当多的轴承还能工作一个、两个或更多的额定寿命期。对于一个具体的轴承而言，它能顺利地在额定寿命期内正常工作的概率为90%，而在额定寿命期到达之前即发生点蚀破坏的概率为10%。

3. 滚动轴承的基本额定动载荷

滚动轴承的额定寿命恰好等于 10^6r 时所能承受的载荷值称为基本额定动载荷，用 C 表示。对于向心轴承，基本额定动载荷指的是纯径向载荷，并称为径向基本额定动载荷，用 C_R 表示；对于推力轴承，基本额定动载荷指的是纯轴向载荷，用 C_A 表示；对于角接触球轴承和圆锥滚子轴承，指的是使套圈间产生纯径向位移的载荷的径向分量。显然，在基本额定动载荷 C 的作用下，轴承工作寿命为 10^6r 的可靠度为90%。

基本额定动载荷 C 与轴承的类型、规格、材料等有关，其值可查阅有关标准。这些额定动载荷值是在一定条件下经反复试验并结合理论分析得到的。

4. 当量动载荷 P

基本额定动载荷分径向基本额定动载荷和轴向基本额定动载荷。当轴承既承受径向载荷又承受轴向载荷时，为能应用额定动载荷值进行轴承的寿命计算，就必须将轴承承受的实际工作载荷转化为一假想载荷——当量动载荷。对向心轴承而言，当量动载荷是径向当量动载荷，用 P_R 表示；对推力轴承而言，当量动载荷是轴向当量动载荷，用 P_A 表示。在当量动载荷作用下，滚动轴承具有与实际载荷作用下相同的寿命。

5. 当量动载荷的计算

1）对只能承受径向载荷 F_R 的径向接触轴承

$$P = P_R = F_R \tag{14-6}$$

2）对只能承受轴向载荷 F_A 的轴向接触轴承

$$P = P_A = F_A \tag{14-7}$$

3）对既能承受径向载荷 F_R 又能承受轴向载荷 F_A 的角接触向心轴承

$$P = P_R = XF_R + YF_A \tag{14-8}$$

4）对既能承受径向载荷 F_R 又能承受轴向载荷 F_A 的角接触推力轴承

$$P = P_A = XF_R + YF_A \tag{14-9a}$$

式（14-8）中的径向动载荷系数 X 和轴向动载荷系数 Y 可查表 14-9。式（14-9）中的系数 X 和 Y 请查阅有关标准。

表 14-9　单列轴承径向动载荷系数 X 与轴向动载荷系数 Y

轴承类型		$\dfrac{F_A}{C_0}$	e	$\dfrac{F_A}{F_R} > e$		$\dfrac{F_A}{F_R} \le e$	
				X	Y	X	Y
深沟球轴承 60000		0.014	0.19		2.30		
		0.028	0.22		1.99		
		0.056	0.26		1.71		
		0.084	0.28		1.55		
		0.110	0.30	0.56	1.45	1	0
		0.170	0.34		1.31		
		0.280	0.38		1.15		
		0.420	0.42		1.04		
		0.560	0.44		1.00		
角接触球轴承	7000C （$\alpha = 15°$）	0.015	0.38		1.47		
		0.029	0.40		1.40		
		0.058	0.43		1.30		
		0.087	0.46		1.23		
		0.120	0.47	0.44	1.19	1	0
		0.170	0.50		1.12		
		0.290	0.55		1.02		
		0.440	0.56		1.00		
		0.580	0.56		1.00		
	7000AC（$\alpha = 25°$）	—	0.68	0.41	0.87	1	0
	7000B（$\alpha = 40°$）	—	1.14	0.35	0.57	1	0
圆锥滚子轴承 30000		—	$1.5\tan\alpha$	0.4	$0.4\cot\alpha$	1	0

注：1. C_0 是轴承基本额定静载荷，见附表 C、D、E。

2. e 为系数 X 和 Y 不同值时 $\dfrac{F_A}{F_R}$ 适用范围的界限值。

3. 对于 $\dfrac{F_A}{C_0}$ 的其他中间值，其 e 和 Y 值可以用线性插值法求得。

表 14-9 中，e 为判断系数，用以估量轴向载荷的影响。当 $F_A/F_R > e$ 时，表示轴向载荷影响较大，计算当量动载荷时必须考虑 F_A 的作用。当 $F_A/F_R \leqslant e$ 时，表示轴向载荷影响很小，计算当量载荷时可忽略轴向载荷 F_A 的影响。可见 e 值是计算当量动载荷时判断是否计入轴向载荷的界限值。

上述当量动载荷的计算公式求出的是理论值，考虑到实际轴承使用过程中冲击力，惯性力及轴挠曲变形或轴承座变形产生的附加力，实际轴承的当量载荷应为

$$P = f_p(XF_R + YF_A) \qquad (14\text{-}9b)$$

式中　f_p——载荷系数，其值见表 14-12。

6. 滚动轴承的寿命计算公式

滚动轴承的疲劳点蚀失效属于疲劳强度问题。因此，轴承的额定寿命与轴承所受载荷的大小有关。图 14-19 所示是深沟球轴承 6208 进行实验得出的额定寿命 L_{10} 与载荷 P 的关系曲线，即载荷-寿命曲线。实验表明，其他轴承也存在类似的关系曲线。研究表明，轴承的载荷-寿命曲线满足关系式：$P^\varepsilon L_{10} = $ 常数。因 $L_{10} = 1$ 时，$P = C$，故有 $P^\varepsilon L_{10} = C^\varepsilon \times 1$，由此可得

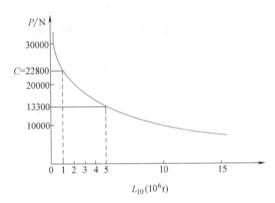

图 14-19　深沟球轴承 6208 的载荷-寿命曲线

$$L_{10} = \left(\frac{C}{P}\right)^\varepsilon \qquad (14\text{-}10a)$$

式中　ε——轴承的寿命指数，球轴承 $\varepsilon = 3$，滚子轴承 $\varepsilon = 10/3$。

实际计算时，用小时数表示寿命比较方便。设轴承转速为 n，则 $10^6 L_{10} = 60nL_{10h}$，故

$$L_{10h} = \frac{10^6}{60n}\left(\frac{C}{P}\right)^\varepsilon = \frac{16667}{n}\left(\frac{C}{P}\right)^\varepsilon \qquad (14\text{-}11a)$$

若已经给定轴承的预期寿命 L'_{10h}、转速 n 和当量载荷 P，要求确定轴承的基本额定动载荷 C，以便选择轴承的型号，C 的表达式可由式（14-11a）得到

$$C = P\left(\frac{60nL'_{10h}}{10^6}\right)^{1/\varepsilon} \qquad (14\text{-}12a)$$

常见机械中所用轴承的预期计算寿命可查表 14-10。

从轴承标准或手册中查得的基本额定动载荷值，是工作温度在 $t \leqslant 120℃$ 的一般轴承的额定动载荷值。当轴承工作温度 $t > 120℃$ 时，应采用经过高温回火处理的高温轴承。若仍用上述一般轴承代替高温轴承，则应将查得的额定动载荷值减小，为此引入温度系数 f_t 加以修正，$f_t \leqslant 1$，见表 14-11。此外，考虑到机器的起动、停车、冲击和振动对当量动载荷 P 的影响，引入载荷系数 f_p 对 P 加以修正，$f_p \geqslant 1$，见表 14-12。于是式（14-10a）、式（14-11a）、式（14-12a）改写为

$$L_{10} = \left(\frac{f_t}{f_p}\frac{C}{P}\right)^\varepsilon \qquad (14\text{-}10b)$$

$$L_{10h} = \frac{10^6}{60n}\left(\frac{f_t}{f_p}\frac{C}{P}\right)^\varepsilon = \frac{16667}{n}\left(\frac{f_t}{f_p}\frac{C}{P}\right)^\varepsilon \qquad (14\text{-}11b)$$

$$C = \frac{f_\mathrm{t}}{f_\mathrm{P}} P \left(\frac{60 n L'_{10h}}{10^6} \right)^{1/\varepsilon}$$ （14-12b）

表 14-10 推荐的轴承预期计算寿命

机 器 类 型	预期计算寿命/h
不经常使用的仪器或设备,如闸门开闭装置等	500
短期或间断使用的机械,中断使用不致引起严重后果,如手动机械等	4000~8000
间断使用的机械,中断使用后果严重,如发动机辅助设备、流水作业线自动传送装置、车间吊车、不常使用的机床等	8000~12000
每日 8h 工作的机械(利用率较高),如一般的齿轮传动、某些固定电动机等	12000~20000
每日 8h 工作的机械(利用率不高),如金属切削机床、连续使用的起重机、木材加工机械、印刷机械等	20000~30000
24h 连续工作的机械,如矿山升降机、纺织机械、泵、电动机等	40000~60000
24h 连续工作的机械,中断使用后果严重。如纤维生产或造纸设备、发电站主电机、矿井水泵等	100000~200000

表 14-11 温度系数 f_t

轴承工作温度/℃	≤120	125	150	175	200	225	250	300	350
温度系数 f_t	1.00	0.95	0.90	0.85	0.80	0.75	0.70	0.60	0.50

表 14-12 载荷系数 f_p

载荷性质	载荷系数 f_P	举 例
无冲击或轻微冲击	1.0~1.2	电动机、汽轮机、通风机等
中等冲击或中等惯性力	1.2~1.8	车辆、动力机械、起重机、造纸机、冶金机械、选矿机、水利机械、卷扬机、木材加工机械、传动装置、机床等
强大冲击	1.8~3.0	破碎机、轧钢机、钻探机、振动筛等

7. 向心角接触轴承和圆锥滚子轴承轴向载荷 F_A 的计算

（1）派生轴向力产生的原因、大小和方向 向心角接触轴承和圆锥滚子轴承的结构特点是存在接触角。当它们承受径向载荷 F_R 时,作用在承载区中各滚动体的法向反力 $F_{\mathrm{N}i}$ 并不指向轴承半径方向,而应分解为径向反力 $F_{\mathrm{R}i}$ 和轴向反力 $F_{\mathrm{s}i}$,如图 14-20 所示。其中所有径向反力 $F_{\mathrm{R}i}$ 的合力与径向载荷 F_R 相平衡;所有轴向分力 $F_{\mathrm{s}i}$ 的合力组成轴承的内部派生轴向力 F_S。由此可知,轴承的派生轴向力是由轴承内部的法向分力 $F_{\mathrm{N}i}$ 引起的,其方向总是由轴承外圈的宽边一端指向窄边一端,迫使轴承内圈从外圈脱开。

当轴承的承载区为半周（即在 F_R 作用下有半圈滚动体受载）时,经过分析,可得角接触球轴承和圆锥滚子轴承的派生轴向力 F_S 的大小为

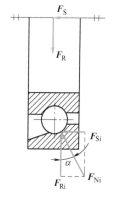

图 14-20 径向载荷产生的派生轴向力

角接触球轴承 $F_\mathrm{S} \approx 1.225 F_\mathrm{R} \tan\alpha$

圆锥滚子轴承 $F_\mathrm{S} \approx F_\mathrm{R}/(2Y)$

或见表 14-13。

表 14-13 角接触轴承和圆锥滚子轴承的派生轴向力

圆锥滚子轴承	角接触球轴承		
	70000C($\alpha = 15°$)	70000AC($\alpha = 25°$)	70000B($\alpha = 40°$)
$F_\mathrm{S} = F_\mathrm{R}/(2Y)$ [1]	$F_\mathrm{S} = 0.5 F_\mathrm{R}$	$F_\mathrm{S} = 0.7 F_\mathrm{R}$	$F_\mathrm{S} = 1.1 F_\mathrm{R}$

[1] Y 值对应表 14-9 中 $F_\mathrm{A}/F_\mathrm{R} > e$ 时的值。

（2）安装方式　由于角接触球轴承和圆锥滚子轴承承受径向载荷后会产生派生轴向力，因此，为保证正常工作，这两类轴承均需成对使用。以角接触球轴承为例，图 14-21a、b 所示便是其两种安装方式。图 14-21a 中，两端轴承外圈宽边相对，称为反装或背靠背安装。这种安装方式使两支反力作用点 O_1、O_2 相互远离，支承跨距加大。图 14-21b 中，两端轴承外圈窄边相对，称为正装或面对面安装。它使两支反力作用点 O_1、O_2 相互靠近，支承跨距缩短。支反力作用点 O_1、O_2 距其轴承端面的距离可从轴承样本或有关标准中查得。但对于跨距较大的安装，为简化计算，可取轴承宽度的中点为支反力作用点，由此引起的计算误差是很小的。

（3）轴承轴向载荷 F_A 的计算　现以图 14-21 所示的典型情况为例来分析两轴承承受的轴向载荷 F_{A1} 和 F_{A2}。图中 F_R、F_A 分别为轴系所受的径向外载荷和轴向外载荷。分析的一般步骤如下：

1）作轴系受力简图，给轴承编号，如图 14-21c 所示，将派生轴向力中方向与外加轴向载荷 F_A 一致的轴承标为 2，另一轴承标为 1。

2）由 F_R 计算 F_{R1}、F_{R2}，再由 F_{R1}、F_{R2} 计算派生轴向力 F_{S1}、F_{S2}。

3）计算轴承的轴向载荷 F_{A1}、F_{A2}。

① 当 $F_A + F_{S2} \geqslant F_{S1}$ 时，轴有向左移动的趋势，使轴承 1 被"压紧"，轴承 2 被"放松"。由于轴承 1 被压紧，由力平衡条件，轴承 1 上必有平衡力 F'_{S1}（由轴承座或端盖施给）。故轴承 1、2 上的轴向力 F_{A1}、F_{A2} 分别为

$$\left. \begin{array}{l} F_{A1} = F_{S1} + F'_{S1} = F_A + F_{S2} \\ F_{A2} = F_{S2} \end{array} \right\} \tag{14-13}$$

② 当 $F_A + F_{S2} < F_{S1}$ 时，轴有右移的趋势，轴承 2 被"压紧"，轴承 1 被"放松"，轴承 2 上必有平衡力 F'_{S2}，$F_{S2} + F'_{S2} + F_A = F_{S1}$，故轴承 1、2 上的轴向力 F_{A1}、F_{A2} 分别为

$$\left. \begin{array}{l} F_{A2} = F_{S2} + F'_{S2} = F_{S1} - F_A \\ F_{A1} = F_{S1} \end{array} \right\} \tag{14-14}$$

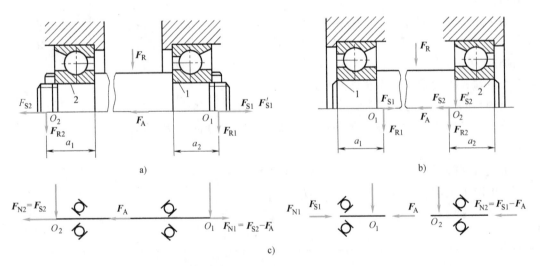

图 14-21　角接触球轴承安装方式及受力分析

综上所述，计算轴向力的关键是判断哪个轴承为压紧端，哪个轴承为放松端。放松端轴

承的轴向力等于本身的派生轴向力，压紧端轴承的轴向力等于除本身派生轴向力外，轴上其他所有轴向力代数和。

例 14-2　某轴仅作用平稳的轴向力，由一对代号为 6308 的深沟球轴承支承。若轴的转速 $n=3000\text{r/min}$，工作温度不超过 100℃，预期寿命为 10000h，试由寿命要求计算轴承能承受的最大轴向力。

解：已知轴承型号、转速和寿命要求，则可由寿命公式求出当量动载荷，再利用当量动载荷公式可求得轴向力 F_A，但因系数 Y 与 F_A/C_0 有关，而 F_A 待求，故需进行试算。

由附表 C 可知，6308 轴承 $C=40800\text{N}$，$C_0=24000\text{N}$。轴承只受轴向力，径向力 F_R 可忽略不计，故，$F_A/F_R>e$。

由寿命公式

$$L_{10\text{h}}=\frac{10^6}{60n}\left(\frac{C}{P}\right)^{\varepsilon}$$

令 $L_{10\text{h}}=L'_{10\text{h}}=10000\text{h}$，则可解出

$$P=C\sqrt[3]{\frac{10^6}{60nL'_{10\text{h}}}}=40800\times\sqrt[3]{\frac{10^6}{60\times3000\times10000}}\text{N}=3354\text{N}$$

1）设 $F_A/C_0=0.056$，由系数表查得，$X=0.56$，$Y=1.71$。取 $f_P=1.0$，根据当量动载荷公式

$$P=f_P(XF_R+XF_A)=YF_A$$

故轴向力 F_A 为

$$F_A=\frac{P}{Y}=\frac{3354}{1.71}\text{N}=1961.40\text{N}$$

此时，$F_A/C_0=1961.40/24000=0.082$，仍与所设不符。

2）设 $F_A/C_0=0.085$，查表 14-9 得 $Y=1.55$，故

$$F_A=\frac{P}{Y}=\frac{3354}{1.55}\text{N}=2163.87\text{N}$$

$F_A/C_0=2163.87/24000=0.09$，仍与所设不符。

3）设 $F_A/C_0=0.09$，线性插入法查表 14-9 得 $Y=1.42$，同法求得 $F_A=2361.97\text{N}$，$F_A/C_0=\dfrac{2361.97}{24000}=0.09$，与假设基本相符。结论：6308 轴承可以承受的最大轴向力为 2361.97N。

例 14-3　某轴由一对代号为 30212 的圆锥滚子轴承支承，其基本额定动载荷 $C=97.8\text{kN}$。轴承受径向力 $F_{R1}=6000\text{N}$，$F_{R2}=16500\text{N}$。轴的转速 $n=500\text{r/min}$，轴上有轴向力 $F_A=3000\text{N}$，方向如图 14-22a 所示，轴承的其它参数见表 14-14，冲击载荷系数 $f_d=1$。求轴承的基本额定寿命。

表 14-14　30212 圆锥滚子轴承参数

F_S	$F_A/F_R \leqslant e$		$F_A/F_R > e$		e
$\dfrac{F_R}{2Y}$	X	Y	X	Y	0.40
	1	0	0.4	1.5	

解：（1）求内部派生轴向力 F_{S1}、F_{S2} 的大小方向

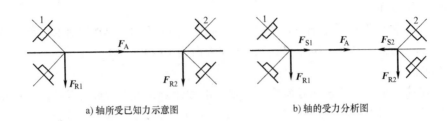

a) 轴所受已知力示意图　　　　　　　b) 轴的受力分析图

图 14-22　例 14-3 图

由圆锥滚子轴承代号 30212 查附表 E 得 $Y = 1.5$，有

$$F_{S1} = \frac{F_{R1}}{2Y} = \frac{6000}{2 \times 1.5}N = 2000N$$

$$F_{S2} = \frac{F_{R2}}{2Y} = \frac{16500}{2 \times 1.5}N = 5500N$$

其方向如图 14-22b 所示。

（2）求轴承所受的轴向力 F_{A1}、F_{A2}　采用公式归纳法

$$F_{A1} = \max\{F_{S1}, F_{S2} - F_A\} = \max\{2000, 5500 - 3000\}N = 2500N$$

$$F_{A2} = \max\{F_{S1}, F_{S2} + F_A\} = \max\{2000, 5500 + 3000\}N = 8500N$$

（3）轴承的当量动载荷 P_1、P_2

根据　　　　　　　　$F_{A1}/F_{R1} = 2500/6000 = 0.417 > e = 0.40$

得　　　　　　　　　$X_1 = 0.4, \quad Y_1 = 1.5$

取 $f_p = 1$，则　$P_1 = f_p(X_1 F_{R1} + Y_1 F_{A1}) = (0.4 \times 6000 + 1.5 \times 2500)N = 6150N$

根据　　　　　　　　$F_{A2}/F_{R2} = 8500/16500 = 0.48 > e$

得　　　　　　　　　$X_2 = 0.4, \quad Y_2 = 1.5$

则　　　　　$P_2 = f_p(X_2 F_{R2} + Y_2 F_{A2}) = 0.4 \times 16500N + 1.5 \times 8500N = 19350N$

由于 $P_2 > P_1$，故用 P_2 计算轴承寿命。

（4）计算轴承寿命

$$L_{10h} = \frac{10^6}{60n}\left(\frac{C}{P}\right)^\varepsilon = \frac{10^6}{60 \times 500} \times \left(\frac{97800}{19350}\right)^{10/3} h = 6997.61h$$

第五节　滚动轴承的组合设计

要保证机器正常运转，对滚动轴承来说，除正确选择轴承的类型和尺寸外，还必须对滚动轴承装置进行正确设计，即合理解决轴承的固定、装拆、配合、调整、润滑与密封等问题。

一、滚动轴承的轴向固定与定位

轴承内圈和轴、外圈和座孔间的轴向固定及定位方法的选择取决于载荷的大小、方向、性质、转速的高低、轴承的类型及其在轴上的位置等因素。

1. 轴承内圈在轴上轴向固定与定位的常用方法

（1）轴用弹性挡圈（图 14-23a） 轴用弹性挡圈主要用于轴向载荷不大及转速不高的场合。

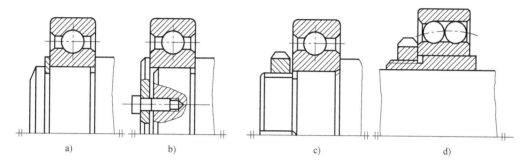

图 14-23 轴承内圈轴向固定及定位的常用方法

（2）轴端挡板（图 14-23b） 轴端挡板可承受双向轴向载荷，并可在高速下承受中等轴向载荷。

（3）圆螺母和止动垫圈锁紧（图 14-23c） 圆螺母和止动垫圈锁紧主要用于转速较高、轴向载荷较大的场合。

（4）开口圆锥紧定套、止动垫圈和圆螺母（图 14-23d） 开口圆锥紧定套、止动垫圈和圆螺母主要用于光轴上轴向载荷和转速都不大的调心轴承的轴向固定及定位。

内圈的另一端面通常是以轴肩、轴环或套筒作为轴向定位面。为使端面贴紧，轴肩处的圆角半径必须小于轴承内圈的倒角半径。同时，轴肩的高度不要大于轴承内圈的厚度，否则轴承不易拆卸。

2. 轴承外圈在轴承座孔内轴向固定及定位的常用方法

（1）孔用弹性挡圈（图 14-24a） 它主要用于轴向力不大且需要减小轴承装置尺寸的场合。

（2）止动环（图 14-24b） 当轴承座孔不便做凸肩且外壳为剖分式结构时，轴承外圈需带止动槽。

（3）轴承端盖（图 14-24c） 它用于转速高、轴向力大的各类轴承。

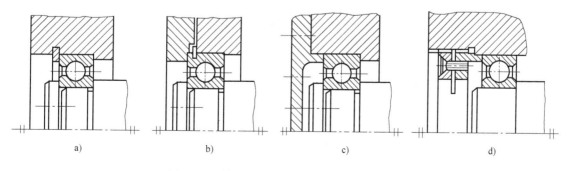

图 14-24 轴承外圈轴向固定及定位的常用方法

（4）螺纹环（图 14-24d）　它用于轴承转速高、轴向载荷大，且不适于使用轴承盖固定的场合。

二、轴与轴承组合的支承结构

正常的滚动轴承支承应使轴能正常传递载荷而不发生轴向窜动及轴受热膨胀后卡死等现象。常用的滚动轴承支承结构形式有三种：

1. 全固式（两端各单向固定）

如图 14-25 所示，轴的两端滚动轴承各限制一个方向的轴向移动，合在一起就可限制轴的双向移动。这种结构适用于工作温度 $t \leqslant 70℃$ 的短轴（$L \leqslant 350mm$）。在这种情况下，轴的热伸长量不大，一般可由轴承游隙补偿，或者在轴承外圈与轴承盖之间留有 $a = 0.2 \sim 0.4mm$ 的间隙补偿。当采用角接触球轴承和圆锥滚子轴承时，轴的热伸长量只能由轴承游隙补偿。在图 14-25 中，间隙 a 和轴承游隙的大小分别用垫片和调整螺钉进行调节。

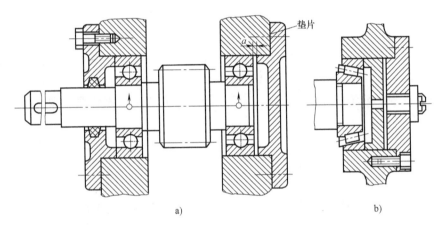

a)　　　　　　　　　　　　　　　　b)

图 14-25　全固式支承

2. 固游式（一端双向固定，一端游动）

如图 14-26a 所示，左端轴承内、外圈都为双向固定，以承受双向轴向载荷。右端为游动支承，轴承外圈和机座孔间采用动配合，以便当轴受热膨胀伸长时能在孔中自由游动，而内圈用弹性挡圈锁紧。

图 14-26b 中，游动端采用一个外圈无挡边的圆柱滚子轴承。当轴受热伸长时，内圈连带滚动体可沿外圈内表面游动，而外圈作双向固定。这种固定方式适用于支承跨距较大（$L > 350mm$）或工作温度较高（$t > 70℃$）的轴。

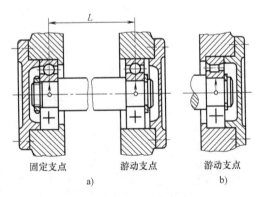

固定支点　　游动支点　　　游动支点

a)　　　　　　　　b)

图 14-26　固游式支承

3. 全游式（两端游动）

如图 14-27 所示，人字齿轮小齿轮轴，两端均为游动支座结构。由于人字齿轮轴的左、右螺旋角加工不容易保持完全一样，两轴向力不能完全抵消。啮合传动时，小齿轮轴可以左右游动，使得两边轴向力趋于均匀化。但是，为确保轴系有确定位置，大齿轮轴必须做成两端固定支承（全固式）。此种结构只在某些特殊情况下使用。

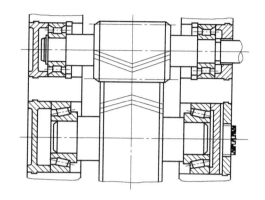

图 14-27　两端游动式支承

三、滚动轴承组合结构的调整

滚动轴承组合结构的调整包括轴承间隙的调整和轴系轴向位置的调整。

1. 轴承间隙的调整

轴承间隙的大小将影响轴承的旋转精度、轴承寿命和传动零件工作的平稳性，故轴承间隙必须能够调整。轴承间隙调整的方法有：

1）调整垫片组，如图 14-28a 所示。
2）调节压盖，如图 14-28b 所示。
3）调整环，如图 14-28c 所示。

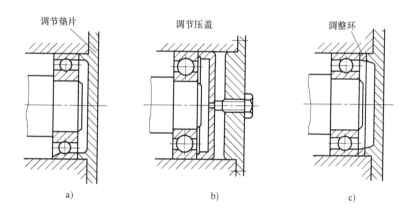

图 14-28　轴承间隙的调整

2. 轴系轴向位置的调整

轴系轴向位置调整的目的是使轴上的零件具有准确的工作位置。如锥齿轮传动，要求两个节锥顶点相重合，方能保证正确啮合；蜗杆传动要求蜗轮中间平面通过蜗杆的轴线等。图 14-29 所示为锥齿轮轴承组合位置的调整，套杯与机座间的垫片用来调整锥齿轮轴的轴向位置，而套杯与轴承盖之间的垫片则用来调整轴承游隙。

四、支承部位的刚度和同轴度

1. 提高轴承支座的刚度

轴承不仅要求轴具有一定的刚度，而且轴承座孔也应具有足够的刚度。这是因为轴或轴承座孔的变形都会使滚动体受力不均匀及滚动体运动受阻，影响轴承运转精度，降低轴承寿

命。因此，轴承座孔壁应有足够的厚度，并常设置加强筋以增强刚度，如图 14-30a 所示。同时，轴承座的悬臂尺寸应尽可能缩短，使支承点合理。对于轻合金或非金属制成的外壳，应在座孔中加钢或铸铁套筒，如图 14-30b 所示。

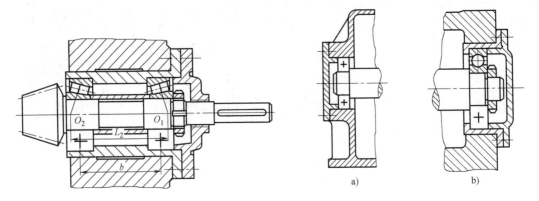

图 14-29　锥齿轮轴的支承结构　　　　　　图 14-30　增加支承刚度的措施

2. 轴承的预紧

所谓轴承的预紧，就是在安装时用某种方法在轴承中产生并保持相当的轴向力，以消除轴承的游隙，并在滚动体和内、外圈接触处产生弹性预变形，使轴承处于压紧状态。预紧可以提高轴承的组合刚度和旋转精度，减小机器工作时轴的振动。需要预紧的轴承，通常是角接触球轴承和圆锥滚子轴承。

常用的预紧方法有以下几种。

1）在轴承的内、外圈之间放置垫片，如图 14-31a、b 所示；或者磨薄一对轴承的外圈或内圈，如图 14-31c、d 所示，即可达到预紧，预紧力的大小由调整垫片的厚度或轴承内、外圈的磨薄量来控制。

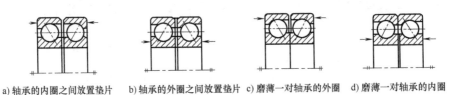

a) 轴承的内圈之间放置垫片　b) 轴承的外圈之间放置垫片　c) 磨薄一对轴承的外圈　d) 磨薄一对轴承的内圈

图 14-31　轴承预紧方法（1）

2）分别在两轴承的内圈和外圈间装入长度不等的两个套筒达到预紧，如图 14-32a 所

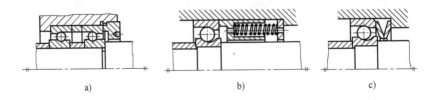

a)　　　　　　　　　　　b)　　　　　　　　　　　c)

图 14-32　轴承预紧方法（2）

示，预紧力的大小由两套筒的长度差控制。

　　3）利用弹簧预紧，如图 14-32b、c 所示。这种方法可得到稳定的预紧力。

　　3. 提高轴承系统的同轴度

　　同一根轴上的轴承座孔，应尽可能保持同
轴，以免轴承内、外圈间产生过大偏斜而影响
轴承寿命。为此，应力求两轴承座孔尺寸相同，
以便一次镗孔保证同轴度。如果在一根轴上装
有不同尺寸的轴承时，可采用套杯结构来安装
外径较小的轴承，这样两轴承座孔仍可一次镗
出，如图 14-33 所示。当两个轴承座孔分在两个
机壳上时，则应将两个机壳组合在一起进行
镗孔。

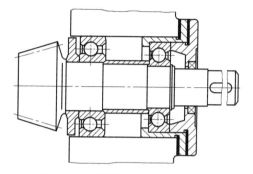

图 14-33　利用套杯结构保证同轴度

五、滚动轴承的配合

　　滚动轴承的配合是指内圈与轴颈、外圈与外壳孔的配合。滚动轴承是标准件，轴承
内孔与轴的配合为基孔制，轴承外圈与轴承座孔的配合为基轴制。国家标准规定，轴承
的内孔与外径均为上极限偏差为零、下极限偏差为负的公差带，这与普通圆柱体公差的
国家标准不同，这一规定使轴承内孔与轴的配合比通常的基孔制同类配合要紧得多。另
外，由于外径公差值较小，因而外径与轴承座孔的配合与通常的基轴制同类配合相比也
较为紧密。

　　轴承配合的选择，一般应考虑下列因素：①当内圈旋转，外圈固定时，内圈与轴颈之间
应采用较紧的配合，如 n6、m6、k6 等，外圈与轴承座孔应选择较松的配合，如 J7、H7、
G7 等。②轴承受载荷较大、转速较高、冲击振动较强烈时，应采用较紧的配合，反之，
可选较松的配合。③游动支承上的轴承，外圈与座孔间应选用有间隙的配合，以利于轴在受
热伸长时能沿轴向游动，但应保证轴承工作时外圈在座孔内不发生转动。④对剖分式轴承
座，外圈应采用较松的配合，经常拆装的轴承，也应采用具有间隙或过盈量较小的过渡
配合。

　　上述只是一般的选择原则，具体设计时，应根据实际工作情况，查阅有关手册
选用。

六、滚动轴承的拆装

　　在轴承组合设计时，应考虑有利于轴承的安装和拆卸，以便在拆装过程中不致损坏轴承
和其他零件。由于滚动轴承的内圈与轴颈的配合较紧，安装时为了不损伤轴承及其他零件，
对中、小型轴承可用锤子敲击装配套筒（铜套）装入轴承，如图 14-34 所示。对大型或过盈
量较大的轴承，可用压力机压入。有时，为了方便安装，可将轴承在油池中加热到 80℃ ~
100℃后再进行热装。拆卸轴承时，也需有专门拆卸工具，如图 14-35 所示的顶拔器。为便
于拆卸，应使轴承内圈在轴肩上露出足够的高度，并要有足够的空间位置，以便安放顶
拔器。

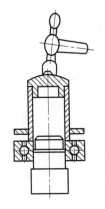

图 14-34　用锤子安装轴承

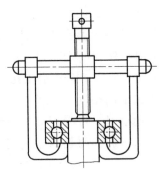

图 14-35　用顶拔器拆卸轴承

思　考　题

14-1　常用滚动轴承的类型有哪些?

14-2　轴上成对安装的角接触球轴承或圆锥滚子轴承, 其轴上左右两个支承轴承所承受的总轴向力 F_A 是否就等于轴所受的轴向力?

14-3　选择滚动轴承类型时应考虑的主要因素有哪些?

14-4　说明滚动轴承的含义。

1) 说明滚动轴承代号 62203 的含义。

2) 说明滚动轴承代号 7312AC/P6 的含义。

3) 说明滚动轴承代号 32310B 的含义。

4) 说明滚动轴承代号 N2073E 的含义。

14-5　一减速器中的不完全液体润滑径向滑动轴承, 轴的材料为 45 钢, 轴瓦材料为铸造青铜 ZCuSn5Pb5Zn5, 承受径向载荷 $F = 35\text{kN}$; 轴颈直径 $d = 190\text{mm}$; 工作长度 $l = 250\text{mm}$; 转速 $n = 150\text{r/min}$。试验算该轴承是否适合使用。提示: 根据轴瓦材料, 已查得 $[p] = 8\text{MPa}$, $[v] = 3\text{m/s}$, $[pv] = 12\text{MPa} \cdot \text{m} \cdot \text{s}^{-1}$。

14-6　有一不完全液体润滑径向滑动轴承, 直径 $d = 100\text{mm}$, 宽径比 $B/d = 1$, 转速 $n = 1200\text{r/min}$, 轴的材料为 45 钢, 轴承材料为铸造青铜 ZCuSn10Pb1。试问该轴承最大可以承受多大的径向载。

14-7　今有一离心泵的径向滑动轴承。已知: 轴颈直径 $d = 60\text{mm}$, 轴的转速 $n = 1500\text{r/min}$, 轴承径向载荷 $F = 2600\text{N}$, 轴承材料为 ZCuSn5Pb5Zn5。试根据不完全液体润滑轴承计算方法校核该轴承。

14-8　某水泵轴轴颈直径 $d = 35\text{mm}$, 转速 $n = 2900\text{r/min}$, 轴所受径向载荷 $F_R = 1810\text{N}$, 轴向载荷 $F_A = 740\text{N}$, 预期寿命 $L'_h = 5000\text{h}$。试选择轴承的类型和型号。

14-9　锥齿轮减速器输入轴由一对代号为 30206 的圆锥滚子轴承支承, 已知两轴承外圈间距为 72mm, 锥齿轮平均分度圆直径 $d_m = 56.25\text{mm}$, 齿面上的切向力 $F_T = 1240\text{N}$, 径向力 $F_R = 400\text{N}$, 轴向力 $F_X = 240\text{N}$, 各力方向如图 14-36 所示。求轴承的当量动载荷 P。

14-10　已知某转轴由两个反装的角接触球轴承支承，支点处的径向反力 $F_{R1} = 875\text{N}$，$F_{R2} = 1520\text{N}$，齿轮上的轴向力 $F_X = 400\text{N}$，方向如图 14-37 所示，转的转速 $n = 520\text{r/min}$，运转中有中等冲击，轴承预期寿命 $L'_h = 3000\text{h}$。若初选轴承型号为 7207C，试验算其寿命。

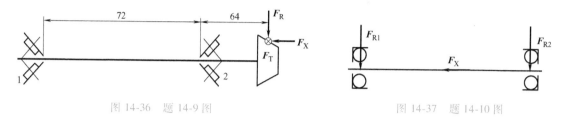

图 14-36　题 14-9 图　　　　　　　　　　图 14-37　题 14-10 图

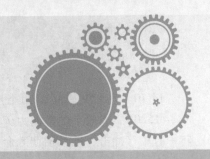

第十五章

联轴器与离合器

重点学习内容
1) 联轴器与离合器的结构、特点和应用。
2) 联轴器的选用和计算。
3) 离合器的选用和计算。

第一节 概　　述

联轴器、离合器都是机械中常用的部件，如图 15-1 所示的联轴器和离合器的使用。显然，在机器中使用联轴器和离合器的目的就是为了实现两轴的连接，以便于共同回转并传递动力。其中，用联轴器连接的两轴，须在机器停止运转后才能拆卸分离；而离合器连接的两轴，在机器运转过程中可随时接合和分离，从而达到操纵机器传动系统的断续，以便进行变速和换向等。

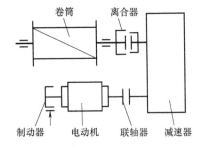

图 15-1　联轴器和离合器的使用

联轴器和离合器的类型很多，其中有些已经标准化。在选择时可根据工作要求，选择合适的类型，再按被连接轴的直径、转矩和转速从有关手册中查取适用的型号和尺寸，必要时再作进一步的验算。

由于联轴器和离合器的种类繁多，本章仅对少数典型结构及其有关知识作些介绍，以便为选用和自行创新设计提供必要的基础。

第二节　联轴器的类型

联轴器所连接的两轴，由于制造及安装误差、承载后的变形以及温度变化等影响，往往不能保证严格的对中，而是存在着某种程度的相对位移。轴间的相对位移主要有轴向位移、径向位移、角位移和综合位移，如图 15-2 所示。这就要求所设计的联轴器，要从结构上采取各种措施，具有适应一定范围的相对位移变化的要求。

根据联轴器有无弹性元件，可以将联轴器分为两大类，即刚性联轴器和弹性联轴器。刚性联轴器又根据其结构特点分为固定式和可移式两类，固定式联轴器要求被连接的两轴轴线严格对中。而可移式联轴器允许两轴有一定的安装误差，对两轴的位移有一定的补偿能力。弹性联轴器按其所具有弹性元件材料的不同，又可以分为金属弹簧式和非金属弹性元件式两类。弹性联轴器不仅能在一定范围内补偿两轴线间的位移，还具有缓冲减振的作用。

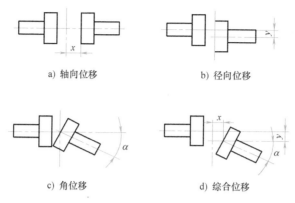

a) 轴向位移   b) 径向位移

c) 角位移   d) 综合位移

图 15-2 联轴器连接两轴的偏移方式

一、固定式刚性联轴器

固定式刚性联轴器全部零件都是刚性的，所以在传递载荷时，不能缓冲和吸收振动，但它具有结构简单、价格低廉、使用方便等优点，且可传递较大的转矩，常用于载荷平稳、要求两轴严格对中的场合。这类联轴器常见的有套筒联轴器、凸缘联轴器和夹壳联轴器等。在此主要介绍套筒联轴器和凸缘联轴器。

1. 套筒联轴器

套筒联轴器结构简单，如图 15-3 所示。这种联轴器是一个圆柱型套筒，用两个圆锥销、键或螺钉与轴相连接并传递转矩。套筒联轴器没有标准化，需要自行设计，如机床上就经常采用这种联轴器。

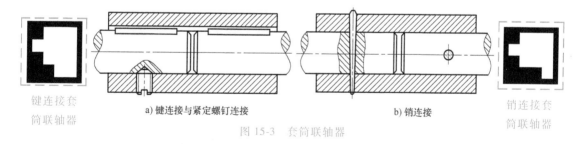

键连接套
筒联轴器   a) 键连接与紧定螺钉连接   b) 销连接   销连接套
筒联轴器

图 15-3 套筒联轴器

2. 凸缘联轴器

凸缘联轴器由两个带凸缘的半联轴器组成，两个半联轴器通过键分别与两轴相连接，并用螺栓将两个半联轴器连成一体，如图 15-4 所示。

按对中方式分为 GYS 型和 GY 型：GYS 型用凸肩和凹槽对中，并用普通螺栓连接，工作时靠两半联轴器接触面间的摩擦力传递转矩，拆装时需要做轴向移动。GY 型用铰制孔螺栓对中，螺栓与孔为略有过盈的紧配合，工作时靠螺栓受剪与挤压来传递转矩。拆装时不需要做轴向移动，但要配铰制螺栓孔。

当载荷为中等，圆周速度小于 35m/s 时，凸缘联轴器的材料可以使用 HT200 等灰铸铁。当载荷为重载或圆周速度大于 30m/s 时可以采用 35 钢、45 钢等。

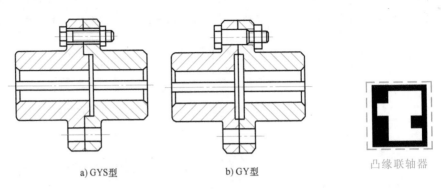

a) GYS型　　　　　b) GY型

凸缘联轴器

图 15-4　凸缘联轴器

　　凸缘联轴器的主要特点是结构简单、价格低廉，使用方便，能传递较大的转矩，但要求两轴的同轴度要好。适用于刚性大、振动冲击小和低速大转矩的连接场合，是应用广泛的一种刚性联轴器。凸缘联轴器的尺寸可以按照标准 GB/T 5843—2003 选用。

二、可移式刚性联轴器

　　由于制造、安装误差和工作时零件变形等原因，当不易保证两轴对中时，宜采用具有补偿两轴相对偏移能力的可移式刚性联轴器。可移式刚性联轴器有齿式联轴器、十字滑块联轴器、滑块联轴器、万向联轴器等。

1. 齿式联轴器

　　齿式联轴器是利用内、外齿啮合而实现两轴间的连接，同时能实现两轴相对偏移的补偿。如图 15-5 所示，内、外齿啮合后具有一定的顶隙和侧隙，故可补偿两轴间的径向偏移；外齿顶部制成球面，球心在轴线上，可补偿两轴之间的角偏移。两内齿凸缘利用螺栓连接。由于齿式联轴器能传递较大的转矩，又有较大的补偿偏移的能力，常用于重型机械，但结构笨重，造价高。

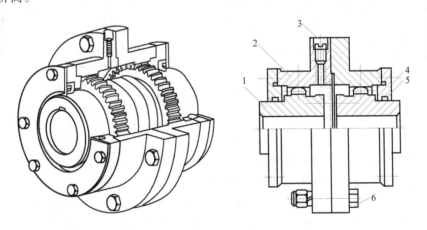

图 15-5　齿式联轴器

1—内套筒　2—外套筒　3—注油孔　4—压板　5—密封圈　6—螺栓

2. 十字滑块联轴器

　　十字滑块联轴器是由两个端面带槽的半联轴器 1、3 和两侧面各具有凸块的中间滑块 2

组成的，如图 15-6 所示。中间滑块 2 两侧的凸块相互垂直，分别嵌装在两个半联轴器的凹槽中。中间滑块 2 的凸块可在半联轴器的凹槽中滑动，故允许一定的径向位移（即偏心距）$y \leqslant 0.04d$，和角位移 $\alpha \leqslant 0.52$。

这种联轴器零件的材料可用 45 钢，工作表面须经热处理以提高其硬度；要求较低时也可以用 Q275 钢，不进行热处理。为了减少摩擦及磨损，使用时应往中间滑块的油孔注油进行润滑。

十字滑块联轴器具有结构简单、制造方便的特点，但由于滑块偏心，工作时会产生较大的离心力，故只用于低速场合。

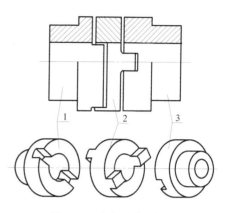

图 15-6 十字滑块联轴器

1、3—半联轴器 2—中间滑块

3. 滑块联轴器

滑块联轴器与十字滑块联轴器相似，只是两边半联轴器上的沟槽很宽，并把原来的中间滑块改为两面不带凸牙的方形滑块，且通常用夹布胶木制成，如图 15-7 所示。由于中间滑块的质量减小，又有弹性，故具有较高的极限转速。中间滑块可以用金属制成，也可以用尼龙制成，并在装配时加入少量的石墨或二硫化钼，以便在使用时可以自行润滑。

十字滑块
联轴器

这种联轴器结构简单、尺寸紧凑，适用于小功率、中等转速且无剧烈冲击的场合。

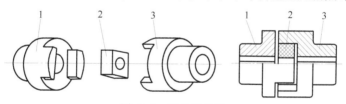

图 15-7 滑块联轴器

1、3—半联轴器 2—中间滑块

4. 万向联轴器

万向联轴器又称为万向铰链机构，如图 15-8 所示，用于连接偏斜的两个轴，两轴偏

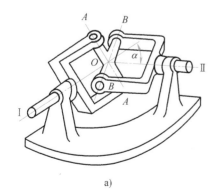

a)

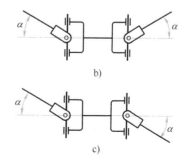

b)

c)

十字轴万向
联轴器

图 15-8 万向联轴器及安装示意图

斜角 $\alpha \leqslant 35° \sim 45°$，传递运动与力。这种机构广泛地应用于汽车、机床、轧钢等机械设备中。

图 15-8a 所示为一个万向联轴器，轴 I、II 的末端各有一叉，分别用转动副 A—A 及 B—B 与一个"十字形"构件相连。所有转动副的回转轴线交于一点 O，两轴间的夹角为 α。我们可以看出当轴 I 旋转一周时，轴 II 显然也将随之转一周，即两轴的平均传动比为 1。但是，两轴的瞬时传动比却不恒为 1，而是作周期性变化的，所以当主动端轴 I 做匀速运动，轴 II 则做变速运动。万向联轴器的这种特性称作瞬时传动比的不均匀性。

为了克服万向联轴器瞬时传动比的不均匀性，万向联轴器常常成对使用，如图 15-8b、c 所示。这样布置后，当主动轴做匀速运动时，中间轴做变速运动，从动轴可以实现匀速运动。

三、弹性联轴器

在弹性联轴器中，由于安装有弹性元件，它不仅可以补偿两轴间的相对位移，而且有缓冲和吸振的能力。故适用于频繁起动、经常正反转、变载荷及高速运转的场合。制造弹性元件的材料有金属和非金属两种。非金属材料有橡胶、尼龙和塑料等。其特点为质量小、价格便宜，有良好的弹性滞后性能，因而减振能力强，但橡胶寿命较短。金属材料制造的弹性元件，主要是各种弹簧，其强度高、尺寸小、寿命长，主要用于大功率。这些联轴器可参考有关设计手册选用。

下面仅介绍几种已经标准化的非金属弹性元件联轴器。

1. 弹性套柱销联轴器

弹性套柱销联轴器的结构与凸缘联轴器很近似，不同的是用装有弹性套柱销代替连接螺栓（图 15-9）。弹性套的变形可以补偿两轴线的径向位移和角位移，并且有缓冲和吸振作用。半联轴器的材料可用 HT200，有时也用 35 钢或 ZG270-500；柱销材料多用 35 钢。

这种联轴器结构简单、容易制造、拆装方便、成本较低，但弹性套容易磨损、寿命较短。适用于经常正反转、起动频繁、载荷平稳的高速运动中。如电动机与减速器（或其他装置）之间就常使用这类联轴器。

弹性套柱
销联轴器

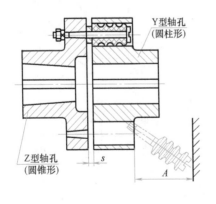

图 15-9 弹性套柱销联轴器

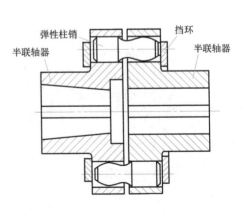

图 15-10 弹性柱销联轴器

2. 弹性柱销联轴器

弹性柱销联轴器是用若干个弹性柱销将两个半联轴器连接而成（图 15-10）。为了防止柱销滑出，两侧用挡环封闭。弹性柱销一般用尼龙制造。为了增加补偿量，常将柱销的一端制成鼓形。

这种联轴器结构简单，加工容易，维修方便，尼龙柱销的弹性不如橡胶，但强度高、耐磨性好。当两轴相对位移不大时，这种联轴器的性能比弹性套柱销联轴器还要好些，特别是寿命长，结构尺寸紧凑，适用于轴向窜动较大、冲击不大，经常正反转的中、低速场合以及传递较大转矩的传动轴系。由于尼龙柱销对温度比较敏感，故使用温度限制在 -20~70℃ 的范围内。

3. 梅花形弹性联轴器

如图 15-11 所示的梅花形弹性联轴器，其半联轴器与轴的配合孔可做成圆柱形或圆锥形。装配联轴器时，将梅花形弹性元件的花瓣部分夹紧在两半联轴器端面的凸齿交错插进所形成的齿侧空间，以便在联轴器工作时起到缓冲减振的作用。弹性元件可根据使用要求选用不同硬度的聚氨酯橡胶、铸型尼龙等材料制造。工作范围为 -35~80℃，短时工作温度可达 100℃，传递的公称转矩范围为 16~25000N·m。

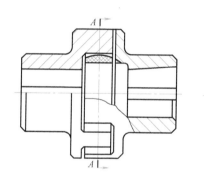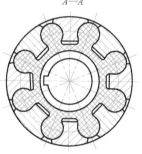

图 15-11　梅花形弹性联轴器

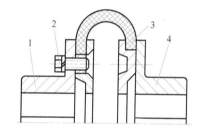

图 15-12　轮胎式联轴器

1、4—半联轴器　2—螺栓　3—轮胎环

4. 轮胎式联轴器

轮胎式联轴器（GB/T 5844—2002），图 15-12 所示。它由用橡胶或橡胶织物制成的轮胎环 3、螺栓 2 与两个半联轴器 1、4 连接而成。轮胎环 3 中的橡胶织物元件与低碳钢制成的骨架硫化粘结在一起，骨架上焊有螺母，装配时用螺栓与两个半联轴器的凸缘连接，依靠拧紧螺栓在轮胎环与凸缘端面之间产生的摩擦力来传递转矩。它的特点是弹性强、补偿位移能力大，有良好的阻尼和减振能力，绝缘性能好，运转时没有噪声，而且结构简单、不需要润滑，拆装和维护方便。其缺点是承载能力小，外形尺寸较大，当转矩较大时会因为过大的扭转变形而产生附加轴向载荷。

5. 膜片联轴器

膜片联轴器的典型结构如图 15-13 所示，其弹性元件为一定数量的很薄的多边形（或椭圆形）金属膜片叠合而成的膜片组，膜片上有沿圆周方向均布的若干个螺栓孔，用铰制孔用螺栓交错间隔与半联轴器相连接。这样弹性元件上的弧段分别为交错受压缩和受拉伸的两部分。拉伸部分传递转矩，压缩部分趋于皱褶。当所连接的两轴存在轴向、径向和角位移时，金属膜片便产生波状变形。

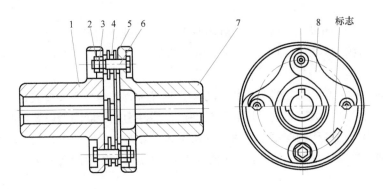

图 15-13　膜片联轴器

1、7—半联轴器　2—扣紧螺母　3—六角螺母　4—隔圈　5—支承圈　6—铰制孔螺栓　8—膜片

第三节　联轴器型号的选择

绝大多数联轴器都已经标准化或规格化，一般设计任务就是根据实际合理地选用，而不是设计。选择联轴器的基本步骤如下。

1. 选择联轴器的类型

根据传递的转矩的大小、轴转速的高低，被连接两部件的安装精度，参考各种类型联轴器的特性，选择一种合适的联轴器。具体如下：

1）所需传递转矩的大小和性质以及对缓冲减振功能的要求。例如，对大功率的重载传动，可选用齿式联轴器；对严重冲击载荷或要求消除轴系扭转振动的传动，可选用轮胎式联轴器等具有较高弹性的联轴器。

2）联轴器的工作转速高低和引起的离心力大小。对于高转速传动轴，应选用平衡精度高的联轴器，如膜片联轴器等，而不宜选用存在偏心的滑块联轴器等。

3）两轴相对位移的大小和方向。当安装调整后，难以保持两轴严格精确对中，或者工作过程中两轴将产生较大的附加相对位移时，应选用有补偿作用的联轴器。例如当径向位移较大时，可选用滑块联轴器，角位移较大时或相交两轴的连接可用万向联轴器等。

4）联轴器的可靠性和工作环境。通常由金属元件制成的不需要润滑的联轴器比较可靠；需要润滑的联轴器，其性能易受润滑完善程度的影响，且可能污染环境。含有橡胶等非金属元件的联轴器对温度、腐蚀性介质及强光等比较敏感，而且容易老化。

5）联轴器的制造、安装、维护和成本。在满足使用性能的前提下，应选用拆装方便、维护简单、成本低的联轴器。例如，刚性联轴器不但简单，而且拆装方便，可用于低速、刚性大的传动轴。一般的非金属弹性元件联轴器，由于具有良好的综合性能，广泛适用于一般中小功率传动。

2. 计算联轴器的计算转矩

由于机器起动时的动载荷和运转中可能出现过载现象，所以应当按轴上的最大转矩作为计算转矩 T_{ca}，计算转矩按下式进行：

$$T_{ca} = K_A T$$

式中　T——公称转矩（N·m）；

　　　K_A——工况系数，可以查阅表 15-1。

表 15-1　工作情况系数 K_A

工作机	原动机			
	电动机、汽轮机	单缸内燃机	双缸内燃机	四缸和四缸以上内燃机
转矩变化很小的机械,如发电机、小型通风机、小型离心泵	1.3	2.2	1.8	1.5
转矩变化较小的机械,如透平压缩机、木工机械、运输机	1.5	2.4	2.0	1.7
转矩变化中等的机械,如搅拌机增压机、有飞轮的压缩机	1.7	2.6	2.2	1.9
转矩变化和冲击载荷中等的机械,如织布机、水泥搅拌机、拖拉机	1.9	2.8	2.4	2.1
转矩变化和冲击载荷较大的机械,如挖掘机、碎石机、造纸机械	2.3	3.2	2.8	2.5
转矩变化和冲击载荷大的机械,如压延机、起重机、重型轧机	3.1	4.0	3.6	3.3

3. 确定联轴器的型号

根据计算转矩 T_{ca} 及所选的联轴器类型，按照 $T_{ca} \leq [T]$ 的条件在联轴器标准中选定联轴器型号。

4. 校核最大转速

被连接轴的转速 n 不应超过所选联轴器的允许最高转速 n_{max}，即 $n \leq n_{max}$。

5. 协调轴孔直径

多数情况下，每一型号联轴器适用的轴的直径均有一个范围。标准中或者给出轴直径的最小值和最大值，或者给出适用直径的尺寸系列，被连接两轴的直径应当在此范围内。一般情况下被连接两轴的直径是不同的，两个轴端的形状也可能是不同的，如主动轴轴端为圆柱形，所连接的从动轴的轴端是圆锥形。

例 15-1　在电动机与增压液压泵间用联轴器相连。已知电动机的功率 $P = 7.5kW$，转速 $n = 960r/min$，电动机直径 $d_1 = 38mm$，液压泵轴直径 $d_2 = 42mm$，试选择联轴器型号。

解　（1）选择类型　因为轴的转速较高，起动频繁，载荷有变化，宜选用缓冲性较好，同时具有可移动性的弹性套柱销联轴器。

（2）求计算转矩

$$T = 9550 \frac{P}{n} = 9550 \times \frac{7.5}{960} N \cdot m = 74.6 N \cdot m$$

查表 15-1 得 $K_A = 1.7$，故计算转矩为

$$T_{ca} = K_A T = 1.7 \times 74.6 N \cdot m = 126.8 N \cdot m$$

查设计手册知，可以选用弹性套柱销联轴器：$TL_6 \dfrac{YA38 \times 82}{JB42 \times 82}$（GB/T 4323—2017），其公称转矩为 250N·m。

第四节　离合器的类型与选择

离合器是在机器工作状态下，根据需要随时分离和连接两个轴的部件，如汽车临时停车而不熄火时就需要对离合器进行操作。对离合器的基本要求是：接合平稳、分离迅速彻底；操纵省力方便，质量和外廓尺寸小，维护和调节方便，耐磨性好等。

常用离合器分类见表 15-2

表 15-2　离合器的分类

操纵离合器 （机械、气动、液压、电磁）	啮合式	牙嵌离合器、齿轮离合器等
	摩擦式	圆盘离合器、圆锥离合器
自动离合器	定向离合器	啮合式、摩擦式
	离心离合器	摩擦式
	安全离合器	啮合式、摩擦式

下面介绍几种典型的离合器。

一、牙嵌离合器

牙嵌离合器是由两个端面带牙的半离合器组成的，如图 15-14 所示。其中半离合器 1 固连在主动轴上，半离合器 2 用导键（或花键）与从动轴连接。通过操纵滑动环 4 可使离合器 2 沿导键做轴向运动，两轴靠两个半离合器端面上的牙嵌来连接。为了使两轴对中，在半离合器 1 固定有对中环 3，而从动轴可以相对于对中环自由地转动。

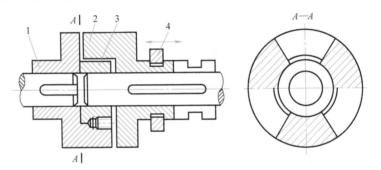

牙嵌离合器

图 15-14　牙嵌离合器
1、2—半离合器　3—对中环　4—滑动环

牙嵌离合器常用的牙型有三角形、矩形、梯形、锯齿型等，其径向剖面如图 15-15 所示。三角形牙（图 15-15a）多用于轻载的情况，容易接合、分离，但牙齿强度较低。矩形牙（图 15-15b）不便于接合，分离也困难，仅用于静止时手动接合。梯形牙（图 15-15c）的侧面制成 $\alpha = 2° \sim 8°$ 的斜角，牙根强度较高，能传递较大的转矩，并可补偿磨损而产生的齿侧间隙，接合与分离比较容易，因此梯形牙应用较广。三角形、矩形、梯形牙都可以作双向工作，而锯齿形牙（图 15-15d）只能单向工作，但它的牙根强度很高，传递转矩能力最大，多在重载情况下使用。

牙嵌离合器的牙数一般为 3~60 不等。材料常用低碳钢表面渗碳，硬度为 56 ~ 62HRC，或采用中碳钢表面淬火，硬度为 48 ~ 54HRC，不重要的和静止状态接合的离合器，也允许用 HT200 制造。

牙嵌离合器结构简单，外廓尺寸小，接合后所连接的两轴不会发生相对转动，宜用于主、从动轴要求完全同步的轴系。

牙嵌离合器的尺寸已经系列化，通常根据轴的直径及传递的

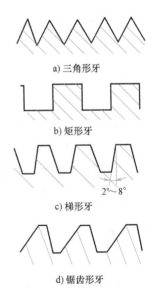

a) 三角形牙

b) 矩形牙

c) 梯形牙

d) 锯齿形牙

图 15-15　牙嵌离合器
常用的牙型

转矩选定尺寸，并校核齿的弯曲强度和接触齿面上的压力。

二、摩擦离合器

利用主、从动半离合器接触表面之间的摩擦力来传递转矩的离合器，通称为摩擦离合器，它是能在高速下离合的机械式离合器。

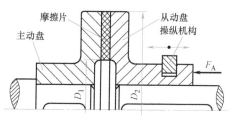

图 15-16　摩擦离合器

最简单的摩擦离合器如图 15-16 所示，主动盘固定在主动轴上，从动盘导键与从动轴连接，它可以沿轴向滑动。为了增加摩擦系数，在一个盘的表面上装有摩擦片。工作时利用操纵机构，在可移动的从动盘上施加轴向压力 F_A（可由弹簧、液压缸或电磁吸力等产生），使两盘压紧，产生摩擦力来传递转矩。只有一对接合面的摩擦离合器称为单盘摩擦离合器。

在传递大转矩的情况下，因受摩擦盘尺寸的限制不宜应用单盘摩擦离合器，这时要采用多片摩擦离合器，用增加接合面对数的方法来增大传动能力。

图 15-17 所示为多片摩擦离合器。主动轴 1 与外壳 3 相连接，从动轴 2 与套筒 9 相连接。外壳又通过花键与一组外摩擦片 5（图 15-17a）连接在一起；套筒也通过花键与另一组内摩擦片 6（图 15-17b）连接在一起。工作时，向左移动滑环 8，通过杠杆 7、压板 4 使内、外两组摩擦片压紧，离合器处于接合状态。若向右移动滑环 8 时，摩擦片被松开，离合器实现分离。这种离合器常用于车床主轴箱内。

単片摩擦
离合器

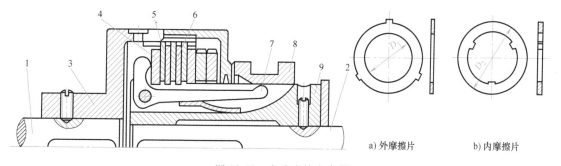

图 15-17　多片摩擦离合器

1—主动轴　2—从动轴　3—外壳　4—压板　5—外摩擦片　6—内摩擦片　7—杠杆　8—滑环　9—套筒

a) 外摩擦片　　　b) 内摩擦片

摩擦离合器与牙嵌离合器比较，其优点是：①被连接的两轴能在任何速度下进行接合，且接合平稳。②改变摩擦面间的压力能调节从动轴的加速时间和所传递的最大转矩。③过载时将发生打滑，可避免其他零件受到损坏。故摩擦离合器的应用较广。缺点是：①结构复杂、成本高，外廓尺寸大。②再接合和分离过程中产生滑动摩擦，所以磨损快、发热量大。

多片摩擦
离合器

三、安全离合器

安全离合器是指当传递转矩超过机器允许的极限转矩时，主、从动轴可自动分离，从而有效保护机器中其他零件不致损坏。

图 15-18 所示为牙嵌式安全离合器。它与牙嵌离合器很相似，仅是牙的倾斜角 α 较大。它没有操纵机构，过载时牙面的轴向分力大于弹簧压力，迫使离合器退出啮合，从而中断传

动。可通过螺母调节弹簧压力大小的方法控制传递扭矩的大小。

四、定向离合器

定向离合器是一种随速度的变化或回转方向的变换而能自动接合或分离的离合器，它只能单向传递转矩。如锯齿型牙嵌离合器，只能单向传递转矩，反向时自动分离。棘轮机构也可以作为定向离合器。

图 15-19 所示为一种滚柱式定向离合器，它由星轮 1、外环 2、滚柱 4 和弹簧顶杆 3 等组成。弹簧顶杆的推力使滚柱与星轮和外环接触。如果星轮为主动件并按图示方向顺时针方向回转，滚柱受摩擦力的作用被楔紧在槽内，从而带动外环回转，这是离合器处于接合状态。当星轮反向回转时，滚柱则被推到槽中宽敞部分，离合器处于分离状态。这种离合器工作时没有噪声，故适用于高速传动，但制造精度要求较高。

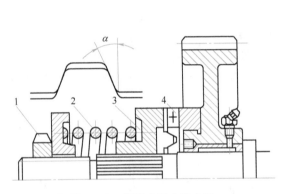

图 15-18　牙嵌式安全离合器

1—螺母　2—弹簧　3—结合套　4—滚动轴承

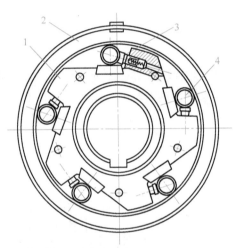

图 15-19　定向离合器

1—星轮　2—外环　3—弹簧顶杆　4—滚柱

当外环与星轮做顺时针方向的同向回转时，根据相对运动原理，若外环的速度大于星轮转速，则离合器处于分离状态。反之，如外环的转速小于星轮的转速，则离合器处于接合状态，故又称为超越离合器。定向离合器常用于汽车、拖拉机和机床等的传动装置中，自行车后轴上也安装有超越离合器。

思 考 题

15-1　联轴器和离合器在功能上的相同点和不同点是什么？

15-2　联轴器所连接两轴的偏移形式有哪些？

15-3　试选择一电动机输出轴用联轴器，已知：电动机功率 $P=11\text{kW}$，转速 $n=1460\text{r/min}$，轴径 $d=42\text{mm}$，载荷有中等冲击。确定联轴器的轴孔与键槽结构形式、代号及尺寸，写出联轴器的标记。

15-4　某离心水泵与电动机之间选用弹性柱销联轴器连接，电动机功率 $P=22\text{kW}$，转速 $n=970\text{r/min}$，两轴轴径均为 $d=55\text{mm}$，试选择联轴器的型号。

附　　录

附表 A　滑动轴承配合及其极限间隙　　　　　　　（单位：μm）

配合种类		$\dfrac{H8}{f8}$	$\dfrac{H8}{e7}$	$\dfrac{H8}{e8}$	$\dfrac{H9}{f9}$	$\dfrac{H8}{d8}$	$\dfrac{H9}{e9}$	$\dfrac{H10}{c10}$	$\dfrac{H10}{d10}$	$\dfrac{H11}{c11}$
轴颈直径/mm	至	极限间隙 $\left(\begin{array}{c}\max\\\min\end{array}\right)$								
30	40	+103 / +50	+114 / +50	+128 / +50	+149 / +25	+158 / +80	+174 / +50	+320 / +120	+280 / +80	+440 / +120
40	50							+330 / +130		+450 / +130
50	65	+122 / +30	+136 / +60	+152 / +60	+178 / +30	+192 / +100	+208 / +60	+380 / +140	+340 / +100	+520 / +140
65	80							+390 / +150		+530 / +150
80	100	+144 / +36	+161 / +72	+180 / +72	+210 / +36	+228 / +120	+246 / +72	+450 / +170	+400 / +120	+610 / +170
100	120							+460 / +180		+620 / +180

注：$1\mu m=\dfrac{1}{1000}mm$。

附表 B　安装滚动轴承的轴和轴承座孔公差带

轴承座圈工作条件			应用举例	深沟球轴承和角接触球轴承	圆锥滚子轴承和圆柱滚子轴承	调心滚子轴承	公差带
	旋转状态	载荷		轴承公称内径 d/mm			
轴	内圈相对于载荷方向旋转或载荷方向摆动	轻载荷	电器仪表、机床（主轴）、精密机械、泵、通风机、传送带等	18<d≤100	d≤40	d≤40	j6
					40<d≤140	40<d≤100	k6
		正常载荷	一般通用机械、电动机、泵、内燃机、变速器、木工机械等	18<d≤100	d≤40	d≤40	k5
					40<d≤100	40<d≤65	m5
						65<d≤100	m6
轴承座孔	外圈相对载荷方向静止	轻载和正常载荷	烘干筒、有调心滚子轴承的大电动机等	所有尺寸的径向接触轴承和角接触向心轴承			G7
			一般机械、铁路车辆轴箱等				H7

注：1. 轻载荷：球轴承 $P\leqslant0.07C$，圆锥滚子轴承 $P\leqslant0.13C$，其他滚子轴承 $P\leqslant0.08C$。

　　正常载荷：球轴承 $0.07C<P\leqslant0.15C$，圆锥滚子轴承 $0.13C<P\leqslant0.26C$，其他滚子轴承 $0.08C<P\leqslant0.18C$。

　　P 为当量动载荷，C 为轴承的基本额定动载荷。

2. 轴承座圈的其他工作条件可查有关设计手册。

附表 C　深沟球轴承

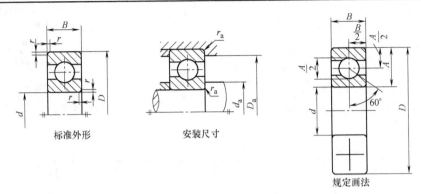

标准外形　　　　安装尺寸　　　　规定画法

标记示例:

滚动轴承 6012　GB/T 276—2013

轴承代号	公称尺寸/mm				安装尺寸/mm			基本额定动载荷 C/kN	基本额定静载荷 C_0/kN
	d	D	B	r_a min	d_a min	D_a max	r_a max		
6004	20	42	12	0.6	25	38	0.6	9.38	5.02
6204		47	14	1.0	26	42	1.0	12.80	6.65
6304		52	15	1.1	27	45	1.0	15.90	7.88
6404		72	19	1.1	27	65	1.0	31.00	15.20
6005	25	47	12	0.6	30	43	0.6	10.00	5.85
6205		52	15	1.0	31	47	1.0	14.00	7.88
6305		62	17	1.1	32	55	1.0	22.20	11.50
6405		80	21	1.5	34	71	1.5	38.20	19.20
6006	30	55	13	1.0	36	50	1.0	13.20	8.30
6206		62	16	1.0	36	56	1.0	19.50	11.50
6306		72	19	1.1	37	65	1.0	27.00	15.20
6406		90	23	1.5	39	81	1.5	47.50	24.5
6007	35	62	14	1.0	41	56	1.0	16.20	10.50
6207		72	17	1.1	42	65	1.0	25.50	15.20
6307		80	21	1.5	44	71	1.5	33.40	19.20
6407		100	25	1.5	44	91	1.5	56.80	29.50
6008	40	68	15	1.0	46	62	1.0	17.00	11.80
6208		80	18	1.1	47	73	1.0	29.50	18.00
6308		90	23	1.5	49	81	1.5	40.80	24.00
6408		110	27	2.0	50	100	2.0	65.50	37.50
6009	45	75	16	1.0	51	69	1.0	21.10	14.80
6209		85	19	1.1	52	78	1.0	31.70	20.70
6309		100	25	1.5	54	91	1.5	52.90	31.80
6409		120	29	2.0	55	110	2.0	77.40	45.40
6010	50	80	16	1.0	56	74	1.0	22.00	16.20
6210		90	20	1.1	57	83	1.0	35.10	23.20
6310		110	37	2.0	60	100	2.0	61.80	38.00
6410		130	31	2.1	62	118	2.1	92.20	55.20
6011	55	90	18	1.1	62	83	1.0	30.20	21.80
6211		100	21	1.5	64	91	1.5	43.20	29.20
6311		120	29	2.0	65	110	2.0	71.50	44.80
6411		140	33	2.1	67	128	2.1	100.00	62.50

（续）

轴承代号	公称尺寸/mm				安装尺寸/mm			基本额定动载荷 C/kN	基本额定静载荷 C_0/kN
	d	D	B	r_a min	d_a min	D_a max	r_a max		
6012	60	95	18	1.1	67	89	1.0	31.50	24.20
6212		110	22	1.5	69	101	1.5	47.80	32.80
6312		130	31	2.1	72	118	2.1	81.80	51.80
6412		150	35	2.1	72	138	2.1	109.00	70.00
6013	65	100	18	1.1	72	93	1.0	32.00	24.80
6213		120	23	1.5	74	111	1.5	57.20	40.00
6313		140	33	2.1	77	128	2.1	93.80	60.50
6413		160	37	2.1	77	148	2.1	118.00	78.50
6014	70	110	20	1.1	77	103	1.0	38.50	30.50
6214		125	24	1.5	79	116	1.5	60.80	45.00
6314		150	35	2.1	82	138	2.1	105.00	68.00
6414		180	42	3.0	84	166	2.5	140.00	99.50
6015	75	115	20	171	82	108	1.0	40.20	33.20
6215		130	25	1.5	84	121	1.5	66.00	49.50
6315		160	37	2.1	87	148	2.1	113.00	77.00
6415		190	45	3.0	89	176	2.5	154.00	115.00

注：1. 尺寸数据摘自 GB/T 276—2013《滚动轴承　深沟球轴承　外形尺寸》。

2. 表中额定载荷数据摘自轴承样本。

3. 表中 r_{amin} 为 r 的单向最小倒角尺寸，r_{amax} 为 r_a 的单向最大倒角尺寸。

附表 D　角接触球轴承

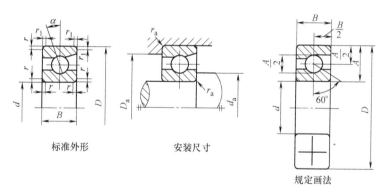

标准外形　　　　安装尺寸

规定画法

标记示例：

滚动轴承　205C　GB/T 292—2007

轴承代号	公称尺寸/mm					安装尺寸/mm			基本额定动载荷 C/kN	基本额定静载荷 C_0/kN
	d	D	B	r_a min	r_{1s} min	d_a min	D_a max	r_a max		
7204C	20	47	14	1.0	0.3	26	41	1.0	11.2	7.46
7204AC									10.8	7.00
7204B									10.8	6.78
7205C	25	52	15	1.0	0.3	31	46	1.0	12.8	8.95
7205AC									12.2	8.38
7205B									12.2	7.88
7305C		62	17	1.1	0.6	32	55	1.0	21.5	15.80

（续）

轴承代号	公称尺寸/mm					安装尺寸/mm			基本额定动载荷 C/kN	基本额定静载荷 C_0/kN
	d	D	B	r_a min	r_{1s} min	d_a min	D_a max	r_a max		
7206C	30	62	16	1.0	0.3	36	56	1.0	17.8	12.80
7206AC									16.8	12.20
7206B									15.8	11.2
7306B		72	19	1.1	0.6	37	65	1.0	24.8	17.5
7207C	35	72	17	1.1	0.6	42	65	1.0	23.5	17.5
7207AC									22.5	16.5
7207B									20.8	15.2
7307B		80	21	1.5	0.6	44	71	1.5	29.5	21.2
7208C	40	80	18	1.1	0.6	47	73	1.0	26.8	20.5
7208AC									25.8	19.2
7208B									25.0	18.8
7308C		90	23	1.5	0.6	49	81	1.5	40.2	32.3
7308AC									38.5	30.5
7308B									35.5	26.2
7408AC		110	27	2.0	1.0	50	100	2.0	62.0	49.5
7408B									51.5	41.8
7209C	45	85	19	1.1	0.6	52	78	1.0	29.8	23.8
7209AC									28.2	22.5
7209B									27.8	21.2
7309B		100	25	1.5	0.6	54	91	1.5	45.8	34.5
7210C	50	90	20	1.1	0.6	57	83	1.0	32.8	26.8
7210AC									31.5	25.2
7210B									28.8	22.8
7310B		110	27	2.0	1.0	60	100	2.0	52.5	40.8
7211C	55	100	21	1.5	0.6	64	91	1.5	40.8	33.8
7211AC									38.8	31.8
7211B									35.5	28.8
7311B		120	29	2.0	1.0	65	110	2.0	60.5	48.0
7212C	60	110	22	1.5	0.6	69	101	1.5	44.8	37.8
7212AC									42.8	35.5
7212B									43.2	35.5
7312B		130	31	2.1	1.1	72	118	2.1	69.2	55.5
7213C	65	120	23	1.5	0.6	74	111	1.5	53.8	46.0
7213AC									51.2	43.2
7213B									48.8	41.8
7313B		140	33	2.1	1.1	77	128	2.1	79.5	64.8
7214C	70	125	24	1.5	0.6	79	116	1.5	56.0	49.2
7214AC									53.2	46.2
7214B									53.0	45.5
7314B		150	35	2.1	1.1	82	138	2.1	88.0	72.8
7215C	75	130	25	1.5	0.6	84	121	1.5	79.2	65.7
7215AC									75.3	62.9
7215B									72.8	61.6
7315B		160	37	2.1	1.1	87	148	2.1	124.0	97.2

注：1. 尺寸数据摘自 GB/T 292—2007《滚动轴承　角接触球轴承　外形尺寸》。

　　2. 表中额定载荷数据摘自轴承样本。

　　3. 表中 r_{smin}、r_{1smin} 分别与 r、r_1 的最小单一倒角尺寸，r_{amax} 为 r_a 的最大单一倒角尺寸。

　　4. 轴承代号中的 C、AC、B 分别代表轴承接触角 $\alpha = 15°$、$25°$、$40°$。

附表 E   圆锥滚子轴承

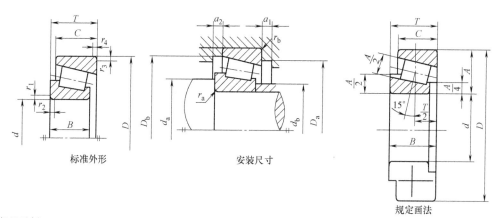

标准外形   安装尺寸

规定画法

标记示例:

滚动轴承   30205   GB/T 297—2015

轴承代号	公称尺寸/mm							安装尺寸/mm								基本额定动载荷 C/kN	基本额定静载荷 C_0/kN	计算系数		
	d	D	T	B	C	r_{1s} r_{2s} min	r_{3s} r_{4s} min	d_a min	d_b max	D_a max	D_b min	a_1 min	a_2 min	r_{as} max	r_{bs} max			e	Y	Y_0
30204	20	47	15.25	14	12	1.0	1.0	26	27	41	43	2.0	3.5	1.0	1.0	28.2	30.5	0.35	1.7	1.0
30304		52	16.25	15	13	1.5	1.5	27	28	45	48	3.0	3.5	1.5	1.5	33.0	33.2	0.3	2.0	1.1
30205	25	52	16.25	15	13	1.0	1.0	31	31	46	48	2.0	3.5	1.0	1.0	32.2	37.0	0.37	1.6	0.9
30305		62	18.25	17	15	1.5	1.5	32	34	55	58	3.0	3.5	1.5	1.5	46.8	48.0	0.3	2.0	1.1
30206	30	62	17.25	16	14	1.0	1.0	36	37	56	58	2.0	3.5	1.0	1.0	43.2	50.5	0.37	1.6	0.9
30306		72	20.75	19	16	1.5	1.5	37	40	65	66	3.0	5.0	1.5	1.5	59.0	63.0	0.31	1.9	1.0
30207	35	72	18.25	17	15	1.5	1.5	42	44	65	67	2.0	3.5	1.5	1.5	54.2	63.5	0.37	1.6	0.9
30307		80	22.75	21	18	2.0	1.5	44	45	71	74	3.0	5.5	2.0	1.5	75.2	82.5	0.31	1.9	1.0
30208	40	80	19.25	18	16	1.5	1.5	47	49	73	75	3.0	4.0	1.5	1.5	63.0	74.0	0.37	1.6	0.9
30308		90	25.25	23	20	2.0	1.5	49	52	81	84	3.0	5.5	2.0	1.5	90.8	108.0	0.35	1.7	1.0
30209	45	85	20.75	19	16	1.5	1.5	52	53	78	80	3.0	5.0	1.5	1.5	67.8	83.5	0.4	1.5	0.8
30309		100	27.75	25	22	2.0	1.5	54	59	91	94	3.0	5.0	2.0	1.5	108.0	130.0	0.35	1.7	1.0
30210	50	90	21.75	20	17	1.5	1.5	57	58	83	86	3.0	5.0	1.5	1.5	73.2	92.0	0.42	1.4	0.8
30310		110	29.25	27	23	2.5	2.0	60	65	100	103	4.0	6.5	2.0	2.0	130.0	158.0	0.35	1.7	1.0
30211	55	100	22.75	21	18	2.0	1.5	64	64	91	95	4.0	5.0	2.0	1.5	90.8	115.0	0.4	1.5	0.8
30311		120	31.50	29	25	2.5	2.0	65	70	110	112	4.0	6.5	2.5	2.0	152.0	188.0	0.35	1.7	1.0
30212	60	110	23.75	22	19	2.0	1.5	69	69	101	103	4.0	5.0	2.0	1.5	102.0	130.0	0.4	1.5	0.8
30312		130	33.50	31	26	3.0	2.5	72	76	118	121	5.0	7.5	2.5	2.1	170.0	210.0	0.35	1.7	1.0
30213	65	120	24.75	23	20	2.0	1.5	74	77	111	114	4.0	5.0	2.0	1.5	120.0	152.0	0.4	1.5	0.8
30313		140	36.0	33	28	3.0	2.5	77	83	128	131	5.0	8.0	2.5	2.1	195.0	242.0	0.35	1.7	1.0
30214	70	125	26.25	24	21	2.0	1.5	79	81	116	119	4.0	5.5	2.0	1.5	132.0	175.0	0.42	1.4	1.0
30314		150	38.0	35	30	3.0	2.5	82	89	138	141	5.0	8.0	2.5	2.1	218.0	272.0	0.35	1.7	1.0
30215	75	130	27.25	25	22	2.0	1.5	84	85	121	125	4.0	5.5	2.0	1.5	138.0	185.0	0.44	1.4	0.8
30315		160	40.0	37	31	3.0	2.5	87	95	148	150	5.0	9.0	2.5	2.1	252.0	318.0	0.35	1.7	1.0

注:1. 尺寸数据摘自 GB/T 297—2015《滚动轴承   圆锥滚子轴承   外形尺寸》。

2. 表中额定载荷数据摘自轴承样本。

3. 表中 r_{1smin}、r_{2smin}、r_{3smin}、r_{4smin} 分别为 r_1、r_2、r_3、r_4 的单向最小倒角尺寸,r_{asmax}、r_{bsmax} 为 r_a、r_b 的单向最大倒角尺寸。

参 考 文 献

[1]　范顺成，马治平，马洛刚. 机械设计基础［M］. 3 版. 北京：高等教育出版社，2002.

[2]　陈长生，霍振生. 机械基础［M］. 北京：机械工业出版社，2003.

[3]　邵刚. 机械设计基础［M］. 北京：电子工业出版社，2005.

[4]　李彦青，邢李红. 机械设计基础［M］. 北京：机械工业出版社，2002.

[5]　李秀珍. 机械设计基础［M］. 5 版. 北京：机械工业出版社，2013.

[6]　温兆麟，韩东霞，彭卫东. 机械设计基础［M］. 成都：西南交通大学出版社，2010.

[7]　林小东. 轮机工程基础［M］. 大连：大连海事大学出版社，2007.

[8]　张建中. 机械设计基础［M］. 北京：高等教育出版社，2007.

[9]　朱东华，樊智敏. 机械设计基础［M］. 2 版. 北京：机械工业出版社，2007.

[10]　胡家秀. 机械设计基础［M］. 2 版. 北京：机械工业出版社，2008.

[11]　刘颖，马春荣. 机械设计基础［M］. 北京：清华大学出版社，2005.

[12]　黄平，朱坚文. 机械设计基础［M］. 广州：华南理工大学出版社，2002.

[13]　张卫国. 机械设计基础［M］. 武汉：华中科技大学出版社，2002.